A Janela de Euclides

LEONARD MLODINOW

A JANELA DE
EUCLIDES

A história da geometria:
das linhas paralelas ao hiperespaço

Tradução de
ENÉZIO DE ALMEIDA

A JANELA DE EUCLIDES

Título original: Euclid's Window – The Story of Geometry from Parallel Lines to Hyperspace

4ª edição – julho de 2008

Editor e Publisher
Luiz Fernando Emediato

Diretora Editorial
Fernanda Emediato

Capa
Silvana Mattievich

Projeto Gráfico e Diagramação
Alan Maia

Ilustrações
Steve Arcella

Revisão
Paulo César de Oliveira
Márcia Benjamim

Revisão Técnica
José Augusto Gerolin Gávea

DADOS INTERNACIONAIS DE CATALOGAÇÃO NA PUBLICAÇÃO (CIP)
(Câmara Brasileira do Livro, SP, Brasil)

Mlodinow, Leonard
A Janela de Euclides : a história da geometria : das linhas paralelas ao hiperespaço / Leonard Mlodinow, tradução de Enézio E. de Almeida Filho. – São Paulo : Geração Editorial, 2008.

Título original: Euclid's Window – The Story of Geometry from Parallel Lines to Hyperspace
Bibliografia.

ISBN 85-7509-099-2

1. Cientistas – Biografia. 2. Geometria – História. 3. Matemática – História I. Título.

03-5761 CDD: 516.009

Índices para catálogo sistemático

1. Geometria : Matemática : História 516.009

GERAÇÃO EDITORIAL

Administração e Vendas
Rua Pedra Bonita, 870
CEP: 30430-390 – Belo Horizonte – MG
Telefax: (31) 3379-0620
Email: leitura@editoraleitura.com.br

Editorial
Rua Major Quedinho, 111 – 20° andar
CEP: 01050-030 – São Paulo – SP
Tel.: (11) 3256-4444 – Fax: (11) 3257-6373
Email: producao.editorial@terra.com.br
www.geracaoeditorial.com.br

2008
Impresso no Brasil
Printed in Brazil

Para
Alexei, Nicolai, Simon e Irene

Sumário

4. A História de Einstein

5. A História de Witten

Introdução

á 2.400 anos, um grego estava de pé na orla marítima observando os navios desaparecerem na distância. Aristóteles deve ter passado muito tempo lá, observando sossegadamente o desaparecimento de muitos navios, até que finalmente foi surpreendido por um pensamento peculiar. De todos os navios, o casco parecia sumir primeiro, depois mastros e velas. Ele perguntou a si mesmo: como isso é possível? Numa Terra plana, os navios deveriam diminuir por igual até que desaparecessem como um pequeníssimo e insignificante ponto. Se o casco desaparecia primeiro – Aristóteles percebeu num lampejo genial –, isso é um sinal de que a Terra é curva. Para observar a estrutura de nosso planeta em grande escala, Aristóteles tinha olhado através da janela da geometria.

Hoje nós exploramos o espaço como explorávamos a Terra há milênios. Algumas pessoas viajaram até a Lua. Naves não tripuladas se aventuraram até os limites do sistema solar. É possível que neste milênio nós alcancemos a estrela mais próxima – uma viagem de aproximadamente cinqüenta anos na velocidade algum dia provavelmente alcançada de um décimo da velocidade da luz. Mas, mesmo medidos até em múltiplos da distância para a estrela Alfa Centauri, os lugares mais longínquos do universo se encontram à distância de muitos bilhões de metros. É improvável que sejamos um dia capazes de observar uma nave aproximar-se do horizonte do espaço como Aristóteles observou na Terra. Apesar disso, nós já compreendemos muito a respeito da natureza e da estrutura do universo, como Aristóteles o fez, sem muito entender, observando, empregando a lógica e olhando fixamente para o espaço vazio durante um tempo enorme. Ao longo dos séculos, a genialidade e a geometria nos ajudaram a vislumbrar além de nossos

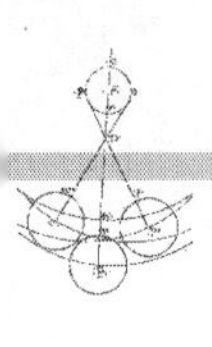

horizontes. O que podemos provar sobre o espaço? Como sabemos que estamos aqui? O espaço pode ser curvo? Quantas dimensões existem? Como a geometria explica a ordem natural e a unidade do Cosmos? Essas são as perguntas que estão por trás das cinco revoluções geométricas da história mundial.

Tudo começou com um pequeno esquema planejado por Pitágoras: empregar a matemática como o sistema abstrato de regras que pode modelar o universo físico. Depois veio um conceito de espaço diferente do chão sobre o qual pisamos, ou da água em que nadamos. Foi o nascimento da abstração e da demonstração. Logo, os gregos pareciam ser capazes de achar respostas geométricas para toda questão científica – da teoria da alavanca às órbitas dos corpos celestes. Mas a civilização grega entrou em declínio e os romanos conquistaram o mundo ocidental. Um dia antes da Páscoa, em 415 d.C., uma mulher foi arrancada de uma carruagem e assassinada por uma multidão ignorante. Essa estudiosa, devotada à geometria, a Pitágoras e ao pensamento racional, foi a última pessoa erudita famosa a trabalhar na biblioteca de Alexandria antes do mergulho da civilização nos mil anos da Idade das Trevas.

Assim que a civilização emergiu novamente, a geometria também reapareceu, mas era um novo tipo de geometria. Ela provinha de um homem mais civilizado que gostava de jogar, de dormir até a tarde, e que criticava os gregos porque considerava seu método geométrico de demonstração muito exigente. A fim de economizar trabalho mental, René Descartes casou a geometria com os números. Com a sua idéia de coordenadas, lugar e forma podiam ser manipulados como nunca tinham sido antes, e o número podia ser visualizado geometricamente. Estas técnicas permitiram o surgimento do cálculo (diferencial e integral) e o desenvolvimento da tecnologia moderna. Graças a Descartes, os conceitos geométricos tais como coordenadas e gráficos, senos e co-senos, vetores e tensores, ângulos e curvatura, aparecem em todos os contextos de física – da eletrônica do estado sólido à estrutura em grande escala do espaço-tempo; da tecnologia dos transistores e computadores aos raios laser e à viagem espacial. Mas a obra de Descartes também permitiu o surgimento de uma idéia mais abstrata – e revolucionária – a idéia do espaço curvo. Será realmente a soma dos ângulos de todos os triângulos igual a 180 graus, ou isso somente é verdade se o triângulo estiver sobre uma folha de papel plana? Isso não é apenas uma questão de origami. A matemática do espaço curvo provocou uma revolução nos fun-

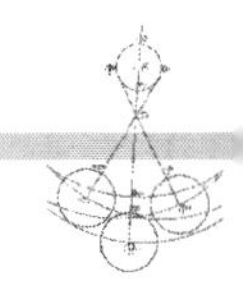

damentos lógicos, não somente da geometria, mas de toda a matemática. Também tornou possível a teoria da relatividade de Einstein. A teoria geométrica de Einstein do espaço e daquela dimensão extra, o tempo, e da relação entre o espaço-tempo e a matéria e a energia representou uma mudança de paradigma de uma magnitude jamais vista na física desde Newton. Sem dúvida ela *pareceu* ser radical. Mas aquilo não foi nada comparado à mais recente revolução.

Um dia, em junho de 1984, um cientista anunciou que tinha rompido as barreiras na teoria que explicaria tudo, desde por que existem as partículas subatômicas e como elas interagem, até a estrutura em grande escala do espaço-tempo e a natureza dos buracos negros. Esse homem acreditava que a chave para a compreensão da unidade e da ordem do universo está na geometria – uma geometria de natureza nova e bem estranha. Ele foi retirado do palco por um grupo de homens vestidos de branco.

O evento tinha sido uma representação teatral, mas o sentimento e a genialidade eram reais. John Schwarz tinha estado trabalhando durante quinze anos numa teoria chamada teoria das cordas, em relação à qual a maioria dos físicos reagiu da mesma maneira que alguém reagiria a uma pessoa estranha com expressão de maluco pedindo dinheiro na rua. Hoje, a maioria dos físicos acredita que a teoria das cordas está correta: a geometria do espaço é responsável pelas leis físicas que governam o que existe dentro do espaço.

O manifesto da revolução original da geometria foi escrito por um homem misterioso chamado Euclides. Se você não se lembra muito bem daquela matéria difícil chamada geometria euclidiana, é bem provável que tenha dormido durante as aulas. Encarar a geometria do modo como geralmente é apresentada é uma boa maneira de transformar uma mente jovem em pedra. Mas a geometria euclidiana é, de fato, uma matéria emocionante, e a obra de Euclides é uma bela obra cujo impacto rivaliza com o da Bíblia, e cujas idéias foram tão radicais quanto as de Marx e Engels. Com seu livro *Os elementos*, Euclides abriu uma janela através da qual a natureza de nosso universo tem sido revelada. E à medida que sua geometria passou por mais quatro revoluções, os cientistas e matemáticos abalaram as crenças dos teólogos, destruíram as preciosas visões de mundo dos filósofos e nos forçaram a reexaminar e imaginar de novo o nosso lugar no Cosmos. Estas revoluções, e os profetas e as histórias por trás delas, são o assunto deste livro.

1 A história de Euclides

O que podemos dizer a respeito do espaço? Como a geometria começou a descrever o universo e trouxe a civilização moderna.

1. A Primeira Revolução

uclides foi um homem que, possivelmente, não descobriu sequer uma só lei importante da geometria. No entanto, ele é o mais famoso geômetra já conhecido, e por boas razões: foi através de sua janela que, durante milênios, as pessoas olharam primeiramente quando contemplaram a geometria. Atualmente, ele é o nosso garoto-propaganda da primeira grande revolução no conceito do espaço – o nascimento da abstração e a idéia de demonstração.

O conceito de espaço começou, naturalmente, como um conceito de lugar, o nosso lugar, a Terra. Começou com um desenvolvimento técnico que os egípcios e os babilônios chamavam de "medida da terra". A palavra grega para isto é *geometria,* mas os assuntos não são totalmente iguais. Os gregos foram os primeiros a perceber que a natureza poderia ser entendida usando-se a matemática – que a geometria poderia ser aplicada para revelar, não apenas para descrever. Desenvolvendo a geometria a partir de descrições simples de pedra e areia, os gregos extraíram as idéias de ponto, linha e plano. Retirando a cortina que encobria a matéria, eles revelaram uma estrutura possuidora de uma beleza que a civilização nunca tinha visto antes. No clímax desta luta para inventar a matemática destaca-se Euclides. A história de Euclides é uma história de revolução. É a história do axioma, do teorema, da demonstração, a história do nascimento da própria razão.

2. A Geometria dos Impostos

s raízes dos avanços intelectuais gregos brotaram nas antigas civilizações da Babilônia e do Egito. Yeats escreveu sobre a indiferença babilônica[1], uma característica em matemática que impediu que alcançassem lugar de destaque[a]. A humanidade pré-grega tinha noção de muitas fórmulas eficientes, truques de cálculo e de engenharia, mas como nossos líderes políticos, eles algumas vezes realizavam surpreendentes feitos com impressionante pouca compreensão do que estavam fazendo. Eles nem se importavam com isso. Eram construtores trabalhando no escuro, tateando, descobrindo o seu caminho, levantando uma estrutura aqui, colocando um piso ali, alcançando o propósito sem jamais ter alcançado a compreensão do processo.

Eles não foram os primeiros. Os seres humanos vêm contando e fazendo cálculos, cobrando impostos e dando troco de menos entre si, bem antes dos tempos históricos registrados. Algumas ferramentas consideradas de computação datadas de 30.000 a.C. podem muito bem ser varas decoradas por artistas com sensibilidades matemáticas intuitivas. Porém, outras são curiosamente diferentes. Nas margens do lago Edward, na atual República Democrática do Congo, arqueólogos descobriram um pequeno osso, de 8 mil anos, com uma pequeníssima pedra de quartzo presa num entalhe em uma das extremidades. O seu criador, um artista ou matemático – nunca saberemos com certeza – entalhou três colunas de cortes em um dos lados do osso. Os cientistas acreditam que esse osso, chamado de osso Ishango[2], provavelmente seja o mais antigo exemplo já encontrado de um dispositivo para registro numérico.

O pensamento de fazer operações com números[3] surgiu muito mais tarde, porque fazer cálculos aritméticos exige um certo grau de abstração. Os

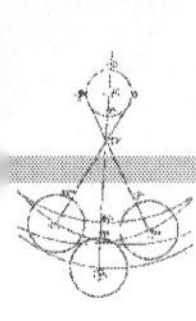

antropólogos nos contam que em muitas tribos, se dois caçadores atirassem duas flechas para derrubar duas gazelas, depois contraíssem duas hérnias ao arrastá-las para o acampamento, a palavra usada para representar "dois"[4] poderia ser diferente em cada caso. Nessas civilizações, você realmente não poderia adicionar maçãs a laranjas. Parece que levou muitos milhares de anos para que os humanos descobrissem que todos esses eram exemplos do mesmo conceito: o número abstrato 2.

Os primeiros passos principais nesta direção foram tomados no sexto milênio a. C.[5], quando as pessoas do vale do Nilo começaram a abandonar a vida nômade e a se concentrar no cultivo do vale. Os desertos do nordeste da África estão entre os pontos mais secos e mais estéreis do mundo. Somente o rio Nilo[6], com seu volume de água aumentado pelas chuvas equatoriais e pela neve derretida das regiões montanhosas da Abissínia, podia, como um deus, trazer vida e sustento ao deserto. Há milhares de anos, na metade de junho, a cada ano[b], o vale do Nilo, seco, desolado e empoeirado, sentia o rio avançar e elevar-se, transbordando de seu leito, espalhando lama fértil pelas margens da zona rural. Muito antes de o escritor grego clássico Heródoto ter descrito o Egito como "o presente do Nilo", Ramsés III deixou um relato indicando como os egípcios adoravam este deus, o Nilo, chamado *Hapi*, com oferendas de mel, vinho, ouro e turquesa – tudo que os egípcios valorizavam. Até o nome "Egito" significa "terra negra" na língua copta.[7]

■ ● ■

A inundação do vale durava quatro meses a cada ano. Em outubro, o rio começava a contrair-se e a encolher até que a terra ficasse seca novamente pelo verão seguinte. Os oito meses secos eram divididos em duas estações, a *perit* para o cultivo e a *shemu* para a colheita. Os egípcios começaram a estabelecer comunidades fixas sobre montes de terra que se tornavam pequenas ilhas ligadas por caminhos elevados durante as cheias. Eles construíram um sistema de irrigação e armazenagem de grãos. A vida agrícola tornou-se a base do calendário e da vida egípcios. Pão e cerveja tornaram-se seus principais produtos. Em 3500 a.C., os egípcios já tinham dominado uma indústria de pequena escala de trabalhos manuais e metalurgia. Por volta desta época, eles também desenvolveram a escrita.[8]

Os egípcios sempre tiveram a morte, mas com a riqueza e o povoamento, eles agora também tinham impostos. A cobrança de imposto foi, talvez,

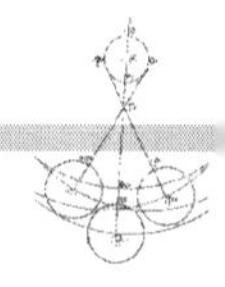

o primeiro imperativo[9] para o desenvolvimento da geometria, pois embora teoricamente o faraó possuísse todas as terras e bens, na realidade os templos e até indivíduos em particular possuíam imóveis. O governo determinava os impostos da terra baseado na altura da enchente do ano e na área de superfície das propriedades. Os que se recusavam a pagar podiam ser espancados no local pelos guardas, até se submeterem. Pedir empréstimo era possível, mas a taxa de juros era baseada numa filosofia do "sejamos práticos": 100% ao ano.[10] Como muita coisa estava em jogo, os egípcios desenvolveram métodos bastante confiáveis, embora tortuosos, para calcular a área de um quadrado, de um retângulo e de um trapezóide. Para achar a área de um círculo, eles o consideraram semelhante a um quadrado com lados iguais a 8/9 do diâmetro. Isto é equivalente a usar para pi um valor de 256/81, ou 3,16, uma estimativa alta, mas com o erro de apenas 0,6%. A história não registra se os que pagavam imposto reclamaram dessa injustiça.

Os egípcios empregaram seu conhecimento matemático para fins impressionantes. Imagine um deserto desolado varrido pelo vento, no ano de 2580 a.C. O arquiteto tinha desenrolado um papiro com o projeto de sua estrutura. Seu trabalho era fácil – base quadrada, faces triangulares – e, bem, tinha que ter uns 145 metros de altura, e deveria ser feita de sólidos blocos de pedras pesando mais de 2 toneladas cada. Você foi designado para supervisionar a integridade da estrutura. Sinto muito, mas nada de mira a laser, nenhum instrumento extravagante de topógrafo à sua disposição, apenas um pouco de madeira e de corda.

Como muitos proprietários de casa sabem, marcar o alicerce de uma construção ou o perímetro até mesmo de um simples pátio usando somente um esquadro de carpinteiro e uma fita métrica é uma tarefa difícil. Ao construir esta pirâmide, um único grau de desvio da verdadeira direção, e milhares de toneladas de pedras, e milhares de anos-pessoa de trabalho mais tarde, centenas de metros no ar, as faces triangulares de sua quase pirâmide se desencontrariam, formando não um vértice, mas um espigão malfeito de quatro pontas. Os faraós, adorados como deuses, com exércitos que cortavam os pênis dos inimigos mortos a fim de ajudá-los a contar[11], não eram o tipo de divindades todo-poderosas a quem você gostaria de presentear com uma pirâmide deformada. A geometria egípcia aplicada tornou-se uma matéria bem desenvolvida.

Na realização de seus levantamentos topográficos, os egípcios se utilizavam de uma pessoa chamada de *harpedonopta*, que significa literalmente

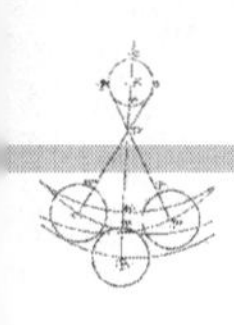

"um esticador de corda". O *harpedonopta* empregava três escravos que seguravam a corda para ele. A corda tinha nós em determinadas distâncias de modo que, ao estendê-la esticada com os nós servindo de vértices, você poderia formar um triângulo com lados de comprimentos determinados – e assim, formando ângulos de medidas determinadas. Por exemplo, se esticarmos uma corda com nós a distâncias de 30, 40 e 50 metros, obteremos um ângulo reto entre os lados de 30 e 40 metros. (Originalmente a palavra *hipotenusa* significava, em grego, "o que foi esticado contra".) O método era engenhoso – e mais sofisticado do que possa parecer. Hoje diríamos que os esticadores de corda não formavam linhas, mas curvas geodésicas em toda a extensão da superfície da terra. Veremos que este é exatamente o método, ainda que numa forma imaginária, extremamente pequena (tecnicamente, "infinitesimal"), que empregamos hoje para analisar as propriedades locais do espaço no campo da matemática conhecida como geometria diferencial. E é o teorema de Pitágoras cuja veracidade é o teste do espaço plano.

Enquanto os egípcios se estabeleciam no Nilo, na região entre o golfo Pérsico e a Palestina, estava acontecendo outra urbanização.[12] Começou na Mesopotâmia, na região entre os rios Tigre e Eufrates, durante o quarto milênio a.C. Por volta de 2000 e 1700 a.C., os povos não-semíticos vivendo bem ao norte do golfo Pérsico conquistaram seus vizinhos do sul. Hamurábi, seu soberano vitorioso, deu ao reino unido o nome da cidade de Babilônia. Nós atribuímos aos babilônios um sistema de matemática consideravelmente mais sofisticada do que aquela dos egípcios.[13]

Extraterrestres (se é que existem) olhando atentamente a Terra através de algum supertelescópio na distância de 38 quatrilhões de quilômetros podem observar agora a vida e os hábitos dos babilônios e egípcios. Para nós, que estamos presos aqui na Terra, é um pouco mais difícil encaixar as peças. Conhecemos a matemática egípcia principalmente por duas fontes: o papiro *Rhind*, assim chamado em homenagem a A. H. Rhind, que o doou ao Museu Britânico, e o papiro de Moscou, que se encontra no Museu de Belas Artes em Moscou. Nosso melhor conhecimento dos babilônios vem das ruínas de Nínive,[14] onde foram encontradas umas 1.500 tabuinhas de argila. Infelizmente, nenhuma delas continha textos matemáticos. Felizmente, algumas centenas de tabuinhas de argila foram escavadas na região da Assíria, a maioria nas ruínas de Nippur e Kis. Se esquadrinhar as ruínas é como pesquisar numa livraria, estas eram as lojas que tinham uma seção

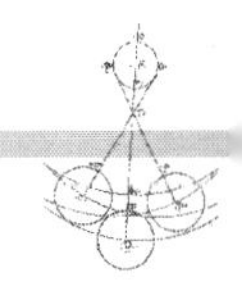

de matemática. As ruínas continham tabelas de referência, livros-texto e outros itens que revelam muito sobre o pensamento matemático babilônico.

Sabemos, por exemplo, que o equivalente babilônico do nosso engenheiro não jogaria simplesmente os trabalhadores num projeto. Para cavar, digamos, um canal, ele perceberia que o corte transversal era trapezóide, calcularia o volume de entulho a ser removido, consideraria o quanto um homem poderia escavar por dia, e chegaria ao número de homem-dias necessário para a obra. Os agiotas babilônios até calculavam juros compostos.[15]

Os babilônios não escreveram equações. Todos os seus cálculos eram expressos como enigmas. Por exemplo, uma tabuinha de argila continha o seguinte enigma: "Quatro é o comprimento e cinco a diagonal. Qual é a largura? O seu tamanho não é conhecido. Quatro vezes quatro é dezesseis. Cinco vezes cinco é vinte e cinco. Você tira dezesseis de vinte e cinco e sobram nove. Qual número eu devo multiplicar para obter nove? Três vezes três é nove. Três é a largura".[16] Hoje, nós escreveríamos "$x^2 = 5^2 - 4^2$". A desvantagem da formulação retórica de um problema não é tanto o que possa parecer óbvio – a sua falta de concisão –, mas o fato de a prosa não poder ser manipulada como pode uma equação, e as regras de álgebra, por exemplo, não são aplicadas facilmente. Levou milhares de anos antes que esta limitação em particular fosse remediada: o uso mais antigo conhecido do sinal "mais" para adição ocorre num manuscrito alemão escrito em 1481.[17]

A citação acima indica que os babilônios parecem ter conhecido o teorema de Pitágoras, que para um ângulo reto, o quadrado da hipotenusa é igual à soma dos quadrados dos catetos. Como o truque do esticador de corda indica, parece que os egípcios também conheciam esta relação, mas os escribas babilônios encheram suas tabuinhas de argila com tabelas impressionantes de seqüências de trincas[c] exibindo essa relação. Eles registraram essas trincas baixas como 3, 4, 5 ou 5, 12, 13, mas outras bem grandes como 3.456, 3.367, 4.825. As chances de se obter uma trinca que funcione, verificando três números ao acaso, são pequenas. Por exemplo, nos primeiros doze números 1, 2, ..., 12, há centenas de maneiras de escolher trincas diferentes; de todas elas somente a trinca 3, 4, 5 satisfaz o teorema de Pitágoras. A menos que os babilônios tenham empregado um exército de calculadores, que passaram toda a sua carreira fazendo tais cálculos, podemos concluir que eles conheciam pelo menos o suficiente da teoria dos números para gerar esses trios.

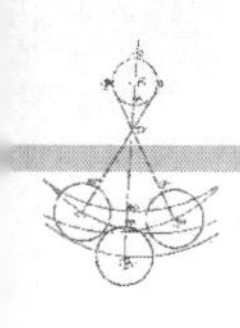

Apesar dos feitos dos egípcios e da engenhosidade dos babilônios, a contribuição deles para a matemática se limitou a fornecer aos gregos posteriores uma coleção de fatos matemáticos concretos e regras práticas. Eles eram mais parecidos com os biólogos de campo clássicos, catalogando pacientemente as espécies, do que com os geneticistas modernos que procuram ganhar uma compreensão de como o organismo se desenvolve e funciona. Por exemplo, embora as duas civilizações conhecessem o teorema de Pitágoras, nenhuma analisou a lei geral que hoje escrevemos como $a^2 + b^2 = c^2$ (onde c é o comprimento da hipotenusa de um triângulo retângulo, e a e b os comprimentos dos outros dois lados). Parece que eles nunca questionaram por que essa relação deveria existir, ou como poderiam aplicá-la para ganhar mais conhecimento. Será ela exata, ou vale apenas aproximadamente? Como uma questão de princípio, esta é uma questão crítica. Em termos puramente práticos, quem se importa com isso? Antes de os primeiros gregos entrarem em cena, ninguém se importou.

Considere um problema que se tornou a maior de todas as dores de cabeça na geometria da Grécia antiga, mas que não perturbou de jeito nenhum os egípcios e os babilônios. É extremamente simples. Dado um quadrado cujos lados meçam uma unidade de comprimento, qual é o comprimento da diagonal? Os babilônios calcularam isso como 1,4142129 (convertido em notação decimal). Esta resposta está correta até a terceira casa sexagesimal (os babilônios usavam um sistema de base sessenta). Os pitagóricos perceberam que esse número não pode ser escrito como um número inteiro ou uma fração, uma situação que hoje reconhecemos como significando que este número é dado por uma cadeia infinita de decimais sem nenhum padrão: 1,414213562... Para os gregos, isso causou um grande trauma, uma crise de proporções religiosas, e por causa disso pelo menos um sábio foi assassinado. Assassinado por reclamar do valor da raiz quadrada de 2? Por quê? A resposta está no âmago da grandeza intelectual grega.

3. Entre os Sete Sábios

descoberta de que a matemática é mais do que algoritmos para calcular o volume de entulho ou o valor dos impostos é creditada a um comerciante grego, que virou filósofo, chamado Tales, há pouco mais de 2.500 anos.[1] Foi ele quem preparou o cenário para as grandes descobertas dos pitagóricos e, por fim, para os *Elementos* de Euclides. Ele viveu numa época quando, ao redor do mundo, uma luz iluminava, de um jeito ou de outro, despertando a mente humana. Na Índia, Sidarta Gautama Buda, nascido cerca de 560 a.C., começou a disseminar o budismo. Na China, Lao Tsé e Confúcio, seu contemporâneo mais jovem, nascido em 551 a.C., fizeram progresso intelectual de enorme conseqüência. Também na Grécia estava começando uma Idade de Ouro.

Perto da costa oeste da Ásia Menor, um rio chamado Meander, que deu origem à palavra *meandro*, deságua numa planície pantanosa desolada no país que hoje é a Turquia. No meio daquele pântano, há uns 2.500 anos, ficava Mileto, a mais próspera cidade grega de seu tempo. Era então uma cidade costeira num golfo, hoje assoreado, numa região conhecida como Jônia. Mileto era cercada por água e montanhas, com apenas uma estrada bem adequada para o interior, mas tinha pelo menos quatro portos, um centro de comércio marítimo para a região do mar Egeu oriental. Dali, os navios se moviam silenciosamente para o Sul entre as ilhas e as penínsulas, indo para Chipre, Fenícia e para o Egito, ou se dirigiam para a Grécia européia, a oeste.

Nesta cidade, no século 7º a.C., começou uma revolução do pensamento humano, um motim contra a superstição e o raciocínio desleixado, que continuaria o seu desenvolvimento por aproximadamente um milênio, e lançaria os alicerces do raciocínio moderno.

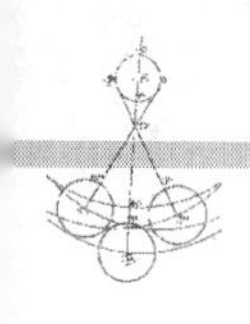

Nosso conhecimento desses pensadores inovadores é incerto, quase sempre baseado em escritos tendenciosos de pensadores que apareceram mais tarde, como Aristóteles e Platão, algumas vezes em relatos contraditórios. A maioria dessas figuras legendárias tinha nomes gregos, mas não aceitava a mitologia grega. Freqüentemente foram perseguidos, exilados, e se suicidaram – pelo menos de acordo com as histórias que nos passaram a respeito delas.

Apesar dos relatos diferentes, é geralmente aceito que em Mileto, perto de 640 a.C., orgulhosos pais tiveram um menino que chamaram de Tales. Tales de Mileto tem a honra de ser a pessoa mais freqüentemente designada como o primeiro cientista ou matemático do mundo. Atribuir esta data antiga para essas profissões, aparentemente, não ameaça a primazia da mais velha das profissões, o comércio do sexo, pois objetos de couro macio destinados à satisfação sexual feminina foram um dos itens pelos quais Mileto era conhecida.[2] Não sabemos se Tales vendeu estes artigos, ou se negociava peixe salgado, lã, ou outras mercadorias pelas quais Mileto era famosa; mas ele era um comerciante rico, e usou seu dinheiro naquilo que lhe agradava, aposentando-se para dedicar-se ao estudo e às viagens.

A Grécia antiga incluía um certo número de pequenas unidades politicamente independentes, as cidades-estados. Algumas eram democráticas, outras controladas por uma pequena aristocracia ou por um rei tirano. Da vida grega diária sabemos mais sobre Atenas, mas a vida de um cidadão tinha muitas semelhanças entre os helenos, e não mudou muito ao longo dos poucos séculos após Tales, a não ser durante os tempos de fome ou guerra. Parece que os gregos gostavam de se encontrar na barbearia, no templo, no mercado. Sócrates gostava de ir à oficina de um sapateiro. Diógenes Laerte escreveu sobre um sapateiro chamado Simão, que primeiro introduziu os diálogos socráticos como forma de conversação. Nos restos de uma loja do século 5º a.C., arqueólogos desenterraram um fragmento de uma taça de vinho que trazia o nome "Simão".[3]

Os gregos antigos também gostavam de jantares festivos. Em Atenas, o jantar era seguido pelo simpósio – que significa literalmente "beber juntos". Os festeiros bebiam vinho diluído em grandes goles, discutindo filosofia, cantando e contando piadas e enigmas. Os que não conseguiam resolver os enigmas, ou que cometiam várias gafes, recebiam punições tais como dançar nu ao redor da sala. Tanto as festas dos gregos quanto sua atração pelo conhecimento lembram a vida universitária. Os gregos valorizavam a busca do conhecimento.

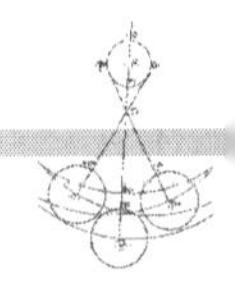

Parece que Tales teve a sede insaciável pelo conhecimento, característica de tantos gregos que moldaram sua Idade de Ouro. Nas suas viagens à Babilônia, ele estudou a ciência e a matemática da astronomia e ganhou fama local ao trazer este conhecimento para a Grécia. Um dos feitos legendários de Tales foi ter predito o eclipse solar no dia 28 de maio de 585 a.C. Heródoto, o historiador, relata que esse eclipse aconteceu durante uma batalha entre os lídios e os persas, interrompendo a luta, e trouxe paz duradoura.

Tales também passou longos períodos de tempo no Egito. Os egípcios tinham a capacidade de construir as pirâmides, mas não tinham o discernimento necessário para medir a sua altura. Tales buscou explicações teóricas para os fatos descobertos empiricamente pelos egípcios. Com tal compreensão, Tales foi capaz de *deduzir* técnicas geométricas, uma da outra, e de roubar a solução de um problema a partir de um outro, pois tinha extraído o princípio abstrato da aplicação prática particular. Ele deixou os egípcios impressionados quando lhes mostrou como eles poderiam medir a altura da pirâmide empregando um conhecimento das propriedades de triângulos semelhantes.[4] Mais tarde, Tales usou uma técnica similar para medir a distância de um navio no mar. Ele se tornou uma celebridade no Egito antigo.

Na Grécia, Tales foi nomeado pelos seus contemporâneos como um dos Sete Sábios, os sete homens mais sábios do mundo. Suas proezas eram ainda mais impressionantes considerando-se a compreensão primitiva de matemática possuída pelas pessoas de nível médio que viviam naquela época. Por exemplo, mesmo até séculos mais tarde, o grande pensador grego Epicuro ainda mantinha que o Sol não era uma imensa bola de fogo, mas sim "tão grande quanto a vemos".[5]

Tales deu os primeiros passos para a sistematização da geometria. Ele foi o primeiro a demonstrar os teoremas geométricos do tipo que, séculos mais tarde, Euclides juntaria nos seus *Elementos*. Percebendo que eram necessárias regras para determinar o que podia ser tirado de forma válida de algo, Tales também inventou o primeiro sistema de raciocínio lógico. Ele foi o primeiro a considerar o conceito de congruência de figuras espaciais – que duas figuras num plano podem ser consideradas iguais se você puder deslizar e girar uma para coincidir exatamente com a outra. Estender a idéia da igualdade numérica para objetos espaciais foi um salto gigantesco na matematização do espaço. Isso não é tão óbvio quanto possa parecer para nós, que fomos doutrinados sobre isso muito cedo, nos nossos dias de escola.

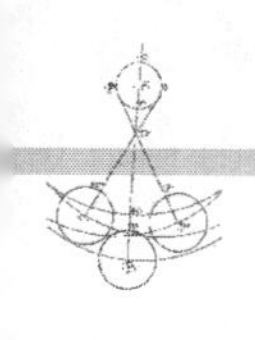

Realmente, como veremos, isso envolve a admissão da homogeneidade, que uma figura nunca se deforma nem muda de tamanho quando se move, o que não é verdade em todos os espaços, incluindo o nosso próprio espaço físico. Tales manteve o nome egípcio de "medida da terra" para a sua matemática, mas sendo grego, usou a palavra grega *geometria*.[6]

Tales afirmava que, pela observação e raciocínio, deveríamos ser capazes de explicar tudo o que acontece na natureza. Ele acabou chegando à conclusão revolucionária de que a natureza segue leis regulares. Os trovões não são barulhos ruidosos feitos pelo Zeus zangado. Tem que haver uma explicação melhor, obtida pela observação e pelo raciocínio. E na matemática, as conclusões a respeito do mundo devem ser verificadas através das regras, não por meio de conjeturas e observação.

Tales também lidou com o conceito de espaço físico. Ele reconheceu que toda a matéria no mundo, apesar de sua imensa variedade, deve ser feita, intrinsecamente, da mesma coisa. Na ausência de qualquer evidência, foi um extraordinário salto de intuição. É claro que a próxima pergunta natural era: o que é esta matéria fundamental?[7] Neste caso, vivendo numa cidade portuária, a intuição levou Tales a escolher a água.[8] Ironicamente, o discípulo e companheiro de Tales, Anaximandro de Mileto, chegou à idéia da evolução por um salto de intuição semelhante, e escolheu o peixe como o animal inferior do qual os seres humanos evoluíram.

Quando Tales era um frágil homem velho, temeroso de sua própria senilidade, ele encontrou o mais importante precursor de Euclides – Pitágoras de Samos. Samos era uma cidade numa grande ilha do mesmo nome, no mar Egeu, não muito distante de Mileto. Quem visitar a ilha hoje vai encontrar algumas colunas despedaçadas e ruínas de basalto de um teatro dando vista para o local do seu antigo porto. Nos dias de Pitágoras, a cidade era bastante próspera. Quando Pitágoras tinha 18 anos de idade seu pai faleceu. Seu tio lhe deu um pouco de prata e uma carta de apresentação, e o mandou visitar o filósofo Ferecides, na ilha vizinha de Lesbos – a ilha da qual veio o termo *lésbica*.

De acordo com uma lenda, Ferecides tinha estudado os livros secretos dos fenícios e introduziu na Grécia a crença na imortalidade da alma e na reencarnação, que Pitágoras abraçou como as bases fundamentais de sua filosofia religiosa. Pitágoras e Ferecides foram amigos por toda a vida, mas Pitágoras não ficou muito tempo em Lesbos. Quando tinha 20 anos, Pitágoras viajou para Mileto, onde encontrou Tales.

O quadro histórico que podemos visualizar de Pitágoras é o de um jovem rapaz com cabelos longos encaracolados, trajando não uma túnica grega tradicional, mas vestindo calça, um tipo antigo de hippie, visitando o sábio famoso.[9] Na época, Tales era um homem que sabia que seu antigo brilho intelectual tinha diminuído consideravelmente. Talvez vendo um reflexo de sua própria juventude no rapaz, desculpou-se por sua capacidade mental diminuída.

Sabemos pouco do que Tales realmente disse a Pitágoras, mas certamente ele foi uma grande influência sobre este jovem gênio. Anos após a morte de Tales, Pitágoras algumas vezes seria encontrado sentado em sua casa, cantando canções de louvor ao visionário que morrera. Todos os relatos antigos do encontro concordam num ponto: Tales deu a Pitágoras a sugestão de Horace Greeley[d], mas em vez de mandar o jovem rapaz para o oeste, Tales recomendou o Egito.

4. A Sociedade Secreta

Pitágoras aceitou a recomendação de Tales de ir para o Egito[1], mas lá chegando, não encontrou poesia na matemática egípcia. Os objetos geométricos eram entidades físicas. Uma linha era a corda que o *harpedonopta* (o esticador de corda) arrastava, ou a borda de um campo. Um retângulo era o limite de um pedaço de terra, ou a face de um bloco de pedra. O espaço era lama, solo e ar. Cabe aos gregos, e não aos egípcios, o crédito pela idéia que traz romantismo e metáfora à matemática: a de que o espaço pode ser uma abstração matemática e, também importante, que a abstração pode ser aplicada a muitas circunstâncias diferentes. Algumas vezes uma linha é somente uma linha. Mas a mesma linha pode representar a aresta de uma pirâmide, a divisa de um campo, ou a trajetória de um corvo que voa. O conhecimento sobre uma é transferido para a outra.

De acordo com uma lenda, um dia Pitágoras estava passando pela oficina de um ferreiro, quando ouviu o som de vários martelos golpeando uma grande bigorna. Isso o fez pensar. Após algumas experiências com cordas, ele descobriu as progressões harmônicas, e a relação entre o comprimento de uma corda vibrante e a altura da nota musical que ela produz. Por exemplo, uma corda com o dobro de tamanho produz uma nota com metade da altura do som. Essa observação simples, mas um ato profundo e revolucionário, é freqüentemente considerada como o primeiro exemplo na história de uma descoberta empírica de uma lei natural.

Milhões de anos atrás, alguém guinchou ou grunhiu, e um outro disse palavras imortais, agora perdidas, mas que devem ter significado algo mais ou menos assim – "Eu entendi o que você quer dizer".[2] A idéia de linguagem tinha chegado. Em ciência, a lei da harmonia de Pitágoras representa

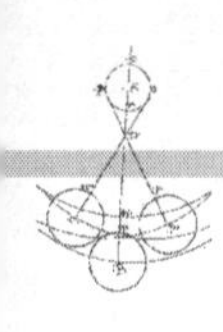

igualmente uma pedra fundamental, o primeiro exemplo do mundo físico descrito em termos matemáticos. Devemos nos lembrar que, em sua época, a matemática dos fenômenos numéricos simples era desconhecida. Por exemplo, para os pitagóricos, foi uma revelação e tanto saber que a multiplicação das dimensões de um retângulo dava a sua área.

Para Pitágoras, muito daquilo que a matemática tinha de intrigante veio dos muitos padrões numéricos que ele e seus seguidores descobriram. Os pitagóricos imaginaram os números inteiros como pedrinhas ou pontos, dispondo-as em certos padrões geométricos. Descobriram que alguns números podem ser formados arrumando as pedrinhas igualmente espaçadas em duas colunas de dois, três colunas de três, e assim por diante, de modo que a disposição formasse um quadrado. Os pitagóricos denominaram quaisquer números de pedrinhas que arrumássemos desta maneira de "números quadrados", e é por isso que hoje em dia nós chamamos esses números de "quadrados": 4, 9, 16, etc. Eles descobriram que outros números podiam ser formados dispondo as pedrinhas em colunas de um, dois, três, e assim por diante, formando triângulos: 3, 6, 10, etc.

As propriedades dos números quadrados e triangulares fascinaram Pitágoras. Por exemplo, o segundo número quadrado, 4, é igual à soma dos primeiros dois números ímpares, 1+3. O terceiro, 9, é igual à soma dos primeiros três números ímpares 1+3+5, e assim por diante. (Isso também é verdade para o primeiro quadrado, 1=1.) Enquanto os números quadrados são todos iguais à soma de todos os números ímpares consecutivos, Pitágoras percebeu que, do mesmo modo, os números triangulares são as somas de todos os números consecutivos, tanto pares como ímpares. E que os números quadrados e triangulares estão relacionados; se adicionarmos um número triangular ao número triangular anterior ou ao próximo, obteremos um número quadrado.

O teorema de Pitágoras, também, deve ter parecido mágico. Imagine os antigos estudiosos analisando triângulos de toda espécie (e não somente o raro triângulo retângulo), medindo seus ângulos e lados, girando-os e comparando-os. Se tal investigação acontecesse hoje, as universidades poderiam ter uma disciplina dedicada a isso. "Meu filho é professor de matemática na USP", diria alguma mãe orgulhosa. "Ele é professor de triângulos." Um dia esse filho percebe uma regularidade peculiar – que em todo triângulo retângulo, o quadrado do comprimento da hipotenusa é igual à soma dos quadrados dos outros dois lados. Isto revela-se verdadeiro para todo triângulo

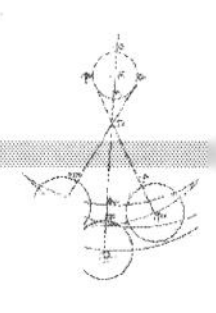

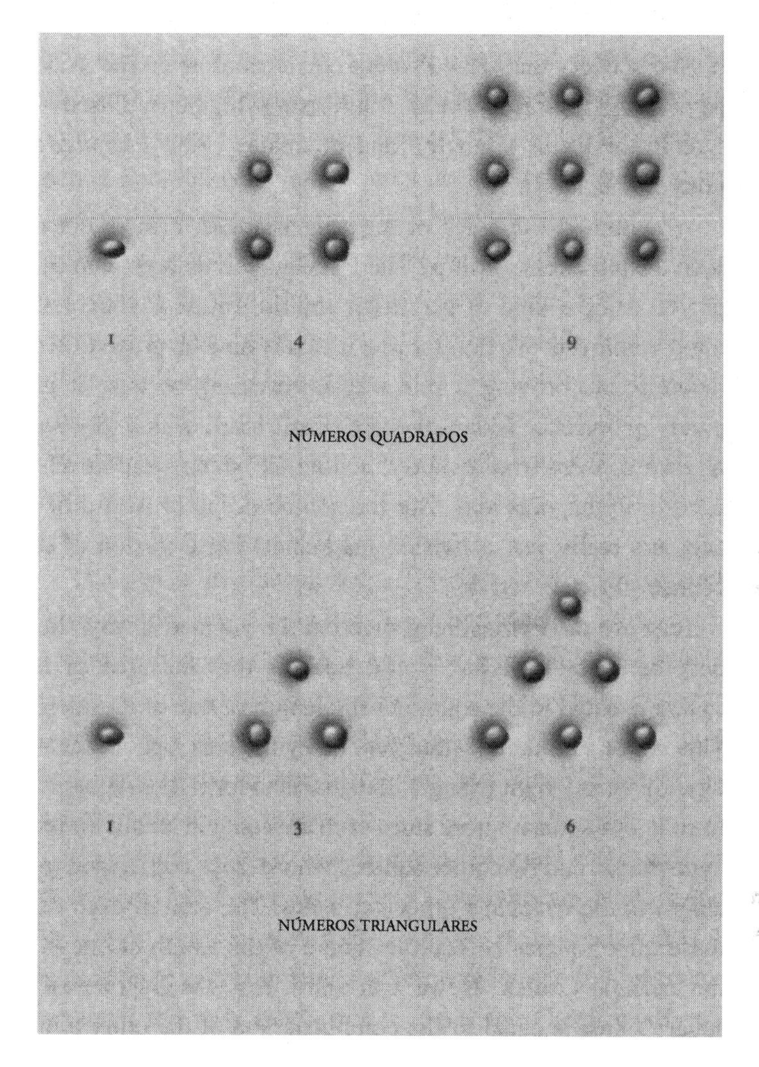

OS PADRÕES DAS PEDRINHAS DE PITÁGORAS

retângulo já medido, para pequenos, grandes, gordos e baixos, mas não para qualquer outro tipo de triângulo. É uma descoberta que certamente valeria uma manchete na primeira página do jornal *Folha de S. Paulo* com letras bem grandes: *"Descoberta regularidade surpreendente no triângulo retângulo"*, e, com letras menores: *"Aplicações práticas ainda vão demorar muitos anos"*.

Por que deveriam os lados de um triângulo retângulo sempre obedecer esta relação tão simples? O teorema de Pitágoras pode ser demonstrado

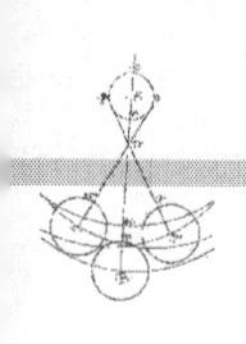

usando-se um tipo de multiplicação geométrica que Pitágoras usava freqüentemente. Não sabemos se foi assim que ele demonstrou esse teorema, mas demonstrar desta maneira é significativo porque é puramente geométrico. Hoje, existem demonstrações mais simples, que se baseiam na álgebra ou até na trigonometria, mas nenhuma delas foi desenvolvida nos dias de Pitágoras. A demonstração geométrica não é difícil; é realmente apenas uma versão distorcida pelos matemáticos para uma atividade infantil de "ligue os pontos para formar uma figura".

Para demonstrar o teorema de Pitágoras de maneira geométrica, o único fato computacional de que precisaremos é que a área de um quadrado é igual ao quadrado do comprimento de um dos seus lados. Isso é apenas uma reformulação moderna da analogia das pedrinhas de Pitágoras. Dado qualquer triângulo retângulo, o objetivo é formar três quadrados dele: um quadrado cujos lados sejam iguais em comprimento à hipotenusa; e dois outros quadrados cujos lados correspondam, em comprimento, aos outros dois lados do triângulo. A área de cada um desses três quadrados é então o quadrado do comprimento de um dos lados do triângulo. Se pudermos mostrar que área do quadrado da hipotenusa é igual à combinação das áreas dos outros dois quadrados, teremos então demonstrado o teorema de Pitágoras.

Para facilitar as coisas, vamos dar nomes aos lados do triângulo. A hipotenusa já tem um nome, ainda que seja um nome comprido, e assim nós o manteremos, mas escreveremos o nome de nossa linha particular com letra maiúscula, Hipotenusa, para distingui-la do termo *a hipotenusa*. Vamos chamar os outros dois lados do triângulo de Alexei e Nicolai. Por coincidência, esses são os nomes dos dois filhos deste autor. Quando escrevia este livro, Alexei era o mais alto e Nicolai o mais baixo, assim vamos usar essa convenção para dar os nomes aos lados do triângulo (a demonstração funciona igualmente bem com lados do mesmo tamanho). Começamos a construção desenhando um quadrado cujos lados são os tamanhos combinados de Alexei e Nicolai. Depois, desenhamos um ponto em cada lado, dividindo cada lado num segmento com o tamanho de Alexei, e o outro com o tamanho de Nicolai, e ligamos os pontos. Há diferentes maneiras de fazer isto. As duas maneiras que nos interessam estão ilustradas na figura da página 33. Uma maneira produz um quadrado cujos lados correspondem à Hipotenusa, mais quatro triângulos "que sobraram". A outra maneira resulta em dois quadrados cujos lados igualam aos tamanhos de Alexei e Nicolai, mais dois retângulos restantes que podem ser cortados por suas

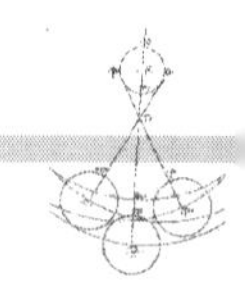

diagonais formando quatro triângulos que sobraram, idênticos aos triângulos restantes quando fizemos da outra maneira.

O resto, é só calcular. Os dois quadrados subdivididos têm áreas idênticas, de modo que após descartar os quatro triângulos que sobraram de cada, a área que resta num quadrado é igual àquela no outro quadrado. Mas numa figura, aquela área é o quadrado do comprimento da Hipotenusa, e no outro é a soma dos quadrados dos tamanhos de Alexei e Nicolai. Assim, provamos o teorema!

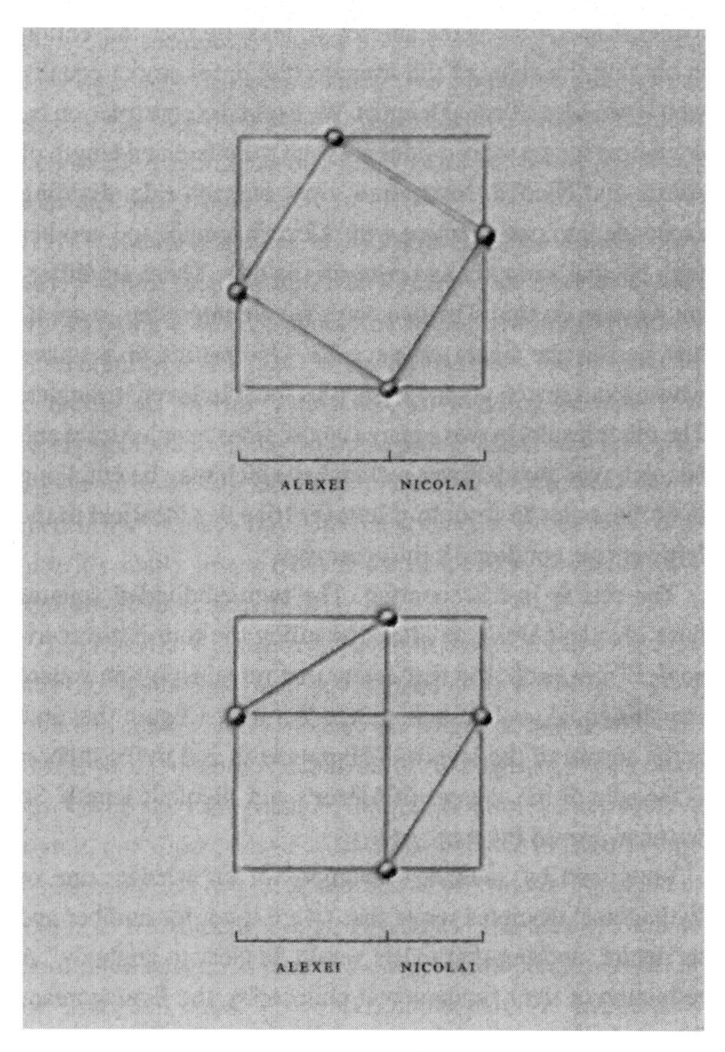

O TEOREMA DE PITÁGORAS

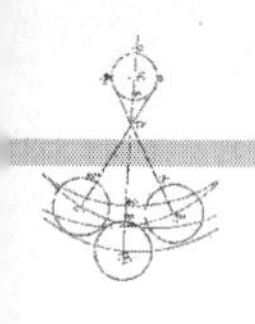

Impressionado por tais novos triunfos do conhecimento, um discípulo de Pitágoras escreveu que "se não fosse pelo número e pela sua natureza, nada do que existe seria claro para ninguém".[3] Refletindo sua filosofia fundamental, os pitagóricos inventaram o termo *matemática*, do grego *mathema*, que significa "ciência". A origem da palavra reflete a relação próxima entre os dois assuntos, embora hoje exista uma distinção nítida entre matemática e ciência, uma distinção que não se tornou clara até o século 19, conforme veremos.

Há também uma distinção entre conversa inteligente e jogar conversa fora, uma distinção que nem sempre Pitágoras fez. A reverência de Pitágoras pelas relações numéricas o levou a formular muitas crenças numerológicas místicas. Ele foi o primeiro a dividir os números nas categorias de "pares" e "ímpares", mas foi mais adiante personificando-os: os ímpares ele chamou de "masculino" e os pares de "feminino". Ele associou números específicos com idéias – o número 1 com a razão, o 2 com a opinião, o 4 com a justiça. Como o número 4 no seu sistema era representado por um quadrado, o quadrado foi associado com a justiça, originando a expressão ainda hoje usada (em inglês) – "a square deal".[e] Para sermos honestos e justos com Pitágoras, devemos reconhecer que é muito mais fácil julgar a diferença entre o brilhantismo e futilidade de alguém a partir da perspectiva intelectual de um par de milênios.

Pitágoras foi uma figura carismática e um gênio, mas ele também era bom em se autopromover. No Egito, ele não somente aprendeu geometria egípcia, mas tornou-se o primeiro grego a aprender os hieróglifos egípcios e, por fim, tornou-se um sacerdote egípcio ou algo equivalente, iniciado nos seus ritos sagrados. Isso lhe deu acesso a todos os mistérios egípcios, chegando até aos aposentos secretos de seus templos. Permaneceu no Egito pelo menos 13 anos. Quando partiu, não foi por sua própria vontade – os persas invadiram o Egito e o levaram prisioneiro. Pitágoras chegou à Babilônia, onde obteve sua liberdade posteriormente, e também ganhou um conhecimento completo da matemática babilônica. Finalmente retornou a Samos com a idade de 50 anos. Quando Pitágoras voltou para sua terra, tinha sintetizado a filosofia do espaço e da matemática que pretendia pregar; tudo o que precisava era de alguns seguidores.

Seu conhecimento dos hieróglifos levou muitos gregos a acreditarem que ele tinha poderes especiais. Ele encorajou histórias que o destacavam dos cidadãos normais. Uma das mais bizarras descrevia-o atacando uma cobra venenosa, mordendo-a até a morte.[4] Outra descrevia um ladrão que

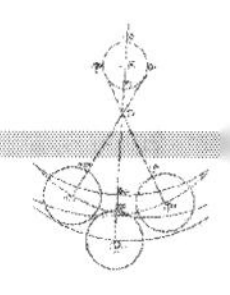

invadiu a casa de Pitágoras e viu coisas tão estranhas que fugiu sem nada levar, recusando-se até a revelar o que tinha visto. Pitágoras tinha uma marca dourada de nascimento na coxa, que ele exibia como um sinal de divindade. As pessoas de Samos não se mostraram extremamente suscetíveis às suas pregações, por isso Pitágoras logo partiu para um lar menos sofisticado, a cidade italiana de Crotona[f], colonizada por gregos. Lá, ele estabeleceu a sua "sociedade" de seguidores.

A vida e a lenda que se desenvolveram em torno de Pitágoras são, de muitas maneiras, paralelas àquelas de um líder carismático posterior, Jesus Cristo. É difícil acreditar que os mitos a respeito de Pitágoras não tenham influenciado a criação de algumas das histórias mais tarde contadas sobre o Cristo.[5] Muitos acreditavam, por exemplo, que Pitágoras era o filho de Deus, neste caso, Apolo. Sua mãe tinha o nome de Partenes, que significa "virgem". Antes de viajar para o Egito, Pitágoras viveu como eremita no monte Carmelo, igual à vigília solitária de Cristo no monte. Uma seita judaica, a dos essênios, apropriou-se deste mito, e dizem que mais tarde teve conexão com João Batista. Há também um outro mito de que Pitágoras voltava de dentre os mortos, embora, de acordo com a história, ele tenha simulado isso, escondendo-se numa câmara secreta subterrânea. Muitos dos poderes e feitos milagrosos de Cristo foram primeiramente atribuídos a Pitágoras: dizem que ele apareceu em dois lugares de uma vez; podia acalmar as águas e controlar os ventos; foi saudado uma vez por uma voz divina; acreditava-se que podia andar sobre as águas.[6]

A filosofia de Pitágoras também tinha algumas semelhanças com a de Cristo. Por exemplo, ele pregou que devemos amar os nossos inimigos. Mas em filosofia, ele estava mais próximo do seu contemporâneo Sidarta Gautama Buda (c. 560-480 a.C.). Ambos acreditavam em reencarnação[7], às vezes como um animal, de modo que mesmo um animal podia ser habitado pelo que antes fora uma alma humana.[g] Assim, ambos atribuíram alto valor a todas as formas de vida, opondo-se à prática comum de sacrificar animais e pregando um vegetarianismo estrito. De acordo com uma história, Pitágoras uma vez impediu um homem de bater num cachorro contando-lhe que reconhecia no cachorro um antigo amigo seu, reencarnado.[8]

Pitágoras achava que os bens materiais atrapalhavam a busca das verdades divinas. Os gregos daquele período, às vezes, usavam lã e, freqüentemente, roupas coloridas. Ocasionalmente, homens ricos jogavam um manto como uma capa sobre seus ombros, preso com um alfinete ou broche de ouro,

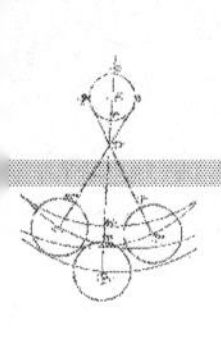

exibindo orgulhosamente sua riqueza. Pitágoras rejeitou o luxo e proibiu os seus seguidores de usar qualquer tipo de roupa a não ser as feitas de linho branco simples. Não ganhavam dinheiro trabalhando, mas dependiam da caridade da população de Crotona e talvez da riqueza de alguns de seus seguidores, que juntavam suas posses e viviam num estilo comunal. É difícil determinar a natureza de sua organização porque, nas suas atitudes e costumes, as pessoas daquela época e lugar eram tão diferentes de nós hoje. Por exemplo, duas das maneiras pelas quais o grupo de Pitágoras se distinguia das pessoas comuns era que não urinavam publicamente e não faziam sexo na frente de outras pessoas.[9]

O sigilo desempenhava um papel importante na sociedade pitagórica, talvez se baseando na sua experiência com as práticas secretas do sacerdócio egípcio. Ou talvez a motivação fosse um desejo de evitar problemas que seriam causados pela revelação de idéias revolucionárias que poderiam provocar oposição. Uma das descobertas de Pitágoras tornou-se tão secreta que, de acordo com uma lenda, os pitagóricos proibiram sua revelação sob pena de morte.

Lembre-se do problema de determinar o comprimento da diagonal do quadrado unitário. Os babilônios o calcularam aproximadamente com seis casas decimais, mas para os pitagóricos isso não era suficientemente bom. Eles queriam saber seu valor exato. Como você pode fingir que sabe algo sobre o espaço dentro de um quadrado se não sabe isso? O problema era que, embora eles pudessem atingir aproximações cada vez melhores, nenhum dos números produzidos mostrou ser a resposta exata. Mas os pitagóricos não se intimidavam facilmente. Tiveram a imaginação de perguntar a si mesmos: será que existe mesmo este número? Eles concluíram que não existe, e tiveram a engenhosidade de demonstrá-lo.

Nós sabemos hoje que o comprimento da diagonal é igual à raiz quadrada de 2, um número irracional. Isso significa que não pode ser escrito em forma decimal com um número finito de algarismos ou, de forma equivalente, que não pode ser representado como um número inteiro ou fracionário, os únicos tipos de números que os pitagóricos conheciam. A demonstração deles de que o número não existia foi, na verdade, uma demonstração de que ele não pode ser escrito em forma fracionária.

É claro que Pitágoras tinha um problema. O fato de que o comprimento da diagonal de um quadrado não pode ser expresso por um número qualquer não era bom para um visionário que prega que o número é o princípio

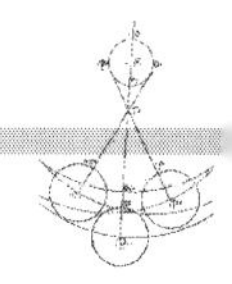

de todas as coisas.[10] Deveria alterar a sua filosofia: tudo é número, exceto para certas grandezas geométricas que consideramos realmente misteriosas?

Pitágoras poderia ter adiantado a invenção do sistema de números reais por muitos séculos, se tivesse feito uma coisa simples: dar um nome à diagonal, digamos, *d*, ou até melhor, ÷2, e considerá-lo algum novo tipo de número. Se tivesse feito isso, teria esvaziado antecipadamente a revolução das coordenadas de Descartes, pois, faltando-lhe uma representação numérica, a necessidade de descrever este novo tipo de número pedia a invenção da linha numérica. Em vez disso, Pitágoras bateu em retirada de sua prática promissora de associar figuras geométricas com números e proclamou que alguns comprimentos não podem ser expressos por um número. Os pitagóricos chamaram tais comprimentos de *alogon*, "não racionais", que hoje traduzimos como "irracional". Todavia, a palavra *alogon* tinha um duplo sentido: significava também "não deve ser falado". Pitágoras tinha resolvido seu dilema com uma doutrina que teria sido difícil defender; assim, seguindo a sua doutrina geral de manter sigilo, ele proibiu seus seguidores de revelar o paradoxo embaraçoso.[11] Nem todos obedeceram. De acordo com uma lenda, um de seus seguidores, Hipaso, revelou o paradoxo. Hoje em dia, as pessoas são mortas por muitas razões – amor, política, dinheiro, religião –, mas não porque alguém delatou a respeito da raiz quadrada de 2. Contudo, para os pitagóricos, a matemática era uma religião, e quando Hipaso quebrou o voto de silêncio, foi assassinado.

A resistência aos números irracionais continuou por milhares de anos. No fim do século 19, quando o talentoso matemático alemão George Cantor desenvolveu um trabalho inovador para colocá-los em base mais firme, seu antigo professor, um chato chamado Leopold Kronecker, que se "opunha" aos números irracionais, discordou energicamente de Cantor e sabotou sua carreira a cada passo[h]. Cantor, incapaz de tolerar isso, teve um esgotamento nervoso e passou os últimos dias de sua vida num hospital para doentes mentais.[12]

Pitágoras também terminou sua vida com problemas. Cerca de 510 a.C., alguns pitagóricos viajaram a uma cidade próxima chamada Síbaris, aparentemente buscando seguidores. Sobreviveram poucos detalhes da missão deles, exceto que foram mortos. Mais tarde, uma facção de sibaritas fugiu de Crotona escapando de um tirano, Télis, que tinha então tomado o poder na cidade. Télis exigiu a volta deles. Pitágoras quebrou uma de suas regras principais: ficar fora da política. Ele persuadiu os moradores de

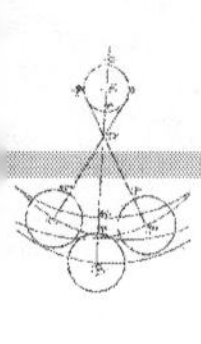

Crotona a não deportar os exilados. Isso resultou numa guerra, que Crotona venceu, mas para Pitágoras o estrago já estava feito. Ele agora tinha inimigos políticos. Perto de 500 a.C., eles atacaram seu grupo. Pitágoras fugiu. O que aconteceu com ele depois disso não está muito claro: a maioria das fontes diz que ele se suicidou; outras dizem que ele viveu tranqüilamente seus últimos anos e morreu com cerca de 100 anos de idade.

A sociedade pitagórica se manteve por algum tempo depois do ataque, até que outro ataque, por volta de 460 a.C., trucidou a todos, menos alguns poucos seguidores. Seus ensinamentos sobreviveram de alguma forma até perto de 300 a.C. Foram reavivados pelos romanos no século 1° a.C., e tornaram-se uma força dominante dentro do florescente Império Romano. O pitagorismo influiu em muitas religiões daquele tempo, tais como o judaísmo alexandrino, a antiga religião egípcia decadente e, como já vimos, o cristianismo. No 2° século da era cristã, a matemática pitagórica, associada à escola de Platão, recebeu novo ímpeto. Os descendentes intelectuais de Pitágoras foram novamente silenciados por Justiniano, o imperador romano oriental, no século 4° da era cristã. Os romanos odiavam os cabelos longos e as barbas dos descendentes dos filósofos gregos pitagóricos, e seu uso de drogas como o ópio, sem deixar de mencionar suas crenças não cristãs.[13] Justiniano fechou a Academia e proibiu o ensino de filosofia. O pitagorismo ainda tremeluziu por mais dois séculos, depois desapareceu na Idade das Trevas, aproximadamente em 600 d. C.

5. O Manifesto de Euclides

or volta de 300 a.C., no litoral sul do mar Mediterrâneo, um pouco a oeste do rio Nilo, na Alexandria, viveu um homem cuja obra teve a influência que rivalizou com a Bíblia. Sua abordagem deu nova forma à filosofia e definiu a natureza da matemática até o século 19. Sua obra integrou a educação superior durante a maior parte desse tempo, e continua sendo assim até hoje. A redescoberta de sua obra foi uma chave para a renovação da civilização européia na Idade Média. Spinoza tentou imitá-lo.[1] Abraham Lincoln o estudou. Kant o defendeu.

O nome deste homem era Euclides. Virtualmente, nada de sua vida é conhecido. Ele comia azeitonas? Assistia a peças teatrais? Era alto ou baixo? A história não responde a nenhuma dessas perguntas. Tudo o que sabemos é que ele abriu uma escola em Alexandria, teve alunos brilhantes, desprezou o materialismo, parecia ser uma pessoa agradável e escreveu pelo menos dois livros.[2] Um deles, um livro perdido sobre cônicas – o estudo de curvas geradas pela interseção de um plano e um cone –, formou, mais tarde, a base da importante obra de Apolônio, que fez progredirem substancialmente as ciências da navegação e a astronomia.[3]

A sua outra obra famosa, *Os elementos*[4], é um dos "livros" mais amplamente lidos de todos os tempos. Ele tem uma história digna do enredo de *O falcão maltês*.[i] Em primeiro lugar, não é um livro, mas uma série de 13 rolos de pergaminhos.[j] Nenhum dos originais sobreviveu, mas foram transmitidos mais tarde através de uma série de cópias posteriores, e desapareceram quase que completamente na Idade das Trevas. Os primeiros quatro rolos da obra de Euclides não são de modo algum o original de *Os elementos*: um erudito chamado Hipócrates (não o pai da medicina com o mesmo

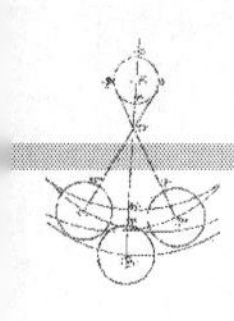

nome) escreveu um trabalho intitulado *Os elementos* aproximadamente em 400 a.C., que se acredita ter sido a fonte da maior parte do que aparece naqueles. Não há créditos de nenhuma parte de *Os elementos*. Euclides não reivindicou ter sido original em relação a qualquer dos teoremas. Ele viu o seu papel como o de organizador e sistematizador da geometria conforme compreendida pelos gregos. Ele foi o arquiteto do primeiro relato abrangente sobre a natureza do espaço bidimensional através do raciocínio puro, sem nenhuma referência ao mundo físico.

A mais importante contribuição de *Os elementos* de Euclides foi o seu método lógico inovador:[k] primeiro, tornar explícitos os termos, formulando definições precisas e garantindo assim a compreensão mútua de todas as palavras e símbolos. Em seguida, tornar explícitos os conceitos apresentando de forma clara os axiomas ou postulados (estes termos são intercambiáveis) de modo que não possam ser usados entendimentos ou pressuposições não declarados. Finalmente, deduzir as conseqüências lógicas do sistema empregando somente regras de lógica aceitas, aplicadas aos axiomas e aos teoremas previamente demonstrados.

Que tamanha chatice! Por que insistir tanto em demonstrar toda e qualquer afirmação? A matemática é um edifício vertical que, diferentemente de um alto edifício, cairá se apenas um tijolo matemático estiver corrompido. Se for permitida mesmo a falácia mais inócua no sistema, não poderemos confiar em mais nada. De fato, um teorema da lógica afirma que, se for admitido qualquer teorema falso num sistema lógico, não importando a que ele se refira, seremos capazes de usá-lo para demonstrar que 1 é igual a 2.[5] De acordo com uma lenda moderna, um cético certa vez encurralou o matemático-lógico Bertrand Russell, tentando atacar esse teorema abrangente (embora estivesse realmente falando da proposição inversa). "OK", bradou o cético, "se eu admitir que um seja igual a dois, então prove que você é o papa". Diz-se que Russell pensou por um breve instante, e então respondeu: "O papa e eu somos dois, logo, o papa e eu somos um".

Demonstrar cada afirmação significa, em particular, que a intuição, embora seja um guia valioso, deve ser conferida por um teste de demonstração. A frase "é intuitivamente óbvio" não é uma justificativa adequada para um passo em uma demonstração. Somos falíveis demais para isso. Imagine desenrolar um novelo de lã ao longo da linha do Equador nos seus 40 mil quilômetros. Imagine agora fazer o mesmo, 30 centímetros acima da linha do Equador. Quanto de lã a mais você precisa – uns cem mil metros?

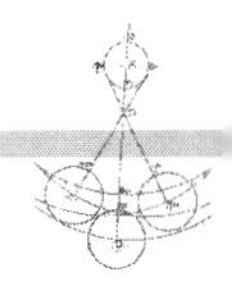

Vamos simplificar. Imagine desenrolar dois ou mais novelos, desta vez na superfície do Sol, a outra 30 centímetros acima. A qual bola você adiciona mais lã quando aumenta 30 centímetros, à da Terra ou à do Sol? A intuição informa à maioria de nós que é a do Sol, mas a resposta é que você adicionou exatamente a mesma quantidade lã a cada uma delas, 2 π 30 centímetros, ou cerca de 1,8 metro.

Muitos anos atrás havia um show de televisão (nos Estados Unidos) chamado *Let's Make a Deal*.[1] Um concorrente ficava diante de três cenários, escondidos por cortinas. Um cenário continha um item de grande valor, um carro, por exemplo; e os outros dois cenários, prêmios de consolação. Digamos que o concorrente escolhesse a cortina dois. O apresentador pediria que abrissem uma outra, digamos, a cortina três. Suponha que a cortina três revelasse um prêmio de consolação e, assim, o prêmio real estivesse atrás da cortina um ou da que você escolheu. Então o apresentador perguntaria se você não gostaria de mudar a sua escolha – neste caso escolher o número um em vez do número dois. Você mudaria? Parece que, intuitivamente, suas chances são as mesmas, 50%, indiferentemente. Seria o caso, se você não tivesse nenhuma outra informação, mas você tem; você tem a história de sua primeira escolha e as ações do apresentador. Uma análise cuidadosa de todas as possibilidades a partir de sua escolha inicial, ou a aplicação da fórmula apropriada, chamada de teorema de Bayes[6], revelará que suas chances serão melhores se você mudar a sua escolha. Há muitos exemplos em matemática em que a intuição falha e somente o raciocínio formal deliberado revelará a verdade.

A exatidão é outra propriedade exigida em uma demonstração matemática. Um observador poderia medir a diagonal de um quadrado unitário como 1,4, ou ajustando seu instrumento e obter 1,41 ou 1,414, e embora possamos ser tentados a aceitar tais aproximações como suficientemente boas, o que elas jamais poderiam revelar é a descoberta revolucionária de que o comprimento é irracional.

Pequeníssimas mudanças quantitativas podem ter grandes conseqüências quantitativas. Pense a respeito das loterias públicas. Perdedores esperançosos freqüentemente, encolhendo os ombros, dizem: "Você não pode ganhar se não jogar". Isto, certamente, é verdade. Mas também é verdade que, por uma pequeníssima fração de 1% suas chances de ganhar são as mesmas, quer compremos ou não um bilhete de loteria. O que aconteceria se a comissão de loteria anunciasse que tinha decidido arredondar as

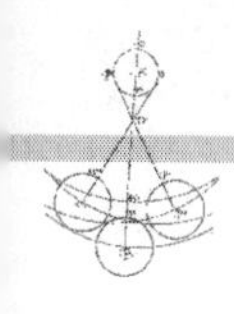

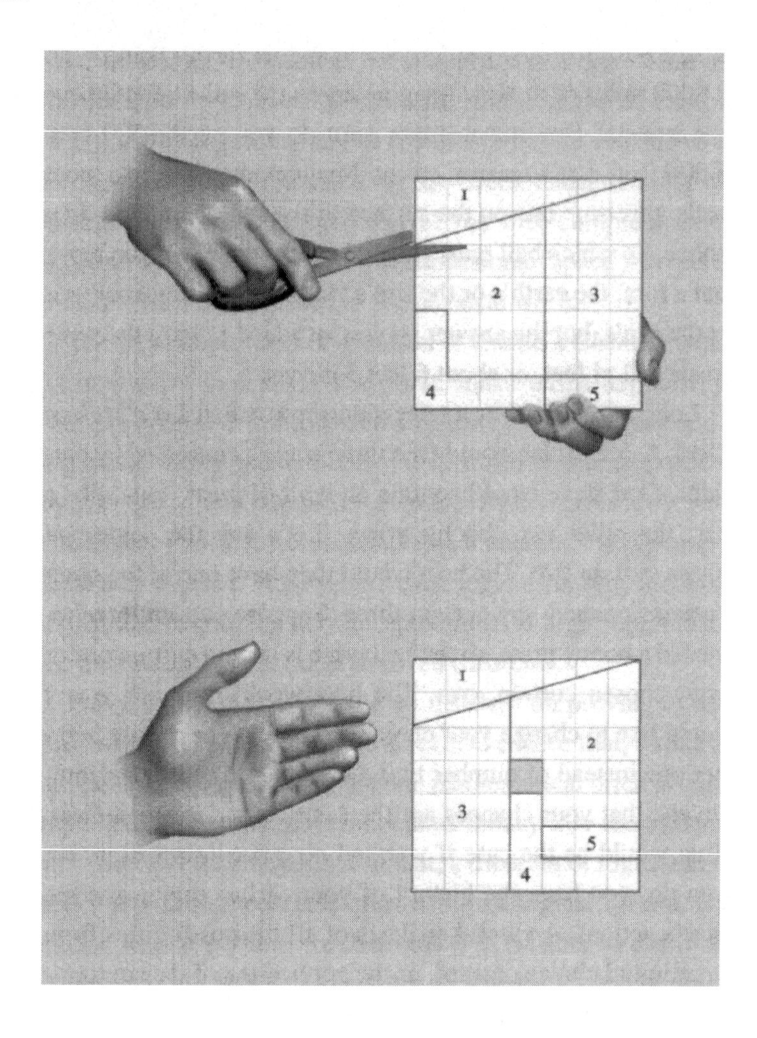

nossas chances de ganhar de 0,000.01 por cento para zero? Seria uma pequena mudança, mas teria uma grande conseqüência na sua fonte de rendimentos.

Um truque inventado por Paul Curry (vide figura), um mágico amador que mora na cidade de Nova York, fornece um bom exemplo geométrico desse efeito.[7] Pegue uma folha de papel quadrada na qual esteja desenhada uma grade de sete por sete quadrados menores. Corte o quadrado maior em cinco peças, e depois arrume de novo as peças conforme mostrado na figura. O resultado é um "donut[m] quadrado", um quadrado do mesmo tamanho que o original, com um dos pequenos quadrados faltando no seu

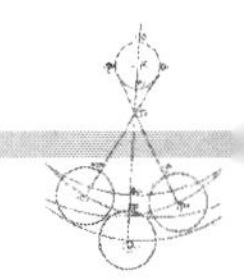

centro. O que aconteceu com a área que falta? Teremos demonstrado um teorema de que o quadrado todo e o donut têm a mesma área?

A resposta é que, quando os pedaços são reunidos de volta, há um pouquinho de sobreposição, e assim a figura é um pouco enganosa – digamos, é uma aproximação. A segunda fileira dos quadrados de cima para baixo tem um pouco de altura extra, de modo que o quadrado maior é 1/49 mais alto do que deveria ser – exatamente o suficiente para dar conta da área do quadrado que falta. Mas, se fôssemos obrigados a medir comprimentos com uma precisão de 2%, não poderíamos notar a diferença entre as duas montagens e seríamos tentados a concluir o resultado mágico de que a área do quadrado e a do "donut quadrado" são iguais.

Pequenos desvios como esses desempenham algum papel em teorias de espaço de hoje? Uma orientação fundamental para Albert Einstein na criação de sua teoria da relatividade geral, a teoria revolucionária do espaço curvo, foi um desvio da teoria clássica newtoniana no periélio de Mercúrio.[8] De acordo com a teoria de Newton, os planetas se movem em elipses perfeitas. O ponto onde um planeta está mais próximo do Sol é chamado de *periélio*, e se a teoria de Newton estiver correta, um planeta deve voltar exatamente para o mesmo periélio ao orbitar ao redor do Sol, todos os anos.[n] Em 1859, Urbain-Jean-Joseph Leverrier anunciou em Paris que tinha descoberto que o periélio de Mercúrio realmente se desloca uma quantidade extremamente pequena – certamente uma quantidade sem nenhuma conseqüência prática – 38 segundos por século.[o] Mesmo assim, o desvio devia ser provocado por algo. Leverrier chamou-a de "uma séria dificuldade, digna da atenção dos astrônomos". Em 1915, Einstein tinha desenvolvido amplamente a sua teoria o suficiente para calcular a órbita de Mercúrio, e descobriu que ela concordava com esse pequeníssimo desvio. De acordo com um biógrafo, Abraham Pais, isso foi "o ápice da sua vida científica". Ele estava tão emocionado que, por três dias, não pôde trabalhar. Apesar de minúsculo, o desvio tinha exigido nada menos do que a queda da física clássica.

O objetivo de Euclides era que o seu sistema fosse livre de suposições não reconhecidas baseadas na intuição, em conjeturas e na inexatidão. Ele formulou 23 definições[p], cinco postulados geométricos e cinco postulados adicionais que chamou de "noções comuns".[9] A partir dessa base, ele demonstrou 465 teoremas – essencialmente todo o conhecimento geométrico de seu tempo.

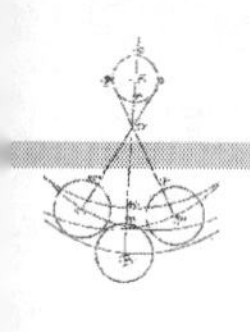

As definições de Euclides incluíam termos como *ponto*, *linha* (que na sua definição podia ser curva), *linha reta*, *círculo*, *ângulo reto*, *superfície* e *plano*. Ele definiu alguns desses termos de forma bastante precisa. Linhas paralelas, ele escreveu, são "linhas retas que, estando no mesmo plano e sendo prolongadas indefinidamente em ambas as direções, não se encontram uma com a outra em nenhuma direção".

Um círculo, escreveu Euclides, é "uma figura plana contida por uma linha, [isto é, uma curva] tal que todas as linhas retas que vão até ela de um certo ponto de dentro do círculo [chamado de centro] são iguais entre si". Sobre o ângulo reto, Euclides escreveu: "Quando uma linha reta colocada sobre uma linha reta faz com que os ângulos adjacentes sejam iguais entre si, cada um desses ângulos retos é um ângulo reto".

Algumas das outras definições de Euclides, como aquelas para o ponto e a linha, são vagas e quase inúteis: uma linha reta é "aquela que tem todos os pontos colocados de modo uniforme sobre ela". Esta definição pode ter vindo das técnicas de construção, nas quais você verifica se uma linha é reta fechando um olho e observando ao longo de sua extensão. Para compreendê-la, você já deve ter tido a imagem de uma linha. Um ponto é "aquilo que não tem parte", outra definição que praticamente não faz sentido.

As noções comuns de Euclides eram mais elegantes. Elas eram proposições lógicas não geométricas que ele deve ter considerado serem de senso comum, ao contrário dos postulados que são específicos à geometria.[10] Esta foi uma distinção previamente feita por Aristóteles. Ao expor explicitamente essas suposições intuitivas, ele estava fazendo, em essência, uma adição aos seus postulados. No entanto, ele aparentemente sentiu a necessidade em diferenciá-los de suas proposições puramente geométricas. A profundidade do seu pensamento é atestada por ele ter recebido a necessidade de fazer estas afirmações:

1. Duas coisas que são iguais a uma terceira são também iguais entre si.
2. Se duas coisas iguais são adicionadas a outras iguais, os totais são iguais.
3. Se coisas iguais forem subtraídas de coisas iguais, os restos serão iguais.
4. As coisas que coincidem uma com a outra são iguais entre si.
5. *O todo é maior do que a parte.*

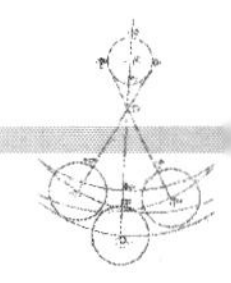

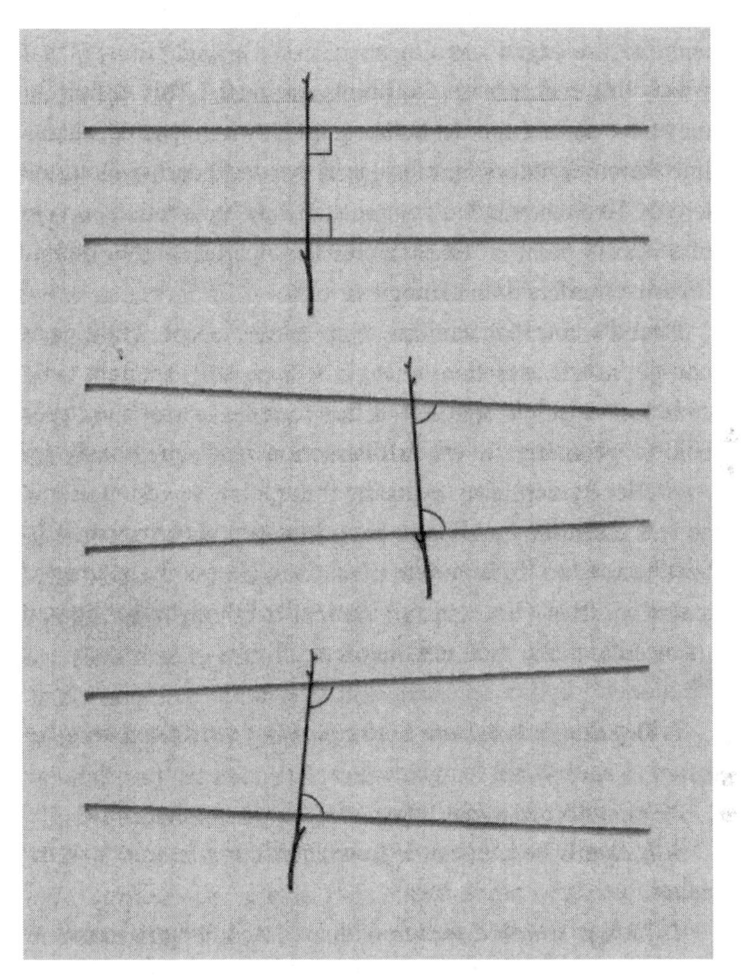

POSTULADO DAS PARALELAS DE EUCLIDES

Deixando de lado essas preliminares, o conteúdo geométrico do fundamento da geometria de Euclides reside nos seus cinco postulados. Os quatro primeiros são simples e podem ser enunciados com certa graciosidade. Em termos modernos, eles são:

1. *Dados quaisquer dois pontos, pode ser traçada uma linha tendo estes pontos como suas extremidades.*

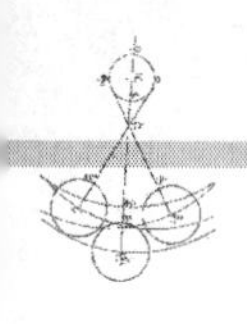

2. *Qualquer linha pode ser prolongada indefinidamente em qualquer direção.*
3. *Dado qualquer ponto, pode ser desenhado um círculo com qualquer raio, com aquele ponto no centro.*
4. *Todos os ângulos retos são iguais.*

Os postulados 1 e 2 parecem concordar com nossa experiência. Sentimos que sabemos como desenhar uma linha de um ponto a outro ponto; e nunca enfrentamos quaisquer barreiras onde o espaço termine, impedindo-nos de prolongar as linhas. O seu terceiro postulado é um pouco mais sutil – uma parte dele assume que a distância no espaço é definida de tal modo que o comprimento de uma linha não se altera quando o mudamos de um lugar para outro ao traçarmos um círculo. Seu quarto postulado parece simples e óbvio. Para entender as sutilezas envolvidas, lembre-se da definição do ângulo reto: é o ângulo feito quando uma linha corta outra de tal maneira que os ângulos que ela forma nos dois lados são iguais. Nós já vimos isso muitas vezes: uma linha é perpendicular à outra, e os ângulos que formam nos dois lados na interseção das linhas medem 90 graus. Mas a definição em si não afirma isso; nem sequer estipula que a medida dos ângulos seja sempre o mesmo número. Podemos imaginar um mundo em que os ângulos poderiam ser iguais a 90 graus se as linhas se cruzassem em um dado ponto, mas se elas se cruzassem em outro lugar, o ângulo seria igual a outro número. O postulado de que todos os ângulos retos são iguais garante que isso não pode acontecer. Significa, em certo sentido, que uma linha parece ser a mesma em toda a sua extensão, um tipo da condição de retidão.

O quinto postulado de Euclides, chamado de o *postulado das paralelas*, não parece tão óbvio ou intuitivo como os demais. É invenção do próprio Euclides, não é parte do grande corpo de conhecimento que ele estava resumindo. Mas, aparentemente, ele não gostava desse postulado, pois parece que evitava usá-lo sempre que possível. Os matemáticos posteriores também não gostaram dele, sentindo que não era suficientemente simples para um postulado, e deveria ser demonstrável como um teorema. Eis aqui o postulado, numa forma próxima ao original de Euclides:

5. *Dada uma linha que cruze duas linhas retas de modo que a soma dos ângulos internos do mesmo lado seja menor do que dois ângu-*

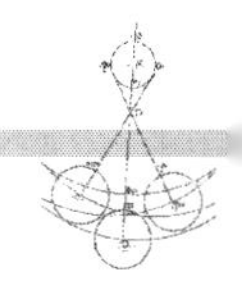

los retos, então as duas linhas, quando prolongadas, acabarão por se encontrar (naquele lado da linha).

O postulado das paralelas (à p. 45) fornece um teste para decidir se duas linhas coplanares estão convergindo, ou divergindo, ou são paralelas. Um diagrama ajuda a ver isso.

Há muitas formulações diferentes mas equivalentes do postulado das paralelas. Uma que torna especialmente claro o que esse postulado diz sobre o espaço é:

Dada uma linha e um ponto externo (um ponto que não esteja na linha), há exatamente uma outra reta (no mesmo plano) que passa pelo ponto externo e é paralela à linha dada.

O postulado das paralelas poderia ser violado de duas maneiras: poderia não existir retas paralelas, ou poderia existir mais do que uma reta paralela passando por algum ponto externo.

■ ● ■

Desenhe uma linha reta num pedaço de papel, e um ponto em algum lugar que não seja a linha. Parece possível que você não possa desenhar nenhuma reta paralela passando pelo ponto? Parece possível desenhar mais de uma? O postulado das paralelas descreve o nosso mundo? Uma geometria na qual ele é violado poderia ser matematicamente consistente? Essas duas últimas perguntas acabaram por levar a uma revolução no pensamento intelectual – a primeira, em nossa visão do universo; e a segunda, em nossa compreensão da natureza e do significado da matemática. Mas, por 2 mil anos, dificilmente houve alguma outra idéia em qualquer campo do conhecimento humano que fosse aceita mais universalmente do que o "fato" expresso pelo postulado de Euclides, de que existe uma e somente uma paralela.

6. Uma Bela Mulher, uma Biblioteca e o Fim da Civilização

Euclides foi o primeiro grande matemático de uma longa e infelizmente condenada linha de estudiosos que trabalharam em Alexandria. Os macedônios, um povo grego vivendo ao norte da Grécia continental, começaram a conquista e a unificação das terras helênicas sob Filipe II da Macedônia em 352 a.C.[1] Após uma decisiva derrota, os líderes atenienses aceitaram a paz nos termos de Filipe II em 338 a.C., terminando efetivamente a independência das cidades-estados gregas. Somente dois anos mais tarde, quando assistia a uma cerimônia pública na qual sua estátua era mostrada como um novo deus olímpico, Filipe II foi vítima de uma péssima contratação: foi esfaqueado mortalmente por um de seus guarda-costas. Seu filho, Alexandre, o Grande, que tinha 20 anos, assumiu o comando.

Alexandre deu um grande valor ao conhecimento, talvez devido à sua educação liberal, em que a geometria desempenhava um importante papel. Respeitava as culturas estrangeiras, embora aparentemente não respeitasse a independência delas. Logo conquistou o resto da Grécia, o Egito e o Oriente Próximo, até a Índia. Encorajou a comunicação entre as culturas e o casamento entre as raças diferentes, casando-se ele próprio com uma mulher persa. Não contente em dar o exemplo, ordenou que os principais cidadãos macedônios também se casassem com mulheres persas.[2]

Em 332 a.C., no centro de seu império, o cosmopolita Alexandre começou a construção de sua luxuosa capital, Alexandria. Neste aspecto, um tipo de Walt Disney dos tempos antigos, ele concebeu uma metrópole cuidadosamente traçada, "planejada". Deveria ser um centro cultural, comercial e governamental. Até mesmo na planta de suas amplas avenidas, ele

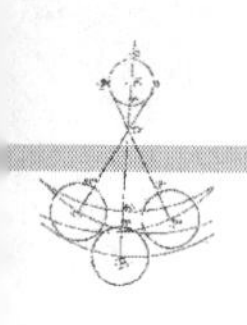

parecia estar fazendo uma declaração matemática: seu arquiteto as planejou num padrão de grade, uma antecipação curiosa da geometria de coordenadas que não seria inventada durante os próximos dezoito séculos.

Nove anos após ter começado a construção, Alexandre morreu de uma doença desconhecida, antes da conclusão de sua grandiosa cidade. Seu império se desintegrou, mas Alexandria foi finalmente concluída. Sua geometria foi apropriada porque a cidade tornou-se o centro da matemática, ciência e filosofia gregas depois que um ex-general macedônio chamado Ptolomeu conquistou a parte egípcia do império de Alexandre. O filho de Ptolomeu, criativamente chamado de Ptolomeu II, assumiu o poder mais tarde e construiu uma grande biblioteca e museu em Alexandria. A palavra *museu* foi cunhada porque a construção tinha sido dedicada às Sete Musas, mas era, de fato, um instituto de pesquisa, o primeiro instituto estatal de pesquisas do mundo.

Os sucessores de Ptolomeu colecionavam livros e tinham uma maneira bastante interessante de obtê-los. Ptolomeu II, querendo a primeira tradução grega do Velho Testamento, "comissionou" o trabalho prendendo setenta doutos judeus em celas na ilha de Faros. Ptolomeu III escreveu a todos os soberanos do mundo pedindo emprestados seus livros, e depois ficou com eles.[3] Finalmente, este método agressivo de obtenção de títulos funcionou: a biblioteca de Alexandria chegou a guardar um tesouro contendo entre 200.000 e 500.000 rolos de papiros, dependendo da história em que você acredita, representando a maioria do conhecimento mundial daquela época.

O museu e a biblioteca fizeram de Alexandria um centro intelectual mundial sem rival, um lugar onde os maiores sábios do antigo império de Alexandre estudaram geometria e espaço. Se a revista *Veja* fosse estender sua pesquisa sobre institutos acadêmicos a toda a história, Alexandria suplantaria a Universidade de Cambridge, de Newton; a Universidade de Göttingen, de Gauss; e o Instituto de Estudos Avançados de Princeton, de Einstein, quanto a ser a melhor de todas. Quase todos os grandes pensadores matemáticos e científicos gregos que se seguiram a Euclides trabalharam nesta incrível biblioteca.

Em 212 a.C., Eratóstenes de Cirena, o bibliotecário principal de Alexandria, um homem que provavelmente nunca se aventurou mais do que algumas centenas de quilômetros na sua vida, tornou-se a primeira pessoa na história a medir a circunferência da Terra.[4] Seu cálculo causou

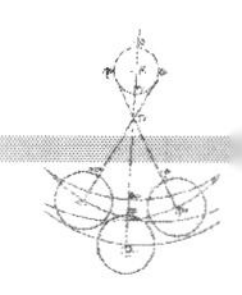

uma sensação entre seus concidadãos, demonstrando como era pequeno o pedaço do planeta conhecido por sua civilização[q]. Mercadores, exploradores e visionários devem ter ansiosamente desejado responder perguntas como: "Haverá vida inteligente do outro lado do oceano?". Um feito comparável hoje ao de Eratóstenes seria revelar pela primeira vez que o universo não termina nos limites longínquos de nosso sistema solar.

Eratóstenes conseguiu sua compreensão sobre o nosso planeta sem ter de se aventurar muito longe. Como Einstein, ele teve sucesso utilizando a geometria. Eratóstenes percebeu que ao meio-dia, na cidade de Siena (hoje chamada de Assuã), durante o solstício de verão, uma vara cravada [verticalmente] no chão não projeta sombra. Para Eratóstenes, isso significava que uma vara fincada verticalmente no solo era paralela aos raios do Sol.[5] Imaginando a Terra como um círculo, uma reta traçada a partir do seu centro passando por um ponto no círculo representando Siena e prolongada para fora no espaço será paralela às outras linhas representando os raios solares. Agora, mova-se ao longo do círculo da superfície da Terra para longe de Siena em direção a Alexandria. Desenhe novamente uma reta a partir do centro da Terra até um ponto representando essa cidade. Essa linha não é paralela aos raios do Sol. Ele os intercepta formando um ângulo, e é por isso que se vêem sombras.

O comprimento da sombra em Alexandria e um teorema no livro *Os elementos* sobre uma linha cruzando duas linhas paralelas foram suficientes para que Eratóstenes calculasse a parte da circunferência da Terra representada pelo arco ao longo da Terra, de Siena a Alexandria. Ele descobriu que isso representa 1/50 da circunferência da Terra.

Utilizando, talvez, o primeiro assistente de pesquisa graduado, Eratóstenes empregou um homem, cujo nome não sabemos, para andar entre as duas cidades medindo suas distâncias. Ao voltar, ele relatou devidamente que era cerca de 800 quilômetros. Multiplicando isso por 50, Eratóstenes determinou que a circunferência tinha cerca de 40 mil quilômetros, com erro em torno de 4%, uma resposta surpreendentemente exata que, certamente, lhe teria valido o prêmio Nobel e, para o andarilho anônimo, talvez um emprego vitalício na biblioteca [de Alexandria].

Eratóstenes não foi o único alexandrino de seu tempo a fazer uma grande contribuição para a compreensão do Cosmos. Aristarco de Samos, um astrônomo trabalhando em Alexandria, utilizou um método engenhoso e um pouco intricado, combinando a trigonometria com um modelo simples

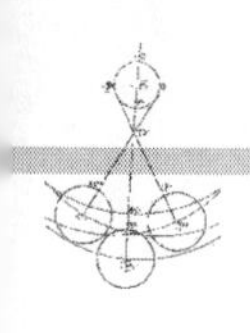

dos céus para calcular, com uma aproximação razoável, o tamanho da Lua e a sua distância da Terra. Novamente, os gregos conseguiram uma nova perspectiva do seu lugar no universo.

Outra estrela atraída para Alexandria foi Arquimedes. Nascido em Siracusa, uma cidade na ilha da Sicília, ele viajou para Alexandria a fim de estudar na escola real de matemática. Podemos não saber qual foi o gênio que deu à pedra ou à madeira uma forma arredondada, e espantou os observadores, demonstrando a primeira roda, mas sabemos quem descobriu o princípio da alavanca: Arquimedes.[6] Ele também descobriu o princípio da flutuação, e fez muitas outras contribuições à física e à engenharia. Ele elevou a matemática a um nível que não foi ultrapassado até que as ferramentas da álgebra simbólica e da geometria analítica tivessem sido desenvolvidas, uns dezoito séculos mais tarde.

Uma das façanhas matemáticas de Arquimedes foi aperfeiçoar uma versão de cálculo não muito diferente daquele de Newton e Leibniz. Considerando-se a ausência da geometria cartesiana, talvez tenha sido um feito até mais impressionante. Ele acreditou que sua façanha culminante foi a descoberta, através daquele método, de que o volume de uma esfera inscrita num cilindro (i.e., uma esfera cujo diâmetro seja igual ao diâmetro e à altura do cilindro) é 2/3 do volume daquele cilindro. Arquimedes ficou tão orgulhoso daquela descoberta, que pediu que fosse inscrito no seu túmulo um diagrama representando-a.[7]

Quando os romanos invadiram Siracusa, Arquimedes, então com 75 anos, foi assassinado por um soldado romano quando estudava um diagrama geométrico que tinha desenhado na areia. Seu túmulo teve a inscrição do diagrama, como ele havia desejado. Mais de cem anos depois, Cícero, o orador romano, visitou Siracusa e descobriu o túmulo de Arquimedes perto de um dos seus portões. Negligenciado, o túmulo estava coberto de espinhos e roseiras bravas. Cícero mandou restaurá-lo. Hoje, infelizmente, não é encontrado em nenhum lugar.

A astronomia também atingiu o seu ápice em Alexandria,[8] com a obra de Hiparco, no século 2º a.C., e Cláudio Ptolomeu (não é parente dos reis com aquele nome), no século 2º d.C. Hiparco observou os céus durante 35 anos, depois combinou suas observações com dados babilônicos para desenvolver um modelo geométrico do nosso sistema solar no qual os cinco planetas conhecidos, o Sol, a Lua, todos se moviam em órbitas compostas de círculos em redor da Terra. Teve tanto êxito em descrever o movimento

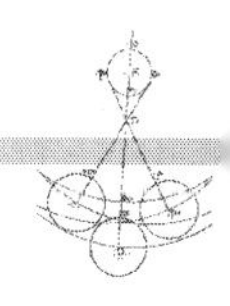

do Sol e da Lua vistos da Terra, que pôde prever eclipses lunares com um erro de apenas duas horas. Ptolomeu aperfeiçoou e expandiu esta obra num livro chamado *Almagesto*[r], que completou o programa de Platão de dar uma explicação racional para o movimento dos corpos celestes e dominou o pensamento astronômico até Copérnico.

Ptolomeu também escreveu um livro chamado *Geografia*[9], descrevendo o universo terrestre. A cartografia é um assunto altamente matemático porque os mapas são planos, mas a Terra é aproximadamente esférica, e uma esfera não pode ser mapeada numa parte de um plano de modo que represente exatamente as áreas e os ângulos ao mesmo tempo. O livro *Geografia* representou o começo da elaboração séria de mapas.

Por volta do século 2º d.C., os campos da matemática, da física, da cartografia e da engenharia tinham todos feito grandes avanços. Nós sabíamos que a matéria consistia de pedacinhos indivisíveis chamados átomos. Tínhamos inventado a lógica e a demonstração, a geometria e a trigonometria, e um tipo de cálculo. Quanto à astronomia e ao espaço, sabíamos que o mundo era muito antigo, e que vivíamos sobre uma esfera. Nós até sabíamos o tamanho dessa esfera. Tínhamos começado a entender nosso lugar no universo. Estávamos indecisos em continuar avançando. Hoje sabemos que há outros sistemas solares a apenas dezenas de anos-luz de distância. Se a Idade de Ouro tivesse continuado sem diminuir seu ímpeto, hoje já poderíamos ter enviado sondas espaciais para explorá-los. Poderíamos ter chegado à Lua no ano de 969 em vez de 1969. Poderíamos ter uma compreensão do espaço e da vida que atualmente nem podemos imaginar. Em vez disso, aconteceram eventos que atrasaram o progresso iniciado pelos gregos durante um milênio.

Pode haver mais coisas escritas sobre as causas do declínio intelectual da Idade Média do que todas as palavras na biblioteca de Alexandria. Não há resposta simples. A dinastia dos Ptolomeus declinou nos dois séculos antes do nascimento de Cristo. Ptolomeu XII legou seu reino juntamente a seu filho e sua filha, que o herdaram após a sua morte, em 51 a.C. Em 49 a.C. seu filho conduziu um golpe de estado contra sua irmã, apoderando-se do poder. Sua irmã, que não era do tipo que se sujeitasse a tal tratamento, saiu às escondidas para visitar o imperador romano para advogar a sua causa (naquele tempo, embora fosse tecnicamente independente de Roma, o império dos Ptolomeus já estava sob domínio romano). Assim começou o romance entre Cleópatra e Júlio César. Por fim, Cleópatra afirmou ter dado

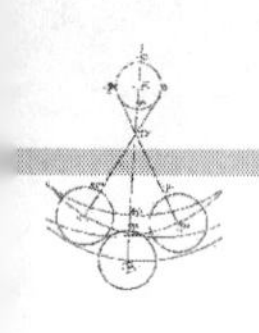

à luz um filho de César. Ele era um aliado poderoso para os egípcios, mas a aliança entre eles estava condenada, como o próprio César. Depois que 23 senadores romanos atacaram seu imperador e o esfaquearam até a morte pelos idos de março de 44 a.C., Otaviano, seu sobrinho-neto, conquistou a Alexandria e o Egito para o domínio romano.

Quando Roma conquistou a Grécia, os romanos tornaram-se protetores da herança grega. Os herdeiros das tradições gregas conquistaram grande parte do mundo e, com isso, enfrentaram muitos problemas técnicos e de engenharia, mas seus imperadores não apoiavam a matemática como Alexandre e os Ptolomeus do Egito, e a sua civilização não produziu mentes matemáticas como Pitágoras, Euclides e Arquimedes. Nos 1.100 anos de sua existência, desde 750 a.C., a história não menciona um só teorema romano demonstrado, nem mesmo um matemático romano. Para os gregos, determinar as distâncias era um desafio matemático envolvendo triângulos congruentes e semelhantes, paralaxe e geometria. Num livro-texto romano, um problema enunciado pedia ao leitor que descobrisse um método para determinar a largura de um rio *quando o inimigo ocupar a outra margem.*[10] "O inimigo" – um conceito de utilidade questionável em matemática, mas um conceito central no pensamento romano.

Os romanos eram ignorantes em matemática abstrata e orgulhosos disso. Como disse Cícero: "Os gregos tinham o geômetra na mais alta consideração; conseqüentemente, nada teve progresso mais brilhante entre eles do que a matemática. Mas nós estabelecemos como limite desta arte a sua utilidade em medir e contar". Talvez pudéssemos dizer sobre os romanos: "Os romanos tinham o guerreiro em alta estima; conseqüentemente, nada teve progresso mais brilhante entre eles do que estuprar e pilhar. Mas nós estabelecemos como limite desta arte a sua utilidade em conquistar o mundo".

Não é que os romanos não fossem cultos. Eles eram. Até escreveram seus próprios livros técnicos em latim, mas eram obras espúrias adaptadas do conhecimento que tinham dos gregos. Por exemplo, o principal tradutor de Euclides em latim foi um senador romano de uma antiga família importante, Anicius Manlius Severinus Boécio[11], um tipo de editor da revista *Seleções do Reader's Digest* dos tempos romanos. Boécio resumiu as obras de Euclides, criando um tipo de exposição adequada para estudantes preparando-se para um teste de múltipla escolha. Hoje suas traduções poderiam ser intituladas *Euclides para leigos* ou vendidas através de anúncios

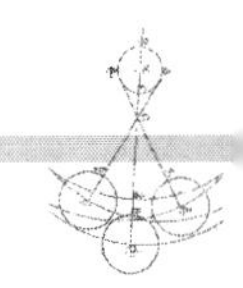

na televisão implorando "Ligue 0800-SEM-DEMONSTRAÇÕES", mas no tempo de Boécio, seus livros eram as obras de referência.

Boécio somente apresentou definições e teoremas e, aparentemente, sentiu-se livre para substituir os resultados exatos por aproximações. E isso aconteceu nos seus melhores dias. Em outras ocasiões, ele simplesmente obtinha resultados errados. Por sua informação errada das idéias gregas, Boécio não foi esfolado, crucificado, queimado na fogueira ou submetido a quaisquer outras punições populares para os intelectuais do período medieval. Sua queda se deu porque também se envolveu com a política. Em 524, ele foi decapitado por causa de seus "contatos traiçoeiros" com o Império Romano Oriental. Devia ter se limitado à sua adulteração da matemática.

Outro livro típico do período da decadência foi escrito por um mercador bem viajado de Alexandria. "A Terra", escreveu este romano, "é plana. A parte habitada tem a forma de um retângulo cujo comprimento é o dobro de sua largura... No norte há uma montanha de formato cônico em torno do qual giram o Sol e a Lua". Seu livro *Topographia Christiana*[12] não se baseou na razão ou na observação, mas nas Sagradas Escrituras. *Topographia Christiana*, um bom livro para ser lido em meio a goles de um saboroso vinho romano popular, permaneceu na lista de livros mais vendidos até o século 12, muito tempo depois de os romanos terem virado história.

O último intelectual a trabalhar na biblioteca em Alexandria foi Hipácia[13], a primeira grande mulher erudita cuja vida foi transmitida pela história. Nasceu em Alexandria aproximadamente em 370 d.C., filha de um famoso matemático e filósofo chamado Téon. Ele ensinou matemática à sua filha, que se tornou sua colaboradora mais próxima, mas que no final o suplantou por completo. Um de seus ex-alunos, Damáscio, que mais tarde se tornou um crítico severo, escreveu que ela era "por natureza, mais refinada e talentosa do que seu pai". Seu destino e sua grande significância foram discutidos ao longo dos séculos por diversos autores como Voltaire e Edward Gibbon no seu livro *The Decline and Fall of the Roman Empire* [*O declínio e a queda do império romano*].[14]

Perto da virada do século 5º, Alexandria era um dos maiores redutos do cristianismo. Isso provocou uma grande luta pelo poder entre os representantes da Igreja e o Estado. Foi um tempo de muita perturbação social em Alexandria e conflitos entre cristãos e não-cristãos, como os gregos

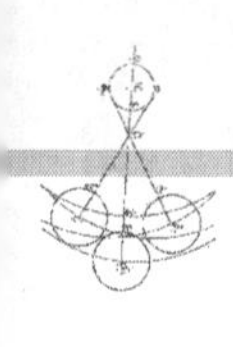

neoplatônicos e os judeus. Em 391, uma multidão cristã atacou e queimou a maior parte da biblioteca em Alexandria.

No dia 15 de outubro de 412, o arcebispo cristão de Alexandria morreu.[15] Ele foi sucedido por seu sobrinho, um homem chamado Cirilo, freqüentemente descrito como sedento de poder e muito impopular. A autoridade secular naquela ocasião era um homem chamado Orestes, prefeito de Alexandria e governador civil do Egito nos anos 412-415.

A herança intelectual de Hipácia remontava a Platão e Pitágoras, e não à igreja cristã. Alguns dizem que ela escolheu estudar em Atenas, onde ganhou a coroa de louros, concedida somente aos melhores alunos de Atenas, e ao voltar a Alexandria sempre usava essa coroa quando aparecia em público. Ela escreveu comentários importantes sobre duas obras gregas famosas, a *Aritmética,* de Diofanto, e as *Seções Cônicas,* de Apolônio, que são lidas até hoje.

Descrita como uma mulher muito bonita e uma palestrante carismática, Hipácia deu palestras públicas bem concorridas sobre Platão e Aristóteles. De acordo com Damáscio, a cidade toda "estava apaixonada por ela e a adorava".[16] No fim de cada dia, ela subia na sua carruagem e ia para o lugar de palestras na Academia, uma sala bem adornada, com candeeiros pendentes de óleo perfumado e uma imensa rotunda pintada a mão por um artista grego. Hipácia, vestindo uma túnica branca e sua sempre presente coroa de louros, enfrentava a multidão e os deixava pasmos com sua eloqüência em grego. Ela atraiu alunos de Roma, Atenas e de outras grandes cidades do império. Um dos que assistiram a suas palestras foi o prefeito romano Orestes.

Orestes se tornou amigo e confidente de Hipácia. Encontravam-se freqüentemente, discutindo não somente suas palestras, mas também assuntos municipais e políticos. Isso a colocou claramente ao lado de Orestes em sua luta contra Cirilo. Ela deve ter parecido uma grande ameaça para Cirilo, pois seus discípulos tinham altos cargos, tanto em Alexandria como fora. Hipácia teve a coragem de continuar suas palestras, embora Cirilo e seus seguidores tivessem espalhado boatos de que ela era uma bruxa que praticava magia negra e lançava maldições satânicas sobre as pessoas da cidade.

Há diversas versões sobre o que aconteceu depois, a maioria delas semelhante.[17] Uma manhã, durante a Quaresma de 415, Hipácia subiu na sua carruagem – alguns dizem que fora de sua residência, outros dizem numa rua com a intenção de voltar para casa. Centenas de *marionetes* de Cirilo,

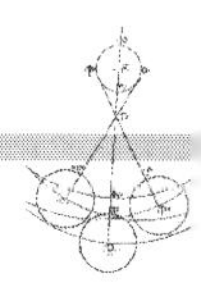

monges cristãos de um mosteiro do deserto, a atacaram, bateram nela e arrastaram-na para uma igreja. Dentro da igreja a despiram e arrancaram sua carne com azulejos cortantes ou pedaços quebrados de cerâmica. Depois disso, arrancaram os braços e as pernas e queimaram o resto do seu corpo. De acordo com um relato, partes do seu corpo foram espalhadas por toda a cidade.

As obras de Hipácia foram todas destruídas. Não muito tempo depois, assim também foi destruído o que sobrou da biblioteca. Orestes deixou a cidade de Alexandria, talvez chamado de volta a Roma, e nunca mais se ouviu falar dele em documentos históricos. Os futuros funcionários imperiais acomodaram Cirilo com a influência que buscara. Mais tarde ele foi canonizado pela igreja.

Um estudo histórico recente estima que, através da história, houve em média um matemático memorável para cada 3 milhões de pessoas.[18] Hoje, cada pesquisa é amplamente acessível no mundo todo. No século 4º, quando os rolos tinham de ser meticulosamente copiados à mão com canetas primitivas, um livro perdido colocava a obra na lista de espécies em extinção. Não podemos saber quais grandes tesouros da matemática babilônica e grega se perderam para sempre com o incêndio de mais de 200 mil rolos da biblioteca. Sabemos que a biblioteca continha cerca de 100 peças teatrais de Sófocles e, destas, somente sete tragédias sobrevivem até hoje. Hipácia foi a personificação da ciência e do racionalismo gregos. Com sua morte, sobreveio a morte da cultura grega.

Com a queda de Roma, em 476 d.C., a Europa herdou grandes templos de pedra, teatros e mansões, e serviços municipais modernos como iluminação nas ruas, água corrente quente e sistema de esgoto, mas pouco em termos de realização intelectual. Por volta de 800 d.C., existiam somente fragmentos de uma tradução de *Os elementos* de Euclides, em latim.[19] Colocados numa coleção de textos sobreviventes, eles continham somente fórmulas, utilizando livremente aproximações, sem nenhuma tentativa de dedução. A tradição grega de abstração e demonstração parecia perdida. Enquanto a brilhante civilização islâmica prosperava, a Europa mergulhava em profundo declínio intelectual. Daí o nome dado para essa época na Europa: a Idade das Trevas.

O pensamento grego seria finalmente ressuscitado. Livros como *Topographia* perderam a preferência, e as obras de Boécio foram substituídas por traduções mais fiéis. Nesta última fase do período medieval, um

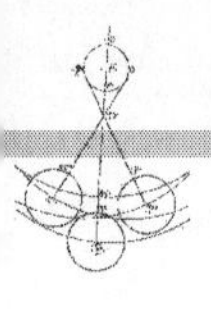

grupo de filósofos criou uma atmosfera de razão que permitiu o florescimento dos grandes matemáticos do século 17 como Fermat, Leibniz e Newton. Um desses pensadores esteve no centro da revolução seguinte na geometria e na nossa compreensão do espaço. Seu nome era René Descartes.

A história de Descartes

2

Onde nós estamos no espaço? Como os matemáticos descobriram os princípios simples do gráfico e das coordenadas que conduziram às inovações épicas na filosofia e na ciência.

7. A Revolução do Lugar

omo nós sabemos onde estamos? Depois de percebermos que o próprio espaço existe, esta talvez seja a pergunta natural seguinte. Pode parecer que a resposta seja dada pela cartografia, o estudo de mapas. Mas a cartografia é somente o começo. Uma teoria adequada do lugar conduz a idéias muito mais profundas do que simples afirmações do tipo "Para achar Pindamonhangaba, olhe em F3".

Há muito mais coisas em um lugar do que apenas dar um nome a um ponto. Imagine um emissário alienígena pousando na Terra, uma criatura com o corpo espiralado e cabeça em forma de bolha vivendo de oxigênio, ou talvez um indivíduo peludo como um macaco que goste imensamente de óxido nitroso. Se quiséssemos nos comunicar, seria legal se o extraterrestre tivesse trazido um dicionário. Mas seria isso o bastante? Se a sua idéia de boa comunicação é "Mim, Tarzan. Você, Jane", poderia até ser, mas para uma troca de idéias intergalácticas nós precisaríamos aprender a gramática um do outro. Em matemática, também, o "dicionário" – um sistema de dar nomes aos pontos num plano, no espaço ou no globo – é só um começo. O verdadeiro poder de uma teoria de localização está na habilidade em relacionar locais diferentes, caminhos e formas entre si, e manipulá-las empregando as equações – a unificação da geometria e da álgebra.

Hoje, como afirma um livro-texto antigo sobre o assunto, "com relativamente pouco esforço o estudante pode agora buscar e entender estas ferramentas".[1] É difícil imaginar quais teorias ainda mais grandiosas os astrônomos/físicos Kepler e Galileu poderiam ter criado se as ferramentas da geometria analítica lhes tivessem sido familiares – mas tiveram que se virar sem elas. Com este conhecimento, seus sucessores, Newton e Leibniz, criaram o cálculo e a era da física moderna. Se a geometria e a álgebra tivessem

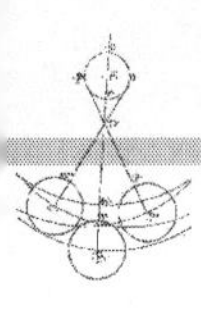

permanecido sem relacionamento, poucos dos avanços da física moderna e da engenharia teriam sido possíveis.

Como a revolução da demonstração, o primeiro sinal ao longo do caminho para a revolução do lugar veio em tempos anteriores aos gregos, com a invenção dos mapas. Embora os gregos lhes tenham adicionado seu gênio, o fim de sua civilização deixou o assunto inacabado e não dominado. O próximo passo no caminho foi a invenção do gráfico, mas isso esperou o renascimento da tradição intelectual após a Idade das Trevas. Por fim, esta revolução seguiu com doze séculos de atraso o trabalho dos últimos grandes matemáticos e cartógrafos gregos.

8. A Origem da Latitude e da Longitude

inguém sabe quem fez os primeiros mapas, nem quando, nem por quê. Sabemos que alguns dos primeiros mapas conhecidos foram criados pela mesma razão que os egípcios inventaram a geometria.[1] Esses mapas, simples tabletes de argila, remontam a 2300 a.C. Não havia chaves topográficas ou ornamentações religiosas inscritas neles, mas sim anotações referentes aos impostos sobre propriedades. Aproximadamente em 2000 a.C. mapas de bens imobiliários descrevendo informações sobre o traçado das propriedades e sobre seus proprietários eram comuns no Egito e na Babilônia. Podemos imaginar uma mulher mesopotâmia usando jóias preciosas, com a expressão facial um pouco cansada pelo peso da tabuinha de argila em seu poder, apontando para um lugar no tablete e cantando na sua língua antiga: "Lugar, ê, ô, lugar, ê, ô, lugar, ê, ô!"

À medida que mais almas corajosas começaram a explorar os sete mares, um propósito mais vital dominou a criação de mapas. Como aconteceu recentemente, em 1915, quando o navio de Sir Ernest Shackleton, o *Endurance,* ficou preso e partiu-se no inverno antártico, o maior de todos os perigos para a tripulação não veio dos ventos de quase 200 quilômetros por hora, nem das temperaturas atingindo 40 graus abaixo de zero, mas do problema de não encontrarem o caminho de volta. Através da história tem sido assim. O desafio mais vital que os marinheiros e exploradores enfrentam no oceano aberto tem sido o desafio de não se perder. Vamos supor que você está encalhado sem nenhuma informação sobre onde está. Não tem nenhum instrumento de navegação, mas um rádio transmissor-receptor que você pode usar para pedir socorro. Como poderia informar à equipe de resgate onde você está?

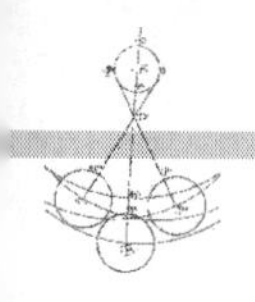

As duas coordenadas usadas para descrever a sua posição atual na superfície da Terra são a latitude e a longitude. Para visualizá-las, coloque na sua mente três pontos, duas linhas e um globo. Retire o globo de sua mente e imagine-o flutuando no espaço. Ele representa a Terra, é claro. Depois, coloque os seus três pontos da seguinte maneira: ponha um no pólo Norte da Terra, um no seu centro, e o terceiro em algum lugar na superfície. Use sua primeira linha para conectar o pólo Norte com o centro da Terra. Este é o eixo de rotação da Terra. Use a outra linha para conectar o centro da Terra ao ponto na superfície. Essa linha fará um certo ângulo com o eixo da Terra. Aquele ângulo, deixando de lado certas convenções, determina a sua latitude.

A idéia original de latitude veio de um antigo "meteorologista" chamado Aristóteles. Depois de estudar como a localização na Terra afeta o clima, ele propôs a divisão do globo em cinco zonas climáticas delineadas por uma localização norte/sul. Essas zonas acabaram sendo incluídas nos mapas, separadas por linhas de latitudes constantes. Como a teoria de Aristóteles sugere, podemos determinar nossa latitude, pelo menos em média, pelo clima – a Terra é mais fria nos pólos, e fica quente quando mudamos em direção ao Equador. É claro, em algum dia particular Estocolmo pode ser mais quente do que Barcelona e, portanto, a menos que você queira ficar sentado fazendo medidas por um longo período de tempo, este método não é realmente útil. Um modo melhor de determinar a latitude é olhar as estrelas. Isso é muito simples se você achar uma estrela posicionada no eixo da Terra. Essa estrela existe no hemisfério norte: é Polaris, a "estrela polar".

Polaris não foi sempre a estrela polar, pois o eixo da Terra não se encontra fixo exatamente em relação às estrelas.[2] Ele executa um movimento de precessão, traçando um cone estreito num período de 26 mil anos. Algumas das grandes pirâmides do antigo Egito têm passagens alinhadas na direção da estrela a-Draconis: quando elas foram construídas, a estrela a-Draconis era a estrela polar. Para os gregos antigos foi mais difícil – na época deles não havia nenhuma estrela polar verdadeira. Daqui a 13 mil anos, a polar (no norte) será fácil de ser encontrada. Será a estrela Vega, a mais brilhante de todas no céu do hemisfério norte.

Se você puder ver simultaneamente a estrela Polaris e o horizonte ao norte, então a geometria simples mostra que o ângulo entre as linhas a partir de você e aqueles pontos é, aproximadamente, a sua latitude. A relação

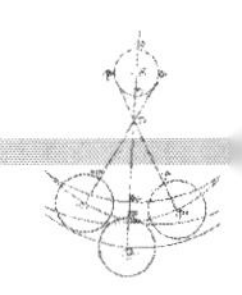

é somente aproximada porque pressupõe que a estrela Polaris está exatamente sobre o prolongamento do eixo da Terra, e que o raio da Terra é desprezível se comparado com a distância até Polaris; são boas suposições, mas não são perfeitamente exatas. Em 1700, Isaac Newton inventou o sextante, um dispositivo projetado para facilitar o processo de mirar e medir latitudes desta maneira. No entanto, o viajante encalhado poderia fazer isso à moda antiga, empregando duas varas como se fossem um instrumento para medir ângulos.

Determinar a sua longitude é mais difícil. Adicione à sua imagem mental a outra esfera, muito maior do que a Terra, com a Terra no seu centro. Nesta esfera imagine um mapa de estrelas. Se a Terra não girasse, você poderia medir a sua longitude com referência a esse mapa. Mas o efeito da rotação da Terra faz com que o mapa de estrelas que você vê num momento seja igual ao mapa que uma pessoa um pouco a oeste de você verá algum tempo depois. Para ser exato, já que a Terra gira 360 graus em 24 horas, um observador a 15 graus a oeste de você vê a mesma vista que você, uma hora mais tarde. No Equador, esta diferença corresponde a aproximadamente 1.700 quilômetros. Comparando-se duas fotografias das estrelas tiradas na mesma latitude, mas sem horas registradas, isso não fornece nenhuma informação sobre a sua longitude. Por outro lado, se você comparar fotografias tiradas na mesma latitude e na mesma hora da noite, pode determinar a partir delas a sua diferença em longitude; mas para isso você precisa de um relógio [rigorosamente regulado].

Até o século 18 ainda não haviam sido fabricados relógios que pudessem resistir ao movimento, às mudanças de temperatura e à umidade salgada que acompanham os navios no mar, e ainda assim serem bastante exatos para determinar a longitude nas vastas extensões do oceano. A exatidão exigida não era coisa trivial: um erro de apenas três segundos por dia numa viagem de seis semanas corresponde a um erro na longitude de mais de meio grau.[3] Até o século 19, também havia muitas convenções diferentes empregadas na definição da longitude. Finalmente, em outubro de 1884[4], concordou-se com um único meridiano no mundo todo como o ponto "zero" das longitudes, de onde as diferenças de longitude seriam medidas, o "meridiano principal", passando pelo Observatório Real em Greenwich, próximo a Londres.

O primeiro grande mapa-múndi criado pelos gregos foi desenhado por Anaximandro, aluno de Tales, aproximadamente em 550 a.C. Seu mapa

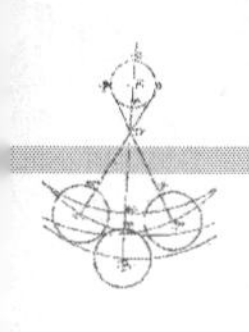

dividia o mundo em duas partes: Europa e Ásia. Nele, o norte da África ficava situado na Ásia. Por volta de 330 a.C., os gregos estavam até colocando mapas em algumas de suas moedas; uma delas incluía elevações e é considerada "o primeiro mapa de relevo físico" conhecido.

Os pitagóricos, além de todas as suas outras contribuições significativas, parecem ter sido os primeiros que propuseram que a Terra é uma esfera. Este conceito é vital, é claro, para a elaboração exata de mapas e, felizmente, teve proponentes poderosos em Platão e Aristóteles muito antes de Eratóstenes ter mais ou menos demonstrado isso aplicando um modelo esférico para medir a circunferência da Terra. Depois que Aristóteles propôs sua idéia de dividir o mundo em zonas climáticas, Hiparco inventou a idéia de distanciá-las em intervalos iguais e adicionar linhas norte/sul perpendiculares a elas. Na época de Ptolomeu, cerca de cinco séculos depois de Platão e Aristóteles e quatro séculos depois de Eratóstenes, foram dados os nomes "latitude" e "longitude" a essas linhas.

No seu livro *Geographia*, Ptolomeu parece ter usado um método semelhante à projeção estereográfica para representar a Terra sobre uma superfície plana. Para localizar as posições, ele empregou a latitude e a longitude como coordenadas. Ele as indicou para cada ponto da Terra que lhe era familiar – 8 mil ao todo. Seu livro também continha instruções sobre como fazer mapas. *Geographia* foi um livro de referência por centenas de anos. A cartografia, como a geometria, estava pronta para entrar em ação na idade moderna. Mas, assim como a geometria, esse estudo não progrediu sob o domínio romano.

Os romanos produziram mapas; mas, assim como o problema de geometria que focalizava sua atenção nas tropas inimigas do outro lado do rio, esses esforços se focalizaram em problemas puramente práticos, geralmente militares. Quando a multidão cristã saqueou a biblioteca em Alexandria, o livro *Geographia* desapareceu juntamente com algumas obras matemáticas dos gregos. Quando Roma caiu, a nova era encontrou a civilização no escuro tanto com relação à descrição de lugares no espaço quanto em relação aos teoremas e às relações entre objetos espaciais. A geometria e a cartografia acabariam por renascer e ser revolucionadas por uma nova teoria do lugar. Antes que isso pudesse acontecer, tinha de ser realizada uma tarefa muito maior: o renascimento das tradições intelectuais da civilização ocidental.

9. A Herança dos Romanos Decadentes

época era o fim do século 8º. As grandes obras e as tradições dos gregos estavam perdidas e esquecidas; o relógio e a bússola estavam tão distantes no futuro como a nave espacial *Starship Enterprise*[5] está para nós. Enquanto deitavam em suas camas ou no chão duro, tremendo de frio ou suando, esperando o sono chegar, os habitantes daqueles tempos não murmuravam para si: "A menos que eu reavive a busca do conhecimento, este período de decadência intelectual e estagnação não melhorará durante quase mil anos". Apesar disso, nessa época um homem poderoso reconheceu a necessidade de mais educação e tomou os passos que por fim levariam ao renascimento de uma tradição intelectual na Europa.

Geneticamente, Carlos, o Grande, ou Carlos Magno, poderia ter parecido uma tentativa com pouca possibilidade de sucesso.[1] Medido pelo seu esqueleto após sua morte, verificou-se que ele tinha 1,92 m de altura, um gigante para o seu tempo. Seu pai, que o papa Estevão elevou a rei Pepino I em 754, era um homem muito baixo de estatura, conhecido anteriormente como Pepino, o Breve. A estatura de Carlos Magno veio, presumivelmente, de sua mãe, a rainha Berta. Seu esqueleto não foi medido após sua morte, mas seu apelido dá uma pista de sua estatura: ela era chamada em francês de *grand pied*, ou "*pé grande*".

Carlos Magno era poderoso em todos os aspectos: físico, intelectual e, talvez mais importante, pelo tamanho de seu exército. Ele tinha uma filosofia de propriedade do reino do tipo "derrube um muro aqui, mude o muro para lá" que aplicou ao mapa da Europa. Aumentou o território do seu reino francês derrubando as fronteiras de seus vizinhos, os lombardos, os bávaros e os saxões. Ele se tornou a força dominante na Europa e impôs o

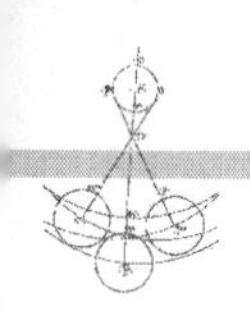

catolicismo romano onde quer que se aventurasse. Se isso tivesse sido tudo que fez, ele poderia ter sido apenas mais um rei com o hobby de dominar o mundo. Mas Carlos Magno foi um mecenas da educação, como Alexandre tinha sido. Percebeu que tinha herdado uma grande carência de professores, então convidou os mais proeminentes educadores do seu reino e de outros lugares para ensinarem na sua corte em Aachen, onde construiu a escola do Palácio. Ele tomou um interesse particular por essa escola, a ponto de açoitar pessoalmente uma vez a um menino que cometera um erro em latim. Não sabemos se Carlos Magno também praticava autoflagelamento, mas ele próprio era analfabeto, embora tenha feito várias tentativas de aprender a ler. (O açoitamento pode não parecer tão cruel à luz de outros castigos da época, tais como a punição por comer carne na Sexta-feira santa: a morte.)

Sob o reinado de Carlos Magno, a Igreja Cristã, necessitando de um exército de monges cultos para cumprir as suas ordens, tornou-se a força motriz do saber. Foram organizadas escolas paroquiais, anexas a catedrais ou mosteiros, com professores geralmente fornecidos pelas ordens religiosas como as dos dominicanos e franciscanos. Eles treinaram sacerdotes, prepararam uma aristocracia culta e restauraram o respeito pelos clássicos. Os escribas começaram a trabalhar produzindo numerosas cópias dos manuscritos de seus arquivos – livros-texto, enciclopédias e antologias. Para aumentar sua eficiência, os monges desenvolveram um novo estilo de escrita chamada Carolíngia minúscula, que é a base do alfabeto latino atual que ainda utilizamos para escrever.[2] Carlos Magno também se empenhou muito em cuidar de si próprio. É um emblema dos tempos que, na sua busca por longevidade, ele não tenha empregado um grupo de alquimistas ou reunido uma academia de doutores ao seu redor. Em vez disso, inventou um tipo de fábrica teológica, uma indústria de clérigos devotados à sua saúde. Somente num mosteiro, Carlos Magno tinha 300 monges e 100 empregados rezando continuamente em seu favor, em três turnos, o dia todo. De qualquer maneira, Carlos Magno morreu, no ano de 814.

O renascimento promovido por Carlos Magno produziu pouco em termos de obra original. Após a sua morte, o reino diminuiu e seus sucessores não ampliaram sua Renascença cultural. Ainda assim, o nível de educação nunca caiu para aquele do período pré-carolíngio (i.e., pré-Carlos Magno). As escolas eclesiásticas que ele promoveu, embora dificilmente pudessem ser consideradas baluartes isolados de discurso independente, espalharam-se

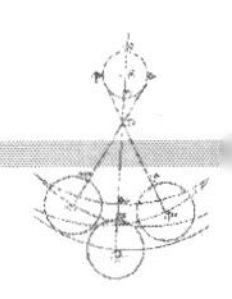

como flores selvagens e, por fim, tornaram-se as universidades da Europa, começando, de acordo com a maioria dos historiadores, com a Universidade de Bolonha, em 1088. Foram essas universidades que permitiriam à Europa emergir novamente como uma potência intelectual, e especialmente a França, como um centro de matemática. Na virada do milênio, a Idade das Trevas tinha terminado. O que chamamos de Idade Média continuaria por outros 500 anos.

Através do comércio, das viagens e das Cruzadas, os europeus entraram finalmente em contato com os árabes do Mediterrâneo e do Oriente Médio e com os bizantinos do Império Romano Oriental. No caso das Cruzadas, o "contato" com os europeus foi tão desejável como o contato com os marcianos na *Guerra dos Mundos*[t]. Mas mesmo que os europeus tenham saqueado as terras árabes e tenham massacrado sem misericórdia os infiéis muçulmanos e judeus, eles também cobiçaram seu conhecimento. Enquanto a matemática e as ciências no mundo ocidental tivessem murchado, o mundo islâmico tinha retido versões fiéis de muitas obras gregas, incluindo Euclides e Ptolomeu. Embora eles também tivessem feito pouco progresso em matemática abstrata, fizeram avanços significativos em métodos de cálculo. Impulsionados pelas necessidades religiosas de tempo e calendário, desenvolveram todas as seis funções trigonométricas e aperfeiçoaram o astrolábio, um instrumento de mão que permite a observação precisa da altitude de uma estrela ou planeta.

Líderes eclesiásticos e seculares apoiaram os estudiosos na sua caça ao conhecimento de seus inimigos, e também pelos tesouros intelectuais gregos perdidos, fosse no original ou em tradução árabe. Bem no começo do século 12, o inglês Adelard de Bath viajou para a Síria disfarçado de estudante muçulmano. Mais tarde ele traduziu *Os elementos,* de Euclides, em latim, dessa vez com demonstrações. Um século mais tarde, Leonardo de Pisa, também conhecido como Fibonacci, trouxe do norte da África a idéia de zero e o sistema numérico árabe-indiano que hoje usamos. O influxo de conhecimento grego antigo alimentou as novas universidades.

O cenário estava pronto para outra Idade de Ouro igual àquela dos gregos. A comparação não passou despercebida dos que viviam naquela época. Um monge inglês chamado Bartolomeu escreveu: "Assim como a cidade de Atenas em tempos idos foi a mãe das artes liberais e das letras, a ama dos filósofos e de todo o tipo de ciência, assim é Paris em nossos dias...".[3] Infelizmente, assuntos práticos se intrometeram.

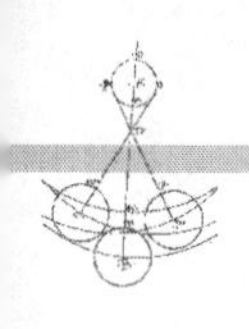

Na recente tentativa (com êxito) do matemático Andrew Willes para demonstrar o último teorema de Fermat, ele confiou no seu estilo de vida acadêmico de silenciosa contemplação. Willes estava trabalhando 350 anos depois de Fermat. Um número igual de anos antes de Fermat foi a época do auge da realização em matemática medieval. A vida de um professor medieval não incluía seminários com salgadinhos, nem dias de concentração serena interrompidos por uma caminhada pelo campus, tampouco grandes matemáticos surgindo inesperadamente para uma visita que incluía um jantar agradável do corpo docente num restaurante chinês local. Todo mundo sabe que a Europa na Idade Média não era o Jardim do Éden. Mas se você estiver assistindo a um filme de ficção científica de segunda classe e o cientista maluco dá uma volta aleatória no botão de sua máquina do tempo, é melhor rezar para que ela não aterrisse nos séculos 13 e 14.

O matemático medieval enfrentava verões quentes e úmidos, invernos rigorosos e, após o pôr-do-Sol, prédios que eram pobremente aquecidos e virtualmente não iluminados.[4] Na rua, porcos selvagens corriam livremente como se fossem catadores de lixo, o sangue de animais mortos escorria dos açougues e cabeças descartadas de galinhas voavam da entrada da loja de aves. Somente as grandes cidades tinham sistemas de esgoto. Até o rei Luís IX da França foi atingido por conteúdos – que não podem ser mencionados nestas páginas – lançados do alto de uma casa para a rua.

Os deuses do clima também estavam mal-humorados. A Europa neste tempo estava no começo de um período úmido e frio, tão distintamente miserável, que hoje é chamado de pequena Idade de Gelo.[5] Nos Alpes, as geleiras avançaram pela primeira vez desde o século 8º. Na Escandinávia, as banquisas de gelo bloquearam os canais de navegação do Atlântico Norte. As colheitas foram perdidas. A produtividade agrícola caiu vertiginosamente. A fome espalhou-se por todos os lugares. Na Inglaterra, as pessoas comuns comiam cães, gatos e outros novos pratos descritos num relato apenas como “coisas impuras”. A aristocracia sofria do mesmo modo: viu-se forçada a comer seus próprios cavalos. De acordo com um relato da fome na Renânia, tiveram que ser colocadas forças militares junto às forcas em Mainz, Colônia e Estrasburgo, para defendê-las de cidadãos famintos que estavam cortando e comendo os cadáveres.

Em outubro de 1347, uma frota vinda do Oriente aportou no nordeste da Sicília. Infelizmente para o continente da Europa, os marinheiros conheciam suficiente geometria para acharem o caminho até o porto. Era o

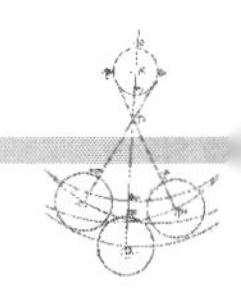

conhecimento médico que tinham que era inadequado. Todos a bordo estavam mortos ou morrendo. A tripulação ficou de quarentena. Os ratos saíram correndo rapidamente dos porões dos navios, levando a Peste Negra para as margens da Europa. Por volta de 1351, quase a metade da população da Europa tinha morrido.[u] O historiador florentino Giovanni Villani escreveu: "Foi uma doença em que apareciam certas inchações na virilha e debaixo das axilas, e as vítimas cuspiam sangue, e em três dias estavam mortas... E muitas terras e cidades foram despovoadas. E a praga durou até...".[6] Villani deixou esta lacuna no final de seu relato para preenchê-la no ano em que a praga acabasse finalmente. Se isso parece ser um bom exemplo de atrair má sorte para si mesmo, assim foi: ele morreu de peste em 1348.

As faculdades não eram refúgios destas condições.[7] O conceito de um campus universitário ainda não existia. Tipicamente, uma universidade não tinha prédios. Os estudantes viviam em repúblicas. Os professores davam palestras em salas alugadas, casas de cômodos, igrejas e até bordéis. As salas de aula, assim como as residências, eram pouco iluminadas e aquecidas. Algumas universidades empregavam um sistema que parece bem... medieval: os professores eram pagos diretamente pelos alunos. Na cidade de Bolonha, os alunos contratavam e demitiam os professores, multavam-nos por faltarem às aulas sem justificativa ou por chegarem atrasados, e até por não responderem às perguntas difíceis. Se a palestra não era interessante, indo devagar demais, ou rápida demais, ou simplesmente não era alta o suficiente para ser ouvida, eles vaiavam e jogavam objetos no professor. Por fim, em Leipzig, a universidade viu a necessidade de promulgar uma lei contra atirar pedras em professores. Mesmo em 1495, um estatuto alemão ainda proibia explicitamente qualquer pessoa associada com a universidade de encharcar os calouros com urina. Em numerosas cidades, os estudantes provocavam tumultos e brigavam com os habitantes das cidades. Por toda a Europa, era destino dos professores lidar com um comportamento dos estudantes que faria com que o filme *Animal House*[v] parecesse um vídeo instrutivo de boas maneiras.

A ciência de então era uma miscelânea de conhecimento antigo entrelaçado com a religião, a superstição e o sobrenatural.[8] A crença na astrologia e em milagres era comum. Até mesmo grandes intelectuais como São Tomás de Aquino aceitavam, sem questionar, a existência de bruxas. Na Sicília, o imperador Frederico II fundou a Universidade de Nápoles em 1224, a

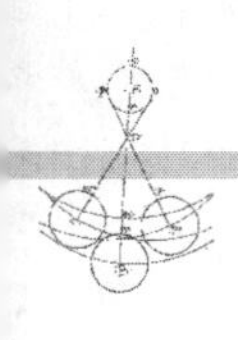

primeira universidade fundada e dirigida por leigos. Livre do conceito importuno de ética, Frederico satisfez o seu amor pela ciência com experimentos ocasionais com humanos.[9] Uma vez ele alimentou dois prisioneiros felizardos com uma farta e generosa refeição. Mandou que um dos felizardos fosse deitar, e o outro para uma caçada estafante. Em seguida, mandou abri-los ao meio para ver quem tinha melhor digerido a comida. (As pessoas sedentárias terão o prazer de notar que foi o homem que tirou uma soneca.)

O conceito de tempo era vago.[10] Até o século 14, ninguém sabia com qualquer precisão que horas eram. A luz do dia, dividida em doze intervalos iguais baseados na passagem do Sol, consistia de horas cuja duração variava de acordo com a estação. Em Londres, numa latitude norte de 51,5 graus, onde o período do nascer ao pôr-do-Sol em junho é duas vezes mais longo que em dezembro, a hora medieval variava aproximadamente entre 38 e 82 minutos atuais. O primeiro relógio conhecido marcando horas iguais só surgiu na década de 1330, na igreja de São Gotardo em Milão. Em Paris, só surgiu um relógio público em 1370, numa das torres do palácio real. (Ainda existe hoje, na esquina do bulevar du Palais e o cais de l'Horloge.)

Não existia tecnologia para medir intervalos curtos de tempo com precisão. A rapidez de mudanças, como as velocidades, somente podiam ser quantificadas de modo aproximado. Unidades fundamentais, como o segundo, raramente eram usadas na filosofia medieval. Em vez disso, as quantidades contínuas eram vagamente descritas tendo um certo "grau" de magnitude, ou então lhes era atribuído um tamanho somente por comparação aos pares. Por exemplo, podia-se dizer que um pedaço particular de prata pesava um terço de uma galinha depenada, ou duas vezes o peso de um camundongo. A inconveniência desse sistema era agravada pelo fato de que a principal autoridade medieval em razões numéricas era um livro chamado *Aritmética,* de Boécio, e ele não usou frações para descrever as razões numéricas. Para os estudiosos medievais, as razões numéricas que descreviam as quantidades não eram consideradas como números, e não podiam ser manipuladas usando a aritmética do mesmo modo que os números.

A cartografia também era primitiva.[11] Os mapas na Europa medieval não foram feitos para descrever exatamente as relações geométricas e espaciais. Eles não foram feitos baseados em princípios geométricos, nem havia muita noção de escala. Em vez disso, eles eram geralmente simbólicos, históricos, decorativos ou religiosos.

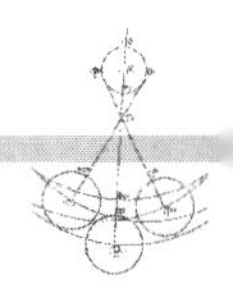

Com tudo isso para dificultar o progresso da mente, o principal impedimento foi uma coação mais direta: a Igreja Católica exigia que os intelectuais medievais aceitassem que a Bíblia era literalmente verdadeira. A igreja ensinava que cada camundongo, cada abacaxi, cada mosca servia a um propósito no plano de Deus, e que esse plano só podia ser entendido através das Escrituras. Propor o contrário era perigoso.

A Igreja tinha boas razões para temer o renascimento da razão. Se a Bíblia é divinamente inspirada, então a sua autoridade, tanto com relação à natureza quanto à moralidade, repousa na aceitação absoluta da Bíblia. No entanto, a descrição da natureza na Bíblia freqüentemente entrava em conflito com os conceitos sobre a natureza tirados da observação ou do raciocínio matemático. Portanto, ao promover as universidades, sem querer, a Igreja contribuiu para o declínio de sua própria autoridade tanto sobre a natureza quanto na moralidade. Mas a Igreja não se afastou para o lado para ficar vendo sua primazia ser solapada.

■●■

O principal movimento em filosofia natural na última parte da Idade Média foi o dos escolásticos, centralizado nas novas universidades, especialmente em Oxford e Paris.[12] Buscando um armistício intelectual, os escolásticos consumiram muito de suas energias tentando reconciliar suas teorias físicas com sua religião. A questão central na sua filosofia tornou-se, não a natureza do universo, mas a "metaquestão" de saber se o conhecimento dado na Bíblia podia também ser obtido ou explicado através da aplicação da razão.

O primeiro grande escolástico defendeu a discussão lógica como um método para decidir a verdade. Ele foi um parisiense do século 12, Pedro Abelardo. Na França medieval, a postura que ele tomou era perigosa. Abelardo foi excomungado; seus livros foram queimados. O mais famoso dos escolásticos, São Tomás de Aquino, também propôs o uso da razão, mas ele era alguém que a Igreja podia recomendar. Tomás de Aquino abordava o conhecimento pelo modo do Verdadeiro Crente, ou pelo menos como alguém não querendo que seus livros servissem de combustível para aquecer monges acotovelados numa noite fria de inverno. Em vez de começar com a intenção de seguir um argumento aonde quer que ele possa levar, Tomás de Aquino começou por aceitar a

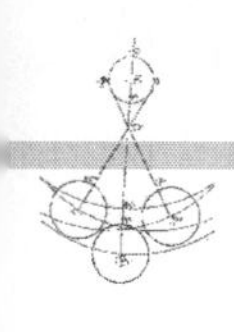

verdade conforme declarada na fé católica, e depois então procurou demonstrá-la.

Embora Tomás de Aquino não tenha sido condenado pela Igreja, ele foi severamente atacado por um escolástico contemporâneo, Roger Bacon. Este foi um dos primeiros filósofos naturais a atribuir enorme valor à experiência. Se Abelardo se complicou por colocar ênfase na razão acima das Escrituras, a heresia de Bacon foi colocar ênfase na verdade derivada da observação do mundo físico. Em 1278 ele foi condenado à prisão, onde permaneceu 14 anos. Pouco tempo depois de ser libertado, Bacon morreu.

William de Ockham, um franciscano de Oxford e mais tarde de Paris, é famoso pela "navalha de Ockham", a estética que ainda hoje é válida na ciência física. Enunciada de forma simples, ela é isto: devemos nos esforçar por criar teorias baseadas em tão poucas suposições *ad hoc* quanto possível. Uma das motivações para a teoria das cordas, por exemplo, é deduzir constantes fundamentais tais como a carga do elétron, o número (e o tipo) das "partículas elementares" que existem, até mesmo o número de dimensões do espaço. Em teorias anteriores, tal informação era sempre axiomática – incluída na construção da teoria, mas nunca deduzida dela. Em matemática é aplicada uma estética semelhante: ao criarmos uma teoria da geometria, por exemplo, devemos procurar usar o número mínimo possível de axiomas necessários.

Ockham se envolveu numa discussão entre a ordem fransciscana e o papa João XXII, e foi excomungado. Ele escapou e buscou refúgio junto ao imperador Luís, e foi morar em Munique. Morreu em 1349, no auge da Peste Negra.

De Abelardo, Tomás de Aquino e Ockham, somente Tomás de Aquino escapou ileso. Abelardo, além de ter sido excomungado, foi castrado por ter crenças sobre o casamento que não se alinhavam com as do tio de sua namorada, que era um cônego na Igreja Católica.[w]

Os escolásticos contribuíram bastante para o renascimento intelectual do mundo ocidental. Um de seus beneficiários foi um obscuro clérigo francês de uma vila de Allemagne, perto de Caen.[13] Do ponto de vista da matemática, sua obra foi a mais promissora. Nos livros modernos de astronomia e matemática, este homem, que mais tarde se tornou o bispo de Lisieux, é mencionado raramente. Na sua universidade de Paris, ele não é devidamente honrado. Na catedral de Notre-Dame, os castiçais *in memoriam* que seu irmão Henri encomendou há muito tempo

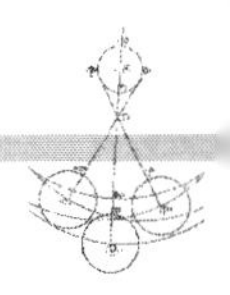

deixaram de iluminar. Na Terra, monumentos à sua memória são poucos, mas é certo que uma das características que encontraremos numa viagem à Lua é uma cratera em sua honra, um aspecto lunar chamado de cratera de Oresme.

10. O Discreto Charme do Gráfico

em no interior da floresta tropical amazônica, uma mulher forte, ribeirinha, navega pelos tributários que abrigam piranhas e fervilham de mosquitos, parando em cabanas na floresta raramente saudadas por alguém, a não ser pelos seus poucos habitantes isolados. Ela não é uma personagem da Idade Média. Ela vive em nossa época. Quem é ela? Talvez uma médica? Uma assistente social estrangeira? Você nem está esquentando. Ela está vendendo cremes, perfumes e cosméticos para a Avon.

Nos escritórios em Nova York, executivos de terno analisam a sua guerra mundial contra a pele seca empregando uma técnica inventada por um homem de quem, podemos afirmar, eles nunca deram a mínima atenção. As vendas internacionais em azul, as nacionais em vermelho, podemos imaginar que os gráficos comparam o crescimento ano a ano dos lucros da Avon em cada setor. O seu balanço anual analisa o lucro acumulado da companhia, vendas líquidas, lucro operacional de unidades de negócio e páginas de outras informações utilizando todos os tipos de gráficos fantasiosos, gráficos de barras e gráficos de pizza.

Um comerciante apresentando seus dados dessa maneira na Idade Média seria saudado por olhares perplexos. Qual é o significado dessas figuras geométricas coloridas, e por que aparecem no mesmo documento com todos esses numerais romanos? O macarrão e o queijo tinham sido inventados (uma receita inglesa do século 14 perdura até hoje)[1], mas nenhuma idéia de juntar números e figuras geométricas. Hoje, a representação gráfica do conhecimento é tão familiar que dificilmente pensamos nela como um recurso matemático: até o executivo na Avon que sinta mais fobia pela matemática poderia dizer que uma linha inclinada para cima no gráfico dos

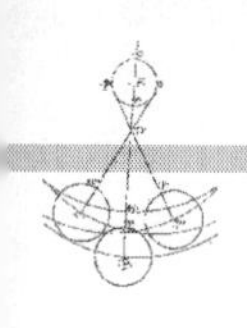

lucros simboliza uma coisa favorável. Mas para cima ou para baixo, a invenção do gráfico foi um passo vital no caminho para uma teoria do lugar.

A união entre números e geometria foi um conceito em que os gregos erraram, um ponto na estrada onde a filosofia se intrometeu. Hoje, todas as crianças estudam a linha dos números – falando aproximadamente, uma linha dotada de uma correspondência ordenada entre seus pontos e os números inteiros positivos e negativos, bem como as frações e outros números no meio. Esses "outros números" são os números irracionais, números que não são números inteiros nem frações, mas que, como Pitágoras recusara-se a admitir, parecem surgir de qualquer maneira. A linha dos números deve incluí-los: sem os números irracionais, ela tem uma infinidade de buracos.

Como vimos, Pitágoras descobriu que um quadrado cujo lado seja uma unidade de comprimento tem uma diagonal cujo comprimento – a raiz quadrada de 2 – é irracional. Se essa diagonal fosse deitada sobre a linha dos números com uma extremidade no zero, poderíamos usar sua outra extremidade para marcar o ponto correspondente ao número irracional da raiz quadrada de 2. Quando Pitágoras proibiu a discussão sobre os números irracionais porque eles não se encaixavam na sua idéia de que todos os números eram ou inteiros ou fracionários, ele concluiu que também tinha de proibir a associação da linha com os números. Fazendo isso, não somente varreu o seu problema para debaixo do tapete, mas proibiu um dos mais férteis conceitos na história do pensamento humano. Ninguém é perfeito.

Uma das poucas vantagens da perda das obras gregas foi a influência enfraquecida dos pontos de vista de Pitágoras sobre os números irracionais. A teoria dos números irracionais não foi colocada em solo firme até as obras de Georg Cantor e seu contemporâneo Richard Dedekind no final do século 19. Ainda assim, da Idade Média até aquela época, a maioria dos matemáticos e cientistas ignorou o fato de que os números irracionais pareciam não existir e, felizmente, usaram-nos de qualquer maneira – embora de forma desajeitada. Aparentemente, a recompensa por se obter a resposta correta suplantou o desagrado de se trabalhar com números que não existiam.

Atualmente, o uso de matemática "ilegal" é muito comum na ciência, especialmente em física. Por exemplo, a teoria da mecânica quântica, conforme elaborada nos anos 1920 e 1930, baseou-se fortemente numa entidade inventada pelo físico inglês Paul Dirac chamada de *função delta*. De acordo com a matemática daquele tempo, a função delta era simplesmente igual a zero. De acordo com Dirac, a função delta era zero em qualquer

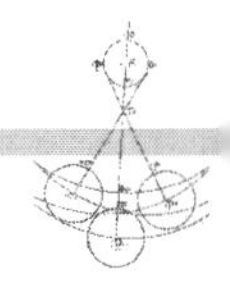

lugar exceto num ponto, onde o seu valor era infinito. Quando usada em conjunto com certas operações de cálculo, produzia respostas que eram tanto finitas e (tipicamente) não-zero. Mais tarde, o matemático francês Laurent Schwartz foi capaz de mostrar como as regras da matemática podiam ser redefinidas a fim de permitir a existência da função delta, e nasceu toda uma nova disciplina de matemática.[2] As teorias quânticas do campo da física moderna também podem ser teorias ilegais deste tipo – pelo menos, ninguém demonstrou ainda que, falando matematicamente, tais teorias existam legalmente.

Os filósofos medievais eram muito bons em dizer uma coisa e escrever outra, ou até mesmo em escrever uma coisa e também escrever a sua contradição – fosse o que fosse necessário para lhes salvar a pele. Assim, por volta da metade do século 14, Nicole d'Oresme (1325-1382)[3], mais tarde bispo de Lisieux, não pareceu preocupado por qualquer contradição provocada pelos números irracionais quando inventou o gráfico. Oresme, implicitamente, ignorou a questão de saber se os números inteiros e fracionários são suficientes para preencher a linha da base do gráfico. Ele se concentrou em como as suas novas figuras poderiam ser usadas para analisar relações quantitativas.

Num nível, um gráfico é uma figura de uma função, representando como uma quantidade varia quando outra também varia. Os lucros das operações da Avon do Terceiro Mundo *versus* tempo, a queima de suas calorias *versus* a distância caminhada, as altas temperaturas do dia *versus* a localização geográfica, são todos exemplos de funções. Cada uma pode ser melhor entendida empregando-se gráficos. O gráfico no último exemplo tem um nome especial que faz alusão a uma conexão mais profunda. É um mapa, um mapa meteorológico.

Qualquer mapa é um tipo de gráfico. Por exemplo, uma mapa "normal" geopolítico representa, por meio do gráfico, o nome das cidades e países, e talvez outros dados, *versus* localidade geográfica. Os gregos e outros povos vinham fazendo uso desse tipo de gráfico, o mapa, por milhares de anos sem percebê-lo. Também não está claro se Oresme percebeu isso, mas ele tocou numa questão central: a curva ou qualquer outra forma feita pelo gráfico de uma coleção de dados, ou de uma função, tem alguma significância gráfica ou geométrica?

Se representarmos por meio de gráfico a elevação *versus* localidade, obteremos o mapa topográfico familiar cuja conexão com a geografia real é

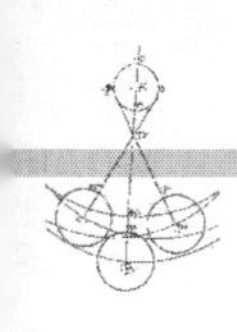

óbvia. Um montanha em forma de pato num mapa relevo é representada pela forma de um pato. Mas se representarmos por meio de gráfico o clima com respeito à localidade, também obteremos uma superfície, não literalmente com a forma do tempo, mas uma forma geométrica cuja significância podemos estudar. Relacionando deste modo as funções à geometria, obtemos uma correspondência entre os tipos de função e os tipos de forma. Assim, o estudo das linhas e das superfícies torna-se o estudo de funções particulares, e vice-versa; nós atingimos uma unificação entre geometria e número. É este passo que dá à invenção de gráficos de Oresme a sua importância na matemática.

O poder dos gráficos em ajudar o não-matemático a analisar padrões de dados origina-se desta mesma conexão de dados com a geometria. A mente humana facilmente reconhece certas formas simples – retas e círculos, por exemplo. Quando olhamos uma coleção de pontos, a nossa mente tenta encaixá-los num desses padrões familiares. Como resultado, quando os dados são representados por meio de gráfico, notamos os padrões geométricos que podemos deixar escapar facilmente quando olhamos uma tabela de números. A arte de representar por meio de gráficos é analisada dessa perspectiva no livro clássico de Edward Tufte, *The Visual Display of Quantitative Information* [*A apresentação visual da informação quantitativa*].

Considere, abaixo, as três colunas de números razoavelmente tediosas:

Tempo	Dados do Alexei	Dados do Nicolai	Dados da Mamãe
0	0,2	4,0	9,0
1	1,6	5,0	8,9
2	5,0	6,2	8,7
3	4,4	7,2	8,3
4	5,8	8,1	8,1
5	7,2	8,5	7,6
6	8,8	8,3	6,6
7	10,5	7,8	5,6
8	11,8	6,6	4,1
9	13,3	5,6	0,1
10	14,8	4,0	—

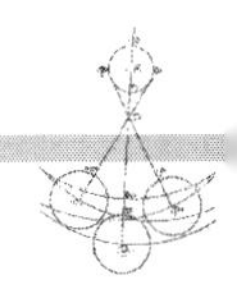

Cada coluna foi feita para representar uma série de medidas, de modo que cada número inclui um erro experimental. O primeiro conjunto será chamado de dados de Alexei, como se um aluno chamado Alexei tivesse tirado as medidas, e os outros conjuntos de Nicolai e da mamãe. Em cada caso a questão é: se considerarmos os pontos dos dados como uma função de tempo, haverá um padrão, e se houver, o que ele é?

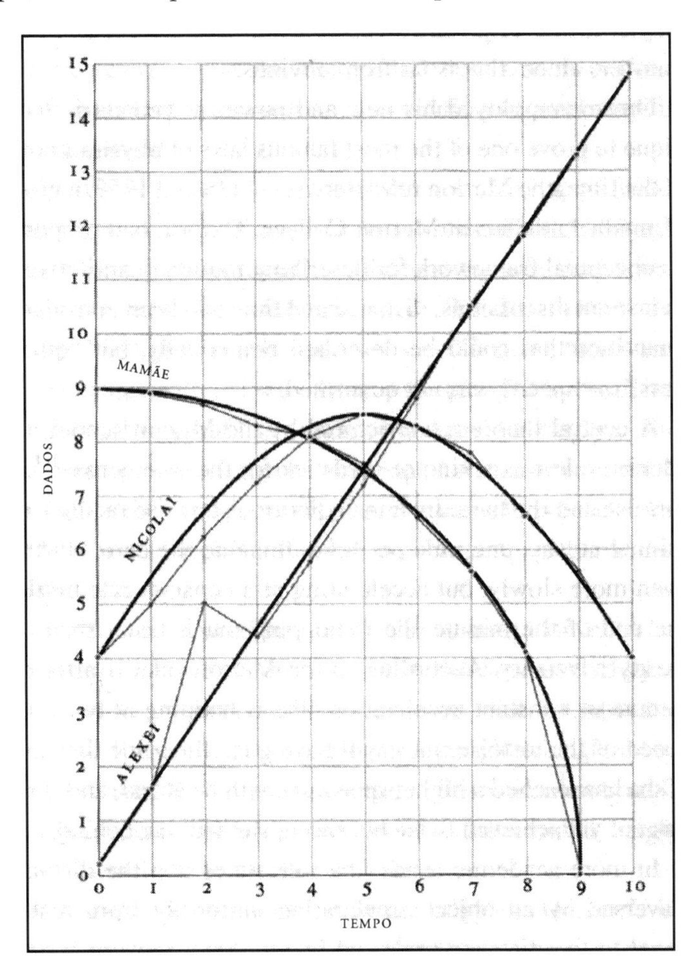

DADOS GANHANDO FORMA

Os padrões, difíceis de determinar apenas a partir dos números, são imediatamente óbvios se representarmos os dados por meio de um gráfico. Do gráfico de Alexei, é fácil perceber que os dados formam uma reta, exceto pelo ponto aberrante no tempo 2, quando Alexei ou espirrou ou foi

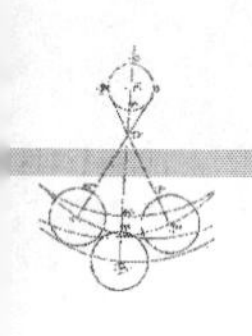

distraído por um amigo com um video-game. No gráfico de Nicolai, a relação entre os dados e o tempo é um tipo bem conhecido de curva chamado de *parábola*, que representa, por exemplo, a energia de uma mola marcada em função de sua extensão, ou a altura de uma bala de canhão *versus* a distância percorrida. Matematicamente, esta forma é descrita por uma função na qual os dados medidos aumentam com o quadrado do tempo (ou distância). O gráfico da mamãe mostra o quadrante direito superior de um círculo, uma das formas mais comuns em nossas vidas e, como o gráfico de Alexei, uma das formas fundamentais de Euclides. Não obstante, somente a partir dos números, isso está longe de ser óbvio.

Oresme empregou a sua nova e poderosa técnica geométrica para demonstrar uma das mais famosas leis de física conhecidas naquele tempo, a lei de Merton.[4] Entre 1325 e 1359, um grupo de matemáticos do Merton College, de Oxford, propôs um referencial teórico para descrever o movimento quantitativamente. Nas discussões antigas, a distância e o tempo tinham sido considerados como quantidades que podiam ser descritas numericamente, mas "rapidez" ou "velocidade" não eram quantificadas.

Um teorema central conjeturado pela escola de Merton, a regra de Merton, foi um tipo de padrão de comparação para a corrida entre a tartaruga e o coelho. Imagine uma tartaruga fictícia correndo por um minuto, digamos, à velocidade de um quilômetro por hora. Imagine o coelho, começando mais devagar ainda, mas acelerando a uma proporção constante até que no fim do minuto ele está correndo mais depressa do que sua adversária com velocidade uniforme. De acordo com a regra de Merton, se depois do minuto de aceleração constante ele estiver correndo o dobro da velocidade da tartaruga, eles terão percorrido a mesma distância. Se o coelho tiver alcançado uma velocidade maior, ele estará na frente, e se ainda não tiver alcançado o dobro da velocidade, ele ficará para trás.

Em termos mais acadêmicos, a regra diz que a distância percorrida por um objeto acelerando uniformemente do seu repouso é igual à distância percorrida por um objeto movendo-se no mesmo tempo com a metade da velocidade máxima. Dada a compreensão obscura de lugar, tempo e velocidade, mais a inadequação dos meios de medição, a regra de Merton é impressionante. Mas, sem as ferramentas de cálculo ou álgebra, os estudiosos de Merton não podiam demonstrar sua especulação.

Oresme demonstrou a regra geometricamente, empregando seu método do gráfico. Começou colocando o tempo ao longo da extensão do eixo

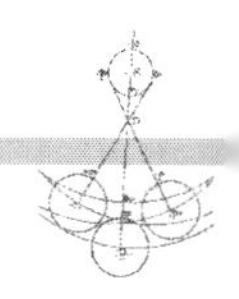

horizontal, e a velocidade ao longo da vertical. Com esta técnica, a velocidade uniforme deveria ser representada por uma reta horizontal, e a aceleração constante por uma reta elevando-se em algum ângulo. Oresme percebeu que a área sob estas curvas – um retângulo e um triângulo, respectivamente – representariam a distância percorrida.

A distância percorrida pelo objeto acelerando uniformemente na regra de Merton é então dada pela área de um triângulo retângulo cuja base é proporcional ao tempo percorrido e cuja altura representa a sua velocidade máxima. A distância percorrida pelo objeto movendo-se com velocidade constante é dada pela área de um retângulo com a mesma base do triângulo, mas com a metade de sua altura. A demonstração agora foi reduzida simplesmente ao notar que essas figuras têm áreas iguais. Por exemplo, se virarmos o triângulo, girando-o sobre sua hipotenusa, e dobrarmos o retângulo, girando-o sobre seu lado superior, obteremos a mesma figura.

Oresme também aplicou seu raciocínio gráfico para inventar uma lei que tem sido atribuída a Galileu: que a distância percorrida por um objeto sob aceleração uniforme aumenta com o quadrado do tempo.[5] Para ver isso, considere novamente o triângulo retângulo, ou seja, a área no gráfico descrevendo a aceleração uniforme. A sua área é proporcional ao produto de sua base e de sua altura, ambas proporcionais ao tempo.

Na sua compreensão da natureza do espaço, os instintos de Oresme eram igualmente espantosos. Outro furo que ele conseguiu dar em Galileu foi um componente da teoria da relatividade de Einstein.[6] É a doutrina de que somente o movimento relativo tem significado. O professor de Oresme em Paris, Jean Buridian, tinha argumentado que a Terra não podia girar, pois, se o fizesse, uma flecha atirada para o alto cairia num lugar diferente[x]. Oresme respondeu a isso com seu próprio exemplo: um marinheiro no mar, movendo sua mão para baixo junto ao mastro, percebe este movimento como vertical. Contudo, para nós que estamos em terra, porque o navio está se movendo, o movimento da mão do homem nos parecerá um movimento diagonal, já que o navio está se movendo. Quem está certo? Oresme afirmou que a questão em si está mal formulada: não podemos detectar se um corpo está em movimento a não ser em referência a um outro corpo. Hoje isso é algumas vezes chamado de *relatividade de Galileu.*

Oresme não publicou a maioria de suas obras, nem as levou até a sua conclusão lógica. Em muitas arenas, ele chegou à borda da revolução, e então, por causa da Igreja, ele recuava. Por exemplo, baseado na sua análise

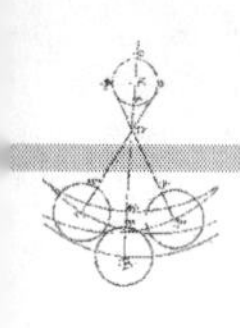

do movimento relativo, Oresme passou a considerar se era possível desenvolver uma teoria de astronomia na qual a Terra girasse, e até orbitasse em torno do Sol, idéias revolucionárias promulgadas mais tarde por Copérnico e Galileu. Mas Oresme não somente falhou em convencer seus contemporâneos – ele próprio acabou por rejeitar sua idéia. A sua conversão se deu não pela razão, mas pela sua leitura da Bíblia.[7] Citando o Salmo 93.1, Oresme escreveu: "Pois Deus estabeleceu o mundo, que não se moverá".

Em outras questões também, Oresme atingiu uma intuição brilhante sobre a natureza do mundo, mas recuou da verdade que tinha percebido. Por exemplo, sobre demônios, ele adotou uma visão rebelde cética, afirmando que a existência deles não pode ser demonstrada pela lei natural. Não obstante, sempre um bom cristão, manteve essa existência como um artigo de fé. Talvez surpreendendo-se com seus próprios equívocos, Oresme escreveu, na tradição de Sócrates: "Eu realmente não sei nada, exceto que nada sei".[8] Recompensado por sua fidelidade às autoridades, Oresme, que cresceu pobre, tornou-se conselheiro real, embaixador e tutor de Carlos V. Com o apoio deste, Oresme foi consagrado bispo em 1377, cinco anos antes de falecer.

Embora não haja nenhuma evidência de que Galileu tenha usado diretamente qualquer obra de Oresme, ele foi seu herdeiro intelectual. Mas a revolução matemática de Oresme nunca floresceu realmente, e o mundo teve de esperar outros 200 anos até que, com o enfraquecimento da Igreja, dois franceses se dedicassem cuidadosamente à causa, desta vez para mudar o mundo da matemática para sempre.

11. Uma História de um Soldado

o dia 31 de março de 1596, uma nobre francesa doente com uma tosse seca, talvez indicando tuberculose, deu à luz seu terceiro filho.[1] Era um bebê fraco, doentio. Alguns dias mais tarde, a mãe morreu. Os doutores predisseram que o bebê morreria em seguida. Deve ter sido uma ocasião horrível para o pai do bebê, mas ele não desistiu. Nos oito anos seguintes, ele manteve a criança em casa, a maior parte do tempo na cama, assistido por uma enfermeira, e sob o seu próprio cuidado amoroso. A criança viveria por 53 anos antes que a fraqueza de seus pulmões finalmente a derrotasse. Desse modo foi salvo para o mundo um dos seus maiores filósofos e o arquiteto da revolução seguinte em matemática, René Descartes.

Quando Descartes tinha 8 anos de idade (alguns historiadores dizem 10)[2], seu pai o mandou para La Flèche, uma escola jesuíta que era nova, mas que em breve se tornaria famosa. O diretor da escola permitiu que o jovem Descartes ficasse na cama até mais tarde todas as manhãs, quando ele se sentisse pronto para se juntar aos demais. Não é um mau hábito, se você puder mantê-lo, e isso Descartes fez até os últimos meses de sua vida. Descartes se saiu bem na escola, mas após ter concluído os estudos, oito anos depois, ele já exibia o ceticismo pelo qual sua filosofia se tornaria famosa: ele estava convencido de que tudo o que aprendera na escola La Flèche era inútil ou estava equivocado. Apesar dessa conclusão, seguindo a vontade de seu pai, ele passou os dois anos seguintes envolvido em mais aprendizado inútil, que dessa vez o conduziu a um diploma de Direito.

Finalmente Descartes abandonou o estudo das letras e mudou-se para Paris. Lá, passou as noites vagueando pelo circuito social. De dia, ele ficava

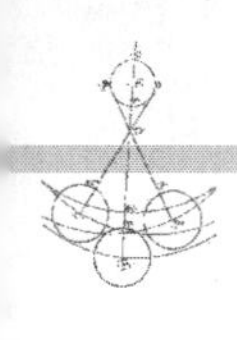

na cama estudando matemática (começando a estudar, é claro, à tarde). Ele adorava fazer isso, o que lhe deu lucro algumas vezes, pois aplicou sua matemática nas mesas de jogo. Após um curto espaço de tempo, no entanto, Paris ficou tediosa e desinteressante para ele.

O que um jovem rapaz de meios independentes, nos dias de Descartes, fazia a fim de viajar e achar aventura? Ele se alistou no exército. No caso de Descartes, no exército do príncipe Maurício de Nassau. Era realmente um exército de voluntários: Descartes não era pago por seu serviço. E o príncipe Maurício de Nassau recebeu o que pagou. Não somente Descartes nunca viu uma batalha, mas no ano seguinte ele se juntou às forças oponentes do duque da Bavária. Isso pode parecer muito estranho – primeiro, não ter lutado de um lado, depois lutar pelo outro. Mas, naquele tempo, a guerra da França e da Holanda com a monarquia hispano-austríaca estava em uma pausa. Descartes tinha se alistado no exército para viajar, não por razões políticas.

Descartes apreciou seus dias no exército, encontrando pessoas de diferentes países e também encontrando a solidão que desejava ardentemente a fim de estudar matemática e ciência, e ponderar sobre a natureza do universo. Suas viagens renderam frutos quase imediatamente.

Um dia, em 1618, o soldado Descartes se encontrava na pequena cidade de Breda, na Holanda, quando viu uma multidão em torno de um anúncio de rua. Ele vagueou pelo meio da multidão e pediu a um espectador idoso que lhe traduzisse o anúncio para o francês. Há muitas coisas que um anúncio pode ser hoje – uma propaganda, um sinal proibindo estacionar, um anúncio de procurado pela polícia. Este era realmente um tipo de anúncio que não encontraremos hoje em dia nas ruas: um desafio matemático ao público.

Descartes considerou o problema e comentou imediatamente que o considerava bastante fácil. Seu tradutor, talvez aborrecido, talvez divertindo-se, disse que o estranho estava blefando e desafiou-o a resolvê-lo. Foi o que Descartes fez. O homem velho, um homem chamado Isaac Beeckman, ficou impressionado – o que não era uma proeza fácil, pois este transeunte era um dos maiores matemáticos holandeses de seu tempo.

Descartes e Beeckman tornaram-se tão bons amigos que mais tarde Descartes descreveu Beeckman como "a inspiração e o pai espiritual de meus estudos".[3] Quatro meses mais tarde, foi para Beeckman que Descartes primeiro descreveu o seu modo revolucionário de considerar a geometria.

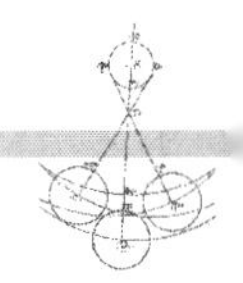

As cartas de Descartes para o seu amigo holandês nos dois anos seguintes são generosamente temperadas com referências à sua nova compreensão da relação entre os números e o espaço.

Por toda a sua vida, Descartes criticou bastante as obras dos gregos em geral, mas a geometria grega o aborrecia. Podia ficar complicada e parecer desnecessariamente difícil. Ele parecia se ressentir pelo fato de que, do modo como a geometria grega era formulada, ele tinha de trabalhar mais arduamente do que o necessário. Na sua análise de um problema formulado pelo antigo matemático grego Papos[a], Descartes escreveu que "já me deixa cansado escrever tanto a respeito disto".[4] Ele criticou o sistema de demonstrações dos gregos, porque cada nova demonstração parecia fornecer um desafio singular, que só podia ser superado, como Descartes escreveu, "sob a condição de cansar imensamente a imaginação".[5] Ele também desaprovava a maneira como os gregos tinham definido as curvas, por descrição, o que poderia realmente ficar cansativo e tornar as demonstrações bastante enfadonhas. Hoje, os especialistas escrevem que "a preguiça matemática de Descartes é notória" [6], mas Descartes não tinha vergonha de tentar encontrar um sistema subjacente que tornasse a demonstração de teoremas geométricos menos pesada. Era por isso que ele podia dormir todos os dias e ainda assim ter mais impacto do que quaisquer eruditos mais trabalhadores que o criticam.

Como um exemplo do sucesso de Descartes, compare a definição de um círculo por Euclides, descrita na Parte I, com a definição de Descartes:

> *Euclides*: Um círculo é uma figura plana contida por uma linha [isto é, uma curva] tal que todas as linhas retas que vão até ela de um certo ponto de dentro do círculo – chamado de centro – são iguais entre si.
>
> *Descartes*: Um círculo é todo x e y que satisfaça a $x^2 + y^2 = r^2$ para algum número constante r.

Mesmo para aqueles que não sabem o que significa a equação, a definição de Descartes tem de parecer mais simples. A questão não é a interpretação da equação, mas meramente que, no método de Descartes, o círculo é definido por uma equação. Descartes traduziu o espaço em números e, mais importante ainda, usou sua tradução para descrever a geometria em termos de álgebra.

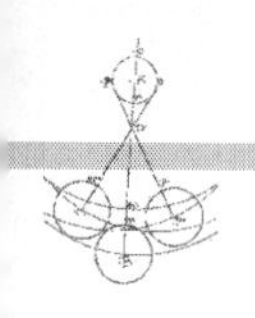

Descartes começou sua análise convertendo o plano num tipo de gráfico desenhando uma linha horizontal chamada "eixo *x*" e uma linha vertical chamada "eixo *y*". Exceto por um importante detalhe, qualquer ponto no plano é descrito então por dois números: a sua distância vertical ao eixo horizontal, chamada *y*, e a sua distância horizontal ao eixo vertical, chamada *x*. Esses pontos são geralmente escritos como o "par ordenado" (x, y).

Agora, o detalhe: se medirmos a distância literalmente como está descrita acima, haveria mais do que um ponto para cada par de coordenadas (x, y). Por exemplo, considere dois pontos que estejam, cada um deles, uma unidade acima do eixo *x*, mas que se situem em lados opostos do eixo *y*; digamos, um ponto estando duas unidades à direita, e o outro duas unidades à esquerda. Como os dois pontos se situam uma unidade acima do eixo *x*, e os dois se localizam a duas unidades do eixo *y*, de acordo com a nossa descrição, os dois seriam descritos pelo par de coordenadas (2, 1).

Esta mesma ambigüidade também pode acontecer com endereços. Duas pessoas morando no número 137 da Eightieth Street (em Nova York) podem empinar seus narizes e dizer: "Eu nunca moraria *naquela* vizinhança". Por que não? As histórias do lado oeste e do lado leste de Nova York são, realmente, histórias muito diferentes.[b] Os matemáticos se livram da ambigüidade das coordenadas do mesmo modo que os planejadores urbanos ajeitam os endereços das ruas, só que aqueles usam os sinais mais (+) e menos (-) em vez das designações leste/oeste e norte/sul. Os matemáticos colocam um sinal de menos (-) nas coordenadas *x* de todos os pontos à esquerda do eixo *y* (i.e., o lado leste), e para a coordenada *y* de todos os pontos que se situam abaixo do eixo *x* (i.e., o lado sul). Em nosso exemplo, o primeiro ponto manteria sua designação (2, 1), mas o segundo, em vez disso, seria escrito como (- 2,1). Isto é como dividir o plano em quatro quadrantes – nordeste, noroeste, sudeste e sudoeste. Todos os pontos num quadrante sul têm um valor *x* negativo, e todos os pontos em um quadrante oeste têm um valor *x* negativo. Este sistema de rotulação é chamado hoje de *coordenadas cartesianas*. (Na verdade, foi inventado quase que ao mesmo tempo por Pierre de Fermat, mas enquanto Descartes tinha o péssimo hábito de não incluir citações em suas publicações, Fermat tinha o hábito muito pior de nem publicar.)

É claro que o uso das coordenadas não era novidade, como já vimos.[7] Ptolomeu as tinha usado nos seus mapas no século 2º. Contudo, a obra de Ptolomeu era meramente geográfica. Ele não viu importância

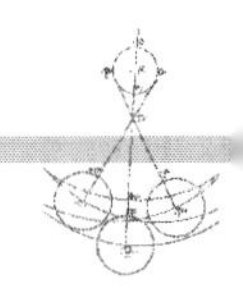

nenhuma nelas além do globo terrestre. O avanço real na idéia de coordenadas de Descartes não veio na própria idéia das coordenadas, mas no uso que Descartes fez delas.

Estudando as curvas gregas clássicas, cujo modo de definição Descartes tanto desprezava, ele descobriu padrões surpreendentes. Por exemplo, ele traçou um número de retas e descobriu que, para qualquer reta que desenhasse, as coordenadas x e y de cada ponto sempre estavam relacionadas do mesmo modo simples. A relação é expressa algebricamente por uma equação da forma $ax + by + c = 0$, onde a, b e c eram constantes, números simples como 3 ou $4^1/_2$, que dependiam somente da linha particular que ele examinava. Isto significa que qualquer ponto descrito pelo par ordenado (x, y) está na reta se, e somente se, a soma de a vezes x, b vezes y e c, for igual a zero. É uma alternativa, uma definição algébrica de uma reta.

Na visão de Descartes, uma reta é uma série de pontos com a propriedade tal que, se aumentarmos uma coordenada, a fim de obter outro ponto na série, devemos aumentar a outra coordenada numa proporção fixa. Sua definição do círculo (ou elipse) funciona com base no mesmo princípio, mas quando reduzimos uma coordenada, temos que aumentar outra a fim de que a soma (ponderada) dos quadrados das coordenadas permaneça a mesma – e não simplesmente a soma das coordenadas.

Trezentos anos antes, Oresme também tinha percebido que as curvas podiam ser definidas pelas relações entre as coordenadas, e também obteve um tipo de equação para uma reta. Mas nos dias de Oresme, a álgebra não tinha sido disseminada amplamente, e na ausência de uma notação melhor, Oresme não conseguiu levar a idéia muito longe.[8] O método de Descartes de associar a álgebra e a geometria equivale a uma generalização das idéias de Oresme, de modo que todas as curvas da matemática grega podiam ser descritas agora de modo simples e conciso. As elipses, hipérboles, parábolas, tudo se mostrou definível através de simples equações entre suas coordenadas x e y.

O fato de as classes de curvas poderem ser definidas por uma equação tem conseqüências de grande alcance na ciência. Por exemplo, a seguir estão novamente os dados de Nicolai, com o ponto decimal deslocado uma casa. Isso revela o que os dados são realmente: uma tabela das médias das temperaturas máximas aproximadas (em Fahrenheit)[c] no dia 15 de cada mês (exceto janeiro) na cidade de Nova York.[9] Um cientista poderia perguntar: há uma relação simples entre os dados?

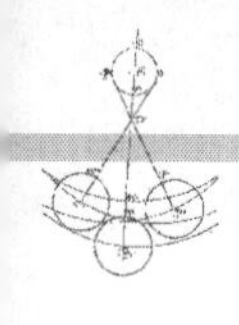

Dados	Temperatura máxima média
15/2	40° F
15/3	50° F
15/4	62° F
15/5	72° F
15/6	81° F
15/7	85° F
15/8	83° F
15/9	78° F
15/10	66° F
15/11	56° F
15/12	40° F

Como vimos anteriormente, quando os dados nesta tabela são representados por um gráfico, formam uma curva geométrica simples, a parábola. O conhecimento da equação que define a parábola nos dá certos poderes de predição – habilita-nos a formular uma "lei das temperaturas máximas médias" para a cidade de Nova York. A lei é esta: seja y igual a 85° F menos a temperatura; seja x o número de meses a partir do dia 15 de julho; então y é o dobro do quadrado de x.

Vamos testar a lei. Para descobrirmos a temperatura máxima média de Nova York, por exemplo, no dia 15 de outubro, você percebe que outubro está três meses depois de julho, assim x é igual a 3. Como o quadrado de 3 é 9, a temperatura média no dia 15 de outubro é duas vezes 9, ou 18 graus a menos que a temperatura máxima média de 85° F do dia 15 de julho. Assim, de acordo com a "lei", a temperatura máxima média é de aproximadamente 67° F. A temperatura máxima média real é 66° F. Para a maioria dos meses, a lei funciona muito bem, e pode também ser usada para dias além do dia 15 de cada mês, se você não se importar em lidar com frações.

A lei das temperaturas máximas médias define uma relação entre y e x; isto é um caso especial daquilo que os matemáticos chamam de uma função. Neste caso, a parábola é o gráfico da função. A ciência física se preocupa muito com o que acabamos de fazer: notar regularidades nos dados, descobrir as relações funcionais e (o que não fizemos) explicar a causa delas.

Assim como as leis físicas podem ser inferidas graficamente empregando-se métodos cartesianos, os teoremas de Euclides também têm conseqüências algébricas. Por exemplo, pense sobre o teorema de Pitágoras em termos

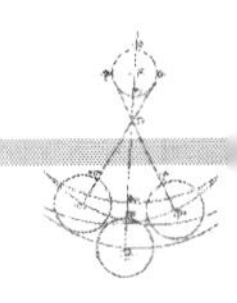

cartesianos. Imagine um triângulo retângulo. Por simplicidade, imaginemos que ele tem um lado vertical ao longo do eixo *y* estendendo-se do ponto de origem até um ponto A, e um lado horizontal ao longo do eixo *x* estendendo-se do ponto de origem até um ponto B. Então, o comprimento do lado vertical é simplesmente a coordenada *y* de sua extremidade final A, e o comprimento do lado horizontal é a coordenada *x* da extremidade final B.

O teorema de Pitágoras, neste caso, nos informa que a soma dos quadrados dos lados horizontal e vertical, $x^2 + y^2$, é o quadrado do comprimento da hipotenusa. Se aceitarmos a definição de que a distância entre dois pontos, como A e B, é o comprimento da linha que os conecta, então acabamos de descobrir que o quadrado da distância entre A e B é $x^2 + y^2$. Mas, agora, consideremos quaisquer dois pontos A e B num plano. Podemos escolher desenhar nossos eixos *x* e *y* de modo que tenhamos a situação há pouco descrita – com A ao longo do eixo horizontal e B ao longo do eixo vertical. Isso significa que o quadrado da distância entre quaisquer dois pontos, A e B, é simplesmente a soma dos quadrados de suas separações horizontais e verticais.[10]

■●■

A fórmula de Descartes para a distância, como veremos mais tarde, está profundamente ligada à geometria euclidiana.[11] Mas o seu modo de considerar a distância como uma função de diferenças de coordenadas é um conceito válido de modo geral, um conceito que se tornou mais tarde uma chave para a compreensão tanto das geometrias euclidianas quanto das não-euclidianas.

Descartes utilizou sua percepção geométrica para fazer um trabalho de renome em muitas áreas da física. Ele foi o primeiro a formular a lei de refração da luz na sua forma trigonométrica atual; também foi o primeiro a explicar completamente a física do arco-íris. Seus métodos geométricos foram tão importantes para suas percepções que ele escreveu: "Minha física toda nada mais é do que geometria".[12] No entanto, Descartes protelou a publicação da geometria das coordenadas por dezenove anos. De fato, ele nada publicou até completar 40 anos. De que tinha medo? Do suspeito habitual, a Igreja Católica.

Depois de repetidos e insistentes pedidos de amigos, Descartes esteve prestes a publicar um livro alguns anos antes, por volta de 1633. Então um

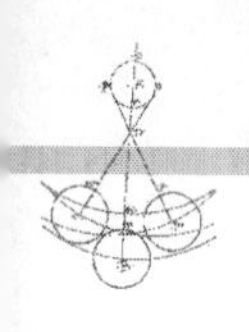

sujeito italiano chamado Galileu publicou o livro *Diálogo sobre dois principais sistemas*. Era uma peça teatral bem bolada sobre três cabeças que conversavam num diálogo sobre astronomia. Uma peça que seria excluída da Broadway. Mas, por alguma razão, os dirigentes da Igreja decidiram fazer uma análise dela, e não ficaram muito impressionados. Talvez eles pensassem que o ator representando o ponto de vista ptolemaico deles não tenha recebido falas suficientemente boas. Infelizmente, naqueles dias, quando a Igreja fazia a crítica de um livro, também criticava o autor, que, juntamente com o livro, provavelmente seria, em seguida, objeto de uma fogueira. No caso de Galileu, somente o livro foi queimado. Ele foi forçado a renunciar a ele e também ganhou uma ordem de prisão ilimitada imposta pela Inquisição. Descartes não era fã de Galileu. Realmente, numa carta, ele escreveu sua própria crítica da obra de Galileu: "Parece que ele [Galileu] tem grande deficiência, pois continuamente está desviando-se do assunto, e nunca para explicar completamente um tópico, o que demonstra que ele não os examinou de modo ordenado...".[13] Não obstante, Descartes partilhava do ponto de vista heliocêntrico de Galileu, e outras idéias racionais, e levou bastante a sério a condenação de Galileu. Embora vivesse num país protestante, Descartes cancelou a publicação desse seu livro.[14]

Finalmente, Descartes recuperou sua coragem e publicou sua primeira obra em 1637, tomando o cuidado de fazer o seu livro inofensivo à Igreja. Já com 40 anos de idade, Descartes tinha muito mais do que a geometria para comunicar, juntou tudo isso neste livro. Só o prefácio tinha 78 páginas. O manuscrito original tinha o título nada abreviado: *Projeto para uma ciência universal que possa elevar nossa natureza ao seu mais alto grau de perfeição. A seguir, a dióptrica, os meteoros e a geometria, onde os assuntos mais curiosos que o autor pôde encontrar para demonstrar a ciência universal que ele propõe são explicados de tal maneira que até aqueles que nunca estudaram podem entendê-los.*[15] Quando publicado, o título foi encurtado um pouco, presumivelmente pelo equivalente do departamento de marketing do século 17. Mesmo assim, ainda era bem longo. O tempo desgastou o seu tamanho, e hoje a obra de Descartes é geralmente referida como *Discurso* ou *Discurso sobre o método*.

Discurso sobre o método era um longo ensaio descrevendo a filosofia de Descartes e sua abordagem racional para resolver os problemas na ciência. *Geometria*, o terceiro apêndice, tinha a intenção de mostrar os resultados que sua abordagem podia atingir. Ele manteve seu nome fora

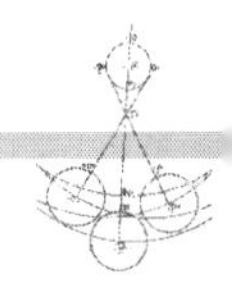

da página de rosto, não porque o título não deixasse espaço, mas porque ainda temia a perseguição. Infelizmente, seu amigo Marin Mersenne escreveu uma introdução que não deixou nenhuma dúvida quanto à identidade do autor do livro.

Como tinha temido, Descartes foi duramente atacado por aquilo que foi percebido como um desafio à Igreja. Até a sua matemática atraiu uma crítica sórdida. Fermat, que, conforme mencionamos, tinha descoberto uma algebraização da geometria parecida, fez objeções a pontos triviais. Blaise Pascal, outro matemático francês brilhante, condenou-o completamente. Mas rixas pessoais podem impedir os avanços científicos temporariamente e, dentro de poucos anos, a geometria de Descartes era parte do currículo em quase todas as universidades. A sua filosofia, contudo, não foi aceita tão rapidamente assim.

Descartes foi mais maldosamente atacado por um homem chamado Voetius, chefe do departamento de teologia na Universidade de Utrecht, na Holanda.[16] De acordo com Voetius, a heresia de Descartes era a de costume, sua crença que a razão e a observação podem determinar a verdade. Descartes, de fato, foi mais além, crendo que as pessoas podiam controlar a natureza e que a cura de todas as doenças e até o segredo da vida eterna seriam descobertos logo.

Descartes teve poucos amigos, e nunca se casou. Contudo, ele teve um caso amoroso em sua vida, com uma mulher chamada Helena.[17] Em 1635, tiveram uma filha, Francine. Acredita-se que os três viveram juntos entre 1637 e 1640. No outono de 1640, em meio à sua batalha com Voetius, Descartes viajou tentando a publicação de uma nova obra. Francine ficou doente, com bolhas roxas irrompendo por todo o corpo. Descartes voltou imediatamente para casa. Não sabemos se ele chegou a tempo, mas Francine morreu no terceiro dia de sua enfermidade. Descartes e Helena logo terminaram o relacionamento. Se não fosse o registro de sua vida e morte escrito na folha inicial em um dos livros de Descartes, nós nunca saberíamos que Francine era sua filha, e não sua sobrinha, como disse a fim de evitar escândalo. Embora em toda sua vida Descartes fosse famoso por sua falta de emoção, esta perda o devastou. Ele teve dificuldades para sobreviver à década.

12. Congelado pela Rainha da Neve

lguns anos depois da morte de Francine, a rainha Cristina, da Suécia, com 23 anos de idade, convidou Descartes para sua corte.[1] A rainha Cristina foi interpretada no cinema por Greta Garbo, num filme biográfico de 1933, e a idéia de uma jovem mulher sueca talvez evoque a imagem de uma loira alta e jovial. Como sempre, a história de Hollywood não era fiel aos fatos. A verdadeira Cristina era baixa, com ombros desiguais, e uma voz masculina profunda. Não gostava de roupas femininas comuns, e alguns diziam que ela lembrava um oficial de cavalaria. Diziam que quando criança gostava de ouvir o ribombar de canhões.

Aos 23 anos, Cristina já comandava seus subalternos com severidade, com pouca tolerância para os fracos. Dormia somente cinco horas por dia, e não tremia diante do pensamento de longos períodos do frígido inverno sueco quando você poderia jogar hockey no gelo sobre o asfalto molhado pelas mangueiras (se as mangueiras, o hockey e o asfalto tivessem sido inventados). Mesmo centenas de anos mais tarde, lendo sobre Descartes, podemos imaginar que a corte da rainha Cristina não foi, provavelmente, um lugar agradável para Descartes. Mesmo assim ele foi. Por quê?

Cristina era uma mulher brilhante, dedicada ao saber, que se sentia isolada no seu país ao norte. Com o objetivo de criar um paraíso intelectual em seu país coberto pela neve, um centro de saber muito distante do centro da Europa, ela gastou vultosas quantias de dinheiro adquirindo volumes para uma grande biblioteca. Se ela colecionava livros, como Ptolomeu, ao contrário dele, Cristina também colecionava seus autores. O destino de Descartes estava selado quando ele conheceu e se tornou amigo de Pierre Chanut, em 1644. No ano seguinte, Chanut foi mandado à Suécia como

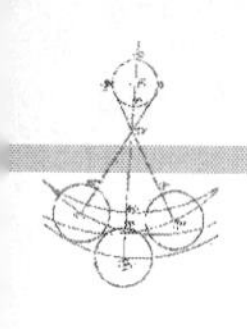

um ministro do rei da França. Na Suécia, ele elogiou seu amigo, e para o seu amigo, cantou louvores sobre a Rainha da Neve. Cristina concordou com Chanut que Descartes seria uma excepcional conquista. Ela mandou um almirante à França para tentar persuadir Descartes a ir para a Suécia. Ela lhe prometeu aquilo que era mais caro ao seu coração: construir-lhe uma academia, da qual seria diretor, e uma casa na parte mais quente da Suécia (que, em retrospecto, não era prometer muito). Descartes hesitou, mas finalmente aceitou. Naquele tempo ele não podia acessar o site weather.com, mas certamente sabia sobre o clima e a personalidade que o aguardavam na Suécia. Um dia antes de sua partida, ele escreveu o seu testamento.

O inverno que Descartes enfrentou em 1649 foi um dos mais severos na história da Suécia. Se ele tinha planejado ficar deitado o dia todo debaixo de múltiplos cobertores de lã grossos, quentes e aconchegantes e protegido do frio congelador enquanto refletia sobre a natureza do universo, recebeu logo uma rude chamada despertando-o para a realidade. Foi intimado a comparecer todos os dias às 5 da manhã na corte de Cristina para dar-lhe uma aula de cinco horas sobre moralidade e ética. Descartes escreveu para um amigo: "Parece-me que o pensamento dos homens ficam congelados aqui, do mesmo modo como congela a água...".

Naquele mês de janeiro, seu amigo Chanut, com quem estava morando, ficou doente com pneumonia. Descartes ajudou a cuidar de seu amigo para se recuperar, mas no processo ele próprio contraiu a doença. O doutor de Descartes estava ausente, assim Cristina mandou-lhe outro médico, que por acaso era um inimigo declarado de Descartes, que tinha feito muitos cortesãos suecos ficarem bravos e com ciúme. Descartes se recusou ser tratado pelo homem, que de qualquer modo provavelmente não teria ajudado muito – o tratamento prescrito era sangrar Descartes. A febre de Descartes subiu continuamente. Na semana seguinte ou um pouco depois, ele sofreu acessos de delírio. Entre esses delírios, ele falou sobre a morte e filosofia. Ditou uma carta para seus irmãos, pedindo que cuidassem da ama que havia cuidado dele na sua frágil infância. Algumas horas depois, no dia 11 de fevereiro de 1650, Descartes morreu.

Ele foi enterrado na Suécia. Em 1663, o objetivo dos ataques de Voetius finalmente se concretizou: a Igreja proibiu os escritos de Descartes. Mas a Igreja naquele tempo já tinha enfraquecido tanto que em muitos círculos esta decisão somente aumentou sua popularidade. O governo da França

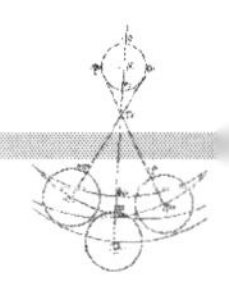

pediu que os restos mortais de Descartes fossem devolvidos e, em 1666, depois de muita insistência, o governo sueco embarcou seus ossos. Bem, a maioria deles: ficaram com o crânio. Os restos mortais de Descartes foram deslocados diversas vezes. Hoje eles estão assinalados por uma pequena pedra memorial em Saint-Germain-des-Près. Isto é, exceto por seu crânio, que finalmente foi devolvido à França em 1822.[2] Hoje ele pode ser visto num recipiente de vidro no Musée de l'Homme.

Quatro anos após a morte de Descartes, Cristina abdicou do seu trono. Converteu-se ao catolicismo, creditando a Descartes e Chanut sua iluminação. Por fim, ela foi morar em Roma, talvez aprendendo também com Descartes as vantagens de climas mais quentes.

A história de Gauss

3

Podem as linhas paralelas se cruzar no espaço? O prodígio favorito de Napoleão presenteia Euclides com seu Waterloo. Começa a maior revolução em geometria desde os gregos.

13. A Revolução do Espaço Curvo

uclides pretendia criar uma estrutura matemática consistente baseada na geometria do espaço. As propriedades do espaço derivadas de sua geometria são, portanto, as propriedades do espaço como os gregos entenderam. Mas o espaço tem realmente a estrutura descrita por Euclides e quantificada por Descartes? Ou há outras possibilidades?

Não sabemos se Euclides levantaria sua sobrancelha se fosse informado que *Os elementos* permaneceriam sacrossantos por 2 mil anos, mas como dizem no mundo dos negócios de software, 2 mil anos é tempo demais para esperar pela versão 2. Muita coisa mudou durante esse período: descobrimos a estrutura do sistema solar, ganhamos a habilidade de navegar em volta da Terra e de fazer mapas do globo; paramos de beber vinho diluído no café da manhã. E, durante aquele tempo, os matemáticos do mundo ocidental desenvolveram uma aversão universal pelo quinto postulado de Euclides, o postulado das paralelas. Bem, não foi o seu conteúdo que eles consideraram repugnante, mas o seu lugar como uma suposição em vez de um teorema.

Através dos séculos, os matemáticos que tentaram demonstrar o postulado das paralelas como um teorema chegaram bem perto da descoberta de novos tipos de espaço estranhos e emocionantes, mas cada um deles foi impedido por uma crença simples: que o postulado era uma propriedade verdadeira e necessária do espaço.

Todos, menos um, ou seja, um menino de 15 anos de idade, chamado Carl Friedrich Gauss, que, como depois aconteceu, tornou-se um dos heróis de Napoleão. Com a compreensão desse jovem gênio, em 1792 foram plantadas as sementes de uma nova revolução. Diferente das anteriores, esta não

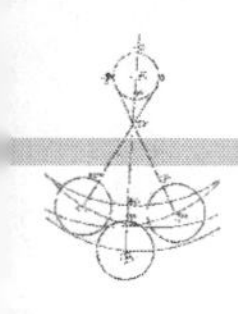

seria uma melhora revolucionária em Euclides, mas um sistema operacional inteiramente novo. Logo os estranhos e excitantes espaços, não percebidos por muitos séculos, foram descobertos e descritos.

Com a descoberta de espaços curvos veio a pergunta natural: o nosso espaço é o de Euclides, ou um daqueles outros? Eventualmente essa pergunta revolucionou a física. A matemática também foi lançada num dilema. Se a estrutura de Euclides não é simplesmente uma abstração da verdadeira estrutura espacial, então o que ela é? E se o postulado das paralelas pode ser questionado, que dizer do resto do sistema de Euclides? Logo depois da descoberta do espaço curvo, toda a geometria euclidiana veio caindo, e então – surpresa! O resto da matemática também caiu. Assim que a poeira se assentou, não somente a teoria do espaço, mas também a física e a matemática tinham entrado numa nova era.

Para entender como contradizer Euclides era um salto difícil, precisamos considerar quão profundamente entrincheirada estava a sua descrição do espaço. No seu tempo, o livro *Os elementos,* de Euclides, já era um clássico. Euclides não somente definiu a natureza da matemática, mas o seu livro desempenhou um papel central como um modelo de pensamento lógico na educação e na filosofia natural. Foi uma obra-chave no renascimento intelectual da Idade Média. Foi um dos primeiros livros impressos após a invenção da imprensa por Gutenberg em 1454; e a partir de 1533 até o século 18, foi a única de todas as obras gregas a existir como texto impresso na língua original.[1] Até o século 19, todas as obras de arquitetura, a composição de todos os desenhos e de todos os quadros, todas as teorias e todas as equações empregadas na ciência eram, inerentemente, euclidianas. *Os elementos* não era indigno de sua grande estatura. Euclides transformou nossa intuição espacial numa teoria lógica abstrata da qual podíamos fazer deduções. Acima de tudo, talvez, devemos elogiar Euclides pela tentativa desavergonhada de desnudar suas suposições, e nunca fingir que os teoremas que demonstrou eram algo mais do que deduções lógicas dos seus poucos postulados não demonstrados. Todavia, como vimos na Parte I, um desses postulados, o postulado das paralelas, causou consternação em quase todo erudito que estudou Euclides, porque não era tão simples e intuitivo como as suas outras suposições. Relembre seu enunciado:

Dado um segmento de reta que cruze duas retas de modo que a soma dos ângulos internos do mesmo lado seja menor do que dois ângulos

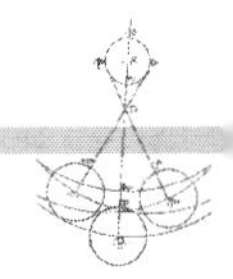

retos, então as duas linhas, quando prolongadas, acabarão por se encontrar (naquele lado do segmento de reta).

Euclides não usou de modo nenhum o postulado das paralelas na demonstração dos seus primeiros 28 teoremas. Até aí, ele já tinha demonstrado a inversão do postulado, bem como outros enunciados que pareciam ser melhores candidatos à categoria de axiomas – como o fato fundamental de que os comprimentos de dois lados quaisquer de um triângulo têm de ser maiores do que o comprimento do terceiro. Por que, então, tendo avançado tanto, ele precisaria introduzir um postulado tão misterioso e técnico? Ele escreveu aquele capítulo em cima da hora?

Por mais de 2 mil anos, enquanto cem gerações viviam e morriam, as fronteiras das nações mudavam e os sistemas políticos subiam e caíam, e enquanto a Terra correu velozmente 1.900 bilhões de quilômetros em torno de nosso Sol, os pensadores em todas as partes permaneceram dedicados a Euclides, não questionando seu deus em nenhuma questão de conteúdo, mas somente neste minúsculo ponto: o postulado horroroso das paralelas não podia ser demonstrado?

14. O Problema de Ptolomeu

primeira tentativa conhecida de demonstrar o postulado das paralelas foi feita por Ptolomeu no século 2º d.C.[1] O seu raciocínio era complicado, mas em essência o método era simples: ele assumiu uma forma alternativa do postulado, e então deduziu a forma original dele. O que devemos pensar de Ptolomeu? Ele vivia numa zona livre de inteligência? Devíamos imaginá-lo correndo atrás de seus amigos, exclamando: "Heureca! Descobri uma nova forma de demonstração – o argumento circular". Os matemáticos não incorreriam no mesmo erro duas vezes. Eles incorreriam no mesmo erro diversas vezes. Pois aconteceu que algumas das mais inócuas suposições, algumas tão óbvias que deixaram de ser enunciadas, foram no fim demonstradas como o postulado das paralelas disfarçado. A conexão do postulado com o resto da teoria euclidiana é tão sutil quanto profunda. Duzentos anos depois de Ptolomeu, Proclus Diadoco fez a notável tentativa de demonstrar o postulado de uma vez por todas. Proclus estudou em Alexandria no século 5º, e depois se mudou para Atenas, onde dirigiu a Academia de Platão. Proclus passava longas horas analisando a obra de Euclides. Ele tinha acesso a livros que há muito desapareceram da face da Terra, tais como a *História da geometria,* de Eudemo, um contemporâneo de Euclides. Proclus escreveu um comentário sobre o livro 1 de *Os elementos*, que é a fonte de muito de nosso conhecimento sobre a geometria grega antiga.

Para entendermos o argumento de Proclus, é útil fazer três coisas: primeiro, use uma forma alternativa do postulado das paralelas dada antes, o axioma de Playfair[d]. Em segundo lugar, tornar o argumento de Proclus um pouco menos técnico. E, finalmente, traduzi-lo do grego para o português. O axioma de Playfair é este:

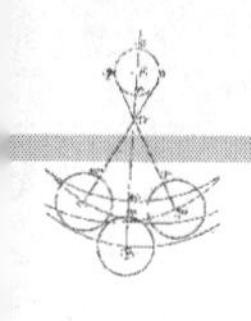

> Dada uma reta e um ponto externo (um ponto que não esteja na linha), há exatamente uma outra reta (no mesmo plano) que passa pelo ponto externo e é paralela à linha dada.

No mundo de hoje, a maioria de nós acha os mapas e as ruas muito mais compreensíveis do que linhas rotuladas com símbolos obscuros tipo α (alfa) ou λ (lambda). Assim, para colocarmos o argumento de Proclus num ambiente mais relevante, imagine, por exemplo, a 5ª. Avenida, na cidade de Nova York. Depois, imagine outra avenida, paralela à 5ª., que chamaremos de 6ª. Avenida. Lembre que, por paralelas, queremos dizer, de acordo com Euclides, retas que "não se cruzam"; assim, a nossa suposição é que a 5ª. não cruza com a 6ª. Avenida.

Erguendo-se bem acima das barracas dos vendedores de café e de cachorros-quentes, encontra-se na 6ª. Avenida um venerável edifício que abriga aquela estimada editora de livros de altíssima qualidade, a The Free Press (coincidentemente, a que também publicou este livro nos Estados Unidos). Não é para diminuí-la, mas neste exemplo, a editora The Free Press desempenhará o papel do "ponto externo".

Agora, seguindo a tradição matemática, tenha em mente que o que acabamos de estipular é *tudo* que podemos presumir sobre essas ruas. Embora para fins de ilustração concreta nós tenhamos avenidas específicas em mente, como matemáticos não podemos usar as características daquelas avenidas nesta demonstração, a não ser aquelas que enunciarmos explicitamente. Se por acaso você souber que também há uma editora (co-editora, pelo menos com respeito a este livro) chamada Random House, mais para o final na mesma avenida, que a 5ª. e a 6ª. Avenida estão separadas a uma certa distância, ou que uma determinada esquina é habitada por um psicopata babando, tire essas idéias de sua mente. Uma demonstração matemática é um exercício que emprega somente os fatos explicitamente admitidos, e nenhuma das propriedades da cidade de Nova York é mencionada no livro *Os elementos,* de Euclides. Na verdade, é uma suposição não justificada que você provavelmente fará sem pensar, que torna falso o seguinte argumento de Proclus.

Estamos prontos para enunciar o axioma de Playfair sob a forma que se aplica ao nosso arranjo:

> Dada a 5ª. Avenida e uma editora chamada The Free Press na 6ª. Avenida, não podem existir outras ruas que passem pela editora The Free Press e que, como a 6ª. Avenida, sejam paralelas à 5ª. Avenida.

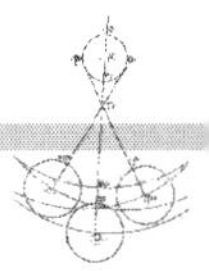

Este enunciado não é exatamente o equivalente ao axioma de Playfair, porque, como Proclus, nós presumimos que existe pelo menos uma linha, ou rua (6ª. Avenida), paralela a uma linha dada (a 5ª. Avenida). Isto realmente deve ser demonstrado, mas Proclus interpretou um dos teoremas de Euclides como se garantisse isso. Nós vamos aceitar isso por enquanto e verificar se, seguindo seu argumento, podemos demonstrar o axioma na forma anteriormente mencionada.

Para demonstrar o postulado, ou seja, para fazer dele um teorema, devemos demonstrar que qualquer rua passando pela editora The Free Press,

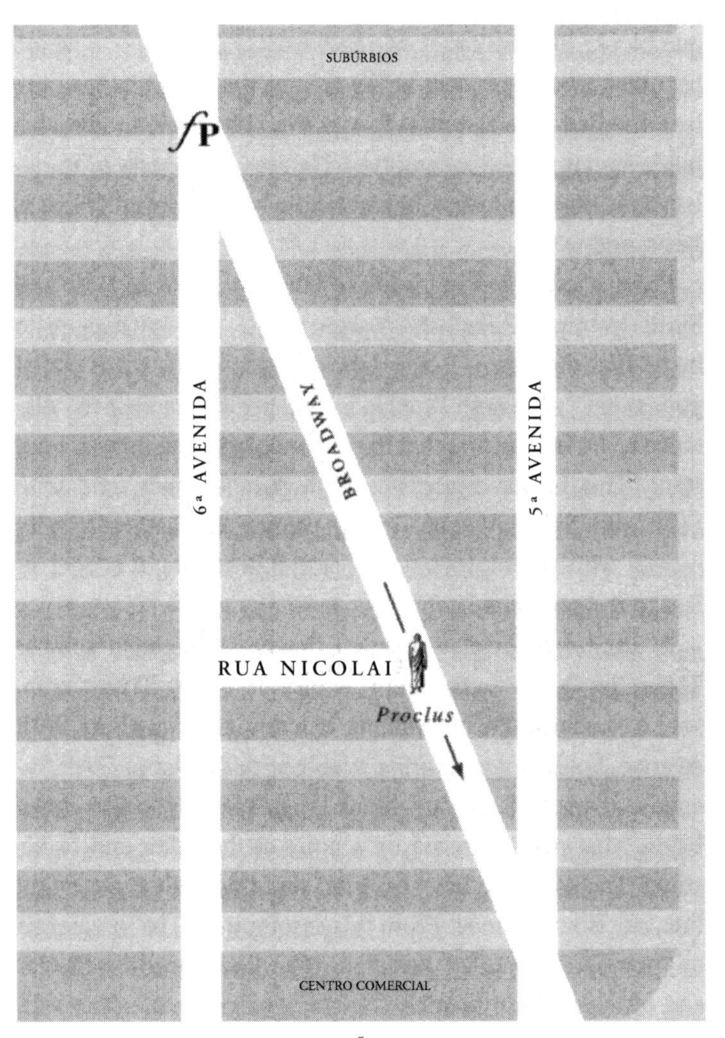

DEMONSTRAÇÃO DE PROCLUS

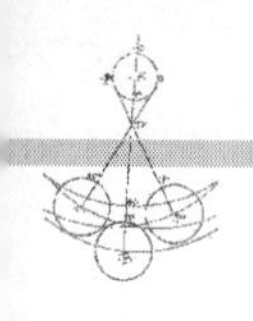

que não seja a 6ª. Avenida, deve cruzar a 5ª. Avenida. Isto parece ser óbvio por nossa experiência diária – é por isso que este tipo de rua é chamada transversal. Tudo o que temos de fazer aqui é demonstrá-lo sem usar o postulado das paralelas. Começamos imaginando uma terceira rua, cujas únicas características presumidas são que ela é reta e passa pela editora The Free Press. Vamos chamar essa rua de Broadway.

Em seu método de demonstração, Proclus começaria pela editora The Free Press e caminharia para o centro da cidade seguindo a Broadway. Imagine uma rua que passa por onde Proclus se encontra, indo para a 6ª. Avenida, perpendicular a ela. Chame esta nova rua de Rua Nicolai. O problema elaborado encontra-se ilustrado na página anterior.

As ruas Nicolai, Broadway e 6ª. Avenida formam um triângulo retângulo. À medida que Proclus caminha mais em direção ao centro comercial pela rua Broadway, o triângulo retângulo formado deste modo vai ficando cada vez maior. Por fim, os lados do triângulo, incluindo a rua Nicolai, ficam tão grandes quanto você queira. Em particular, o comprimento da rua Nicolai acabará por exceder a separação entre a 5ª. e a 6ª. Avenida. Portanto, diria Proclus, a Broadway deve cruzar a 5ª. Avenida, que era o que devia ser demonstrado.

Este argumento é simples, mas é falso. Por um detalhe – há um mal emprego sutil da idéia de "cada vez maior". A rua Nicolai poderia tornar-se cada vez maior sem jamais se tornar maior do que uma quadra, como as séries de números 1/2, 2/3, 3/4, 4/5, 5/6... que se tornam cada vez maiores, mas nunca são maiores do que 1. Esta falha pode ser remediada. A falha essencial é que, como Ptolomeu, Proclus fez uma suposição não justificada. Ele usou uma propriedade de ruas paralelas que é intuitiva, mas que ele não demonstrou. O que ele está pressupondo?

O erro de Proclus foi no seu uso de "a separação entre a 5ª. e a 6ª. Avenida". Lembre-se do aviso: "... se você sabe que eles estão... a uma certa distância de você, tire isto de sua mente". Embora Proclus não esteja especificando qual é a distância, ele está afirmando que a distância entre elas é constante. Esta é a nossa experiência com as linhas paralelas, e com a 5ª. e a 6ª. Avenida, mas não pode ser demonstrada matematicamente sem empregar-se o postulado das paralelas: é equivalente ao próprio postulado.

Um ponto semelhante frustrou também o grande erudito de Bagdá, Thabit ibn Qurrah, no século 9º.[2] Para acompanhar o raciocínio de Thabit, imagine-o andando em linha reta ao longo da 5ª. Avenida, segurando um

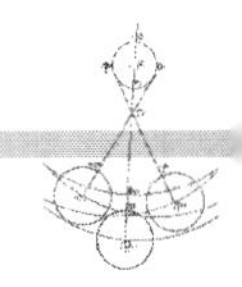

bastão perpendicular à 5ª. Avenida com um comprimento de uma quadra de avenida de Nova York. À medida que Thabit anda, qual é o caminho traçado por um ponto na outra extremidade de seu bastão? Thabit teria afirmado que este caminho é uma linha reta, digamos, a 6ª. Avenida. A partir desta suposição, Thabit continuou e "demonstrou" o postulado das paralelas. A linha traçada pela extremidade distante do bastão é, certamente, uma curva de algum tipo, mas com que autoridade podemos afirmar que é uma linha reta? Ocorre que aquela autoridade somente pode ser – você adivinhou – o postulado das paralelas. Somente no espaço euclidiano é que um conjunto de pontos eqüidistantes de uma reta também é uma reta. Thabit também repetiu o equívoco de Ptolomeu.

A análise de Thabit toca em questões profundas sobre o conceito de espaço. O sistema de geometria de Euclides depende da possibilidade de deslocar as figuras e sobrepô-las. É assim que você confere a congruência, ou equivalência, das formas geométricas. Imagine que você quer mover um triângulo. O modo natural de fazer isso é pegar seus três lados, cada um dos quais é um segmento de reta, e deslocá-los por distâncias iguais em direção idêntica. Mas se o conjunto de pontos eqüidistantes de uma reta não for também uma reta, isso significa que os lados do triângulo deslocado não serão retas. Ao mover-se, a figura ficará distorcida. Poderia o espaço ter realmente essa propriedade? Infelizmente, em vez de seguir este raciocínio ao maravilhoso lugar aonde leva, Thabit interpretou o espectro de distorção como "prova" de que a sua suposição sobre a eqüidistância das linhas deveria ser justificada.

Não muito tempo depois de Thabit, o apoio islâmico para a ciência diminuiu. Numa cidade, um erudito até reclamou que onde ele morava era considerado legal matar matemáticos. (Isto provavelmente foi menos devido a um desdém pelos nerds, do que pelo hábito dos matemáticos de estudar astrologia, que através da história foi freqüentemente associada à magia negra e considerada perigosa em vez de ser um passatempo inofensivo como é hoje.)

O ano no calendário cristão precisaria quase dobrar antes que o trabalho geométrico de Thabit e de seus seguidores fosse ressuscitado. Isso aconteceu em 1663, quando o matemático inglês John Wallis[e] deu uma palestra citando um dos sucessores de Thabit, Nasir Eddin al-Tusi.

Wallis nasceu em Ashford, Kent, em 1616. Quando tinha 15 anos, viu seu irmão lendo um livro sobre aritmética, e ficou fascinado com a

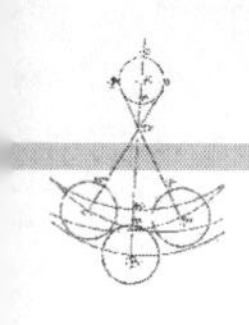

matéria. Embora tenha ido estudar teologia no Emmanuel College, em Cambridge, e tenha sido ordenado sacerdote anglicano em 1640, permaneceu devotado à matemática. Era época da chamada Guerra Civil inglesa, uma luta com tons religiosos, entre o rei Carlos I e o Parlamento inglês. Wallis tinha bons conhecimentos de criptografia, o ramo da matemática que lida com a codificação de mensagens, e empregou suas habilidades para ajudar os parlamentares. É por isso, dizem alguns, que ele foi "agraciado" com a cátedra Savilian de geometria na Universidade de Oxford em 1649, depois que seu predecessor, Peter Turner, foi demitido por suas posições monárquicas. Seja qual tenha sido a razão, para a Universidade de Oxford foi uma grande troca.

Turner não tinha sido mais do que um amigo íntimo do arcebispo de Canterbury, enquadrando-se em todos os círculos políticos adequados, mas nunca publicando um único trabalho de matemática. Wallis tornou-se o principal matemático da era pré-newtoniana, e uma influência importante sobre o próprio Newton. Hoje, até os não-matemáticos, especialmente aqueles que possuem uma certa marca de automóvel de luxo, estão familiarizados com um aspecto de sua obra; ele introduziu o ∞ para simbolizar o infinito.

A idéia de Wallis para reformar a geometria euclidiana foi substituir o desagradável postulado das paralelas por um postulado intuitivamente óbvio que poderia ser enunciado deste modo:

> Dado qualquer lado de qualquer triângulo, esse triângulo pode ser aumentado ou diminuído, de modo que o lado escolhido tenha qualquer tamanho que você queira, mas mantendo os ângulos do triângulo inalterados.

Por exemplo, se você tiver um triângulo cujos ângulos são de 60 graus cada, e cujos lados possuem uma unidade de comprimento, então você poderia assumir que existe outro triângulo cujos ângulos também são de 60 graus, mas cujos lados são qualquer coisa que você queira: 10, 10 e 10, ou 1/10, 1/10 e 1/10 ou 10.000, 10.000 e 10.000. Tais triângulos, com lados proporcionalmente maiores ou menores, com os ângulos correspondentes iguais, são chamados de triângulos semelhantes. Se assumirmos o axioma de Wallis, então, ignorando alguns detalhes técnicos que podem ser deixados de lado, o postulado das paralelas pode ser demonstrado facilmente

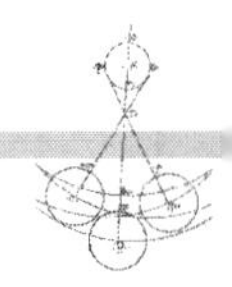

empregando-se um raciocínio semelhante ao de Proclus.[3] A "demonstração" de Wallis jamais ganhou aceitação entre os matemáticos porque o que ele realmente fez foi substituir um postulado por outro. Mas inverter o raciocínio de Wallis leva a uma afirmação assombrosa: se existe um espaço no qual o postulado das paralelas não vale, então não existem triângulos semelhantes.

E daí? Bem, o problema é que os triângulos estão por toda a parte. Corte um retângulo pela sua diagonal, e você terá dois triângulos. Coloque a sua mão no seu quadril, e os seus braços arqueados formam um triângulo com o lado do seu corpo. De fato, embora o corpo de cada pessoa seja diferente, o seu corpo e a maioria dos objetos podem ser modelados com uma boa aproximação por uma rede de triângulos: este é o princípio por trás da computação gráfica tridimensional. Se não existem triângulos semelhantes, então muitas das suposições de nossa vida diária não serão verdadeiras. Olhe para uma calça linda num catálogo de roupas, e você suporá que o que chega pelo correio irá coincidir com a figura do catálogo, embora possa ser muitas vezes maior. Viaje pela sua companhia aérea favorita, e você estará confiando que a forma de asa que pareceu funcionar nos modelos em escala terá as mesmas boas características quando for parte de um gigantesco avião a jato. Contrate um arquiteto para adicionar alguns cômodos à sua casa, e você espera que a adição corresponda à planta. No espaço não-euclidiano, nada disso seria verdade. Suas roupas, o avião a jato e seu novo quarto de dormir sairiam todos distorcidos.

Talvez tais espaços bizarros existam matematicamente, mas pode o espaço real ter estas propriedades? Não teríamos percebido isso? Talvez não. Um desvio de 10% no formato de seu sorriso pode chamar a atenção de sua mãe, mas não uma diferença de 0.0000000001%. Espaços não euclidianos são quase euclidianos para figuras que sejam pequenas – e nós moramos num canto relativamente *pequeno* do universo. Como a teoria quântica, em que as leis da física assumem novas formas bizarras, mas somente em domínios muito menores do que os encontrados na vida diária, o espaço curvo pode existir, mas sendo tão próximo do euclidiano que, na escala da vida terrestre normal, não detectamos a diferença. E no entanto, como a teoria quântica, as implicações da curvatura para as teorias da física podem ser enormes.

Lá pelo final do século 18, se os matemáticos tivessem considerado suas descobertas de modo diferente, eles teriam concluído que os espaços não-

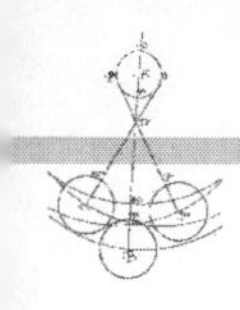

euclidianos poderiam existir, e que se eles existissem, teriam algumas propriedades muito estranhas. Em vez disso, os matemáticos meramente ficaram frustrados porque não conseguiram demonstrar que essas estranhas propriedades levavam a uma contradição, e que por isso o espaço é euclidiano.

Os cinqüenta anos seguintes foram anos de uma revolução secreta. Gradualmente, em diversos países, foram descobertos novos tipos de espaços, mas eles ou não eram revelados ou não eram notados pela comunidade de matemáticos. Assim foi até quando alguns especialistas estudavam os trabalhos de um velho, então recentemente falecido em Göttingen, na Alemanha, na metade do século 20, e então os segredos dos espaços não-euclidianos tornaram-se conhecidos. Àquela altura, a maioria dos que os tinham descoberto estavam mortos, como aquele homem.

15. Um Herói Napoleônico

No dia 23 de fevereiro de 1855, em Göttingen, na Alemanha, o homem que estivera no centro do ataque à geometria de Euclides estava deitado em sua cama fria, velho e lutando desesperadamente para respirar.[1] Seu frágil coração mal podia bombear o sangue, e seus pulmões estavam se enchendo de líquido. Seu relógio de bolso tiquetaqueava o tempo que lhe restava na Terra. O relógio parou. Quase que no mesmo momento, seu coração parou. Foi o tipo de toque simbólico que, normalmente, só os romancistas empregam.

Alguns dias mais tarde, o homem velho foi enterrado junto ao túmulo sem marcas de sua mãe. Após a sua morte, uma razoável fortuna em dinheiro foi encontrada escondida por toda a casa – enfiada em gavetas de escrivaninhas, armários e estantes. Sua casa era modesta, o pequeno escritório era mobiliado somente com uma pequena mesa, uma escrivaninha e um sofá, iluminados por uma única fonte de luz. Seu pequeno quarto de dormir não tinha aquecimento.

Durante a maior parte de sua vida ele tinha sido um homem infeliz, com poucos amigos íntimos e uma perspectiva de vida profundamente pessimista.[2] Ensinou na universidade durante décadas, mas considerava isso "uma atividade penosa e pouco gratificante".[3] Ele sentia que "sem imortalidade, o mundo não faria sentido",[4] mas não conseguia convencer-se a se tornar um crente. Ele tinha ganhado muitas honrarias, mas escreveu que "as dores excedem as alegrias cem vezes mais".[5] Ele estava no fulcro da revolução contra Euclides. No entanto, nunca desejou revelá-lo. Para os especialistas em matemática de então e de hoje, este homem é considerado, juntamente com Arquimedes e Newton, um dos maiores matemáticos na história do mundo.

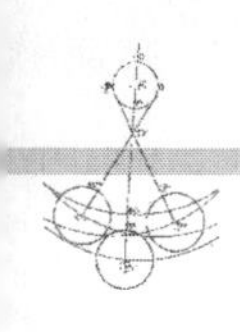

Carl Friedrich Gauss nasceu em Braunschweig (hoje, Brunswick), na Alemanha, no dia 30 de abril de 1777, cinqüenta anos depois da morte de Newton. Ele vinha de um bairro pobre numa cidade pobre, quase 150 anos depois de seu ápice. Seus pais pertenciam a uma classe da população chamada, com precisão germânica, de "semicidadãos". Sua mãe, Dorotéia, era analfabeta e trabalhava como empregada doméstica. Seu pai, Gebhard, trabalhava em várias atividades servis, mal pagas, desde abrir canais e assentar tijolos até fazer a contabilidade de uma sociedade funerária local.

Um aviso: às vezes quando alguém diz que uma pessoa é "trabalhadora e honesta", isso não é um bom sinal. Você fica com a impressão de que está esperando ouvir o outro lado. *Ele era honesto e trabalhador. Se pelo menos não tivesse mantido seu filho amarrado e amordaçado no armário durante 14 anos...* Tendo avisado previamente ao leitor, podemos dizer isto com segurança: *Gebhard Gauss era um homem trabalhador e honesto.*

Há muitas histórias sobre a infância de Carl Gauss. Ele conseguia fazer aritmética quase antes de começar a falar. Podemos evocar imagens de uma pequena criança apontando para a barraca de um vendedor de comida na rua, implorando à sua mãe: "Estou com fome! Eu quero!", e depois da compra chorando porque não sabia dizer: "Ele lhe cobrou 35 centavos a mais". Aparentemente, isto não está muito longe da verdade. A história mais famosa do talento precoce de Gauss aconteceu num sábado, em torno do seu terceiro aniversário. Seu pai estava calculando a folha de pagamento semanal de um grupo de trabalhadores. O cálculo estava demorando um pouco, e Gebhard não percebeu que seu filho estava observando. Vamos supor que Gebhard tivesse um filho normal de 2 ou 3 anos de idade, chamado, por exemplo, Nicolai. O que teria acontecido tipicamente neste ponto seria Nicolai ter derramado um copo de leite sobre os cálculos e gritado: "Desculpe" e "Eu quero mais leite" quase que ao mesmo tempo. Em vez disso, Carl disse algo como: "Você somou errado. Deveria ser...".

Nem Gebhard nem Dorotéia tinham treinado Gauss a contar; realmente ninguém tinha ensinado nada sobre aritmética a Carl. Para a maioria de nós, este comportamento pareceria tão natural quanto encontrar Nicolai às 2 horas da manhã, sentado na cama, falando na língua asteca antiga, como que possuído, se não por Satanás, então pelo menos por um menino com mais de 10 anos de idade. Mas os pais de Carl estavam acostumados com isso. Naquela ocasião, o pequeno menino Carl já tinha aprendido a ler sozinho.

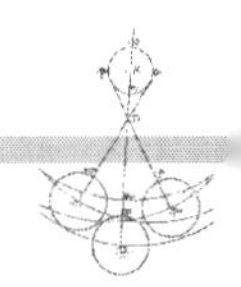

Infelizmente, a idéia de Gebhard quanto a alimentar os talentos de seu filho não foi o de contratar um professor particular e mandá-lo para uma escola montessoriana. Isto é compreensível, considerando-se que a família era pobre e que Maria Montessori nasceria somente cem anos mais tarde. Ainda assim, Gebhard poderia ter encontrado alguma maneira de encorajar a educação de seu filho. Neste sentido, ele entregou a Carl a tarefa semanal de conferir sua aritmética da folha de pagamento, e ocasionalmente levava o menino para divertir seus amigos, um tipo de show de criança superdotada. O jovem Carl não enxergava bem, e algumas vezes não conseguia ler a lista de números que seu pai tinha colocado para ele somar. Tímido demais para dizer alguma coisa, Carl apenas ficava sentado e aceitava o fracasso. Não demorou muito, Gebhard mandou Carl trabalhar às tardes, fiando linho para suplementar a renda familiar.

Nos últimos anos de sua vida, Carl desdenhava abertamente de seu pai, chamando-o de "dominador, grosseiro e impolido".[6] Felizmente, Carl foi abençoado com duas outras pessoas na sua família que apreciaram seu talento: sua mãe e o seu tio Johann, irmão de Dorotéia. Enquanto Gebhard não levou em conta os talentos de seu filho, e considerava sem sentido a educação formal, Dorotéia e Johann acreditaram no seu talento e lutaram contra a resistência de Gebhard a cada passo. Carl era o orgulho e a alegria de Dorotéia desde o momento em que nasceu. Anos mais tarde, Carl trouxe para sua humilde casa um colega de faculdade, Farkas (Wolfgang) Bolyai, que, apesar de não ser rico, era um nobre húngaro. Dorotéia chamou o amigo de Carl à parte, e de um modo que parece ser totalmente moderno, perguntou-lhe se Carl era realmente um menino inteligente como todo mundo dizia ser e, se assim fosse, aonde isso o levaria. Bolyai respondeu que Carl estava destinado a ser o maior de todos os matemáticos na Europa. Dorotéia irrompeu em lágrimas.

Carl ingressou na sua primeira escola com a idade de 7 anos, a escola primária local. Não era nada parecido como La Flèche, a escola jesuíta na qual Descartes ingressou com a idade de 8 anos, e que mais tarde se tornaria famosa. Em vez disso, as descrições da primeira escola de Gauss vão de "prisão miserável" a "toca do inferno". A escola "prisão miserável/toca do inferno" era dirigida por um professor/guarda/diabo chamado Buettner, cujo nome parece significar, em alemão, "Faça o que eu mandar, ou vou surrar você". No seu terceiro ano na escola, finalmente permitiram a Carl que estudasse a aritmética para a qual já estivera capacitado com a idade de 2 anos.

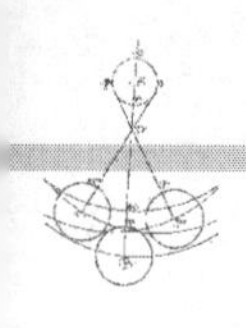

Na aula de aritmética, Buettner gostava de estimular o interesse de seus jovens alunos pela matemática dando-lhes grandes colunas de números para serem somadas, algumas com até cem números. Buettner aparentemente não se considerava digno de realizar tarefas tão divertidas, por isso sempre passava números que ele poderia somar facilmente usando uma fórmula ou outra, fórmulas que ele bondosamente não compartilhava com sua classe.

Um dia Buettner passou o problema de somar todos os números de 1 a 100. Assim que terminou de enunciar o problema, seu aluno mais jovem, Carl, entregou sua lousa – uma hora antes que os demais terminassem. Quando finalmente Buettner conferiu as lousas, verificou que Carl fora o único de uma turma de 50 alunos a somar os números corretamente, e a lousa de Carl não tinha nenhum sinal de qualquer tipo de cálculo. Aparentemente, ele tinha descoberto a fórmula para obter a soma, e calculou a resposta de cabeça.

Especula-se que Gauss descobriu notando o que acontece se você resolver somar não um, mas dois conjuntos de todos os números inteiros de 1 a 100. Você pode rearranjar a soma deste modo: some 100 mais 1, 99 mais 2, 98 mais 3, e assim por diante. Você termina ficando com 100 termos, cada um igual a 101, de modo que a soma de todos os números de 1 a 100 deve ser a metade de 100 vezes 101, ou 5.050. Este é um caso especial de uma fórmula que já era conhecida pelos pitagóricos. Realmente, eles a usavam como uma espécie de senha na sua sociedade secreta: a soma dos números de um até qualquer número é igual à metade do último número vezes o último número mais um.

Buettner ficou espantado. Assim como era rápido em usar o chicote nos alunos atrasados, ele também apreciava gênios. Gauss, que acabou lecionando matemática na faculdade, nunca chicoteou um aluno, mas a atitude de Buettner em relação aos gênios e o seu desprezo pela falta de inteligência parece ter sido uma coisa que Buettner lhe passou. Anos mais tarde, Carl escreveria com desgosto sobre três alunos em uma de suas classes: "Um é apenas moderadamente preparado, o outro, menos do que moderadamente, e o terceiro tem falta tanto de preparo como de habilidade...".[7] Seus comentários sobre estes três alunos representam a sua atitude geral sobre o ensino. Por outro lado, a maioria dos seus estudantes também tinha um igual desprezo por sua habilidade como professor.

Com seu próprio dinheiro, Buettner conseguiu de Hamburgo o mais avançado livro-texto em aritmética disponível. Talvez Carl tivesse conse-

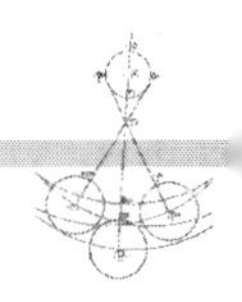

guido finalmente o mentor de que necessitava desesperadamente. Ele leu todo o livro rapidamente. Infelizmente, o livro não conseguiu desafiá-lo. Neste ponto, Buettner, tão exímio orador como era exímio matemático, proclamou: "Não posso ensinar-lhe mais nada", e desistiu, presumivelmente, para que pudesse novamente se concentrar em açoitar seus alunos menos capacitados, que já estavam se sentindo negligenciados. Carl, de 9 anos de idade, estava um passo mais próximo de uma carreira de surtos de hostilidade e profunda insensibilidade.

Mas Buettner não deixou o gênio de Carl completamente sem cuidados. Ele designou seu talentoso assistente de 17 anos de idade, Johann Bartels, para ver o que poderia fazer. Naquele tempo, Johann tinha o fascinante trabalho de fabricar canetas de penas de aves, e de ensinar aos alunos de Buettner como usá-las. Buettner sabia que Bartels também tinha uma paixão pela matemática. Logo, os meninos de 9 a 17 anos estavam estudando juntos, aperfeiçoando as demonstrações dos livros-texto, ajudando-se mutuamente a descobrir novos conceitos. Alguns anos se passaram. Gauss tornou-se um adolescente. Quem quer que já tenha tido em casa um adolescente, já conheceu um adolescente, ou já foi um adolescente sabe que isso pode significar problemas. No caso de Gauss, a única pergunta era – problema para quem?

Hoje, ser um adolescente rebelde pode significar ficar a noite toda com aquela menina com um piercing de diamante atravessado na língua. No tempo de Gauss, a perfuração de corpos era deixada para o campo de batalha, mas a rebelião contra os costumes morais também estava na moda. O grande movimento intelectual na Alemanha naquela época foi chamado de *Sturm und Drang*, ou seja, "tempestade e tensão".

Toda vez que um movimento social alemão faz uso proeminente da palavra *tempestade*, você tem que se cuidar, mas este movimento foi liderado por figuras como Goethe e Schiller, em vez de Hitler e Himmler. Pregava a adoração do gênio individual e a rebelião contra as regras estabelecidas. Embora Gauss não seja normalmente considerado um seguidor do movimento, ele foi um gênio e agia de acordo com ele, de sua própria forma: não se rebelou contra seus pais ou contra o sistema político. Antes, ele se rebelou contra Euclides.

Aos 12 anos, Gauss começou a criticar *Os elementos,* de Euclides. Ele se focalizou, como outros tinham feito, no postulado das paralelas. Mas a sua crítica era nova e herética. Diferentemente de todos os críticos que o

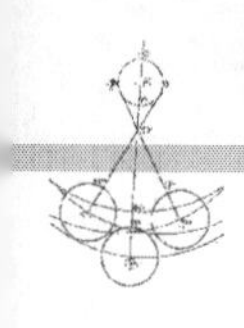

precederam, Gauss não procurou encontrar uma forma mais aceitável do postulado, nem torná-lo desnecessário demonstrando-o através de outros postulados. Em vez disso, questionou se era válido. Gauss se perguntou: é possível que o espaço seja de fato curvo?

Aos 15 anos, Gauss tornou-se o primeiro matemático na história a aceitar a idéia de que poderia existir uma geometria logicamente consistente, na qual o postulado das paralelas de Euclides não valeria. É claro que ainda estava bastante longe de demonstrá-la, ou de criar tal geometria. Apesar dos talentos de Gauss, aos 15 anos ele ainda corria o perigo de se tornar apenas mais um cavador de canais. Felizmente para Gauss e para a ciência, seu amigo Bartels conhecia alguém, que conhecia uma pessoa que conhecia um homem chamado Ferdinando, duque de Brunswick.

Através de Bartels, Ferdinando foi informado a respeito de um jovem rapaz promissor com o gênio matemático. O duque se ofereceu para pagar suas contas na faculdade. Isso deixou o pai de Carl como seu principal opositor. Gebhard Gauss parecia acreditar que a única maneira de vencer na vida era continuar cavando aqueles canais. Aqui, Dorotéia, que não conseguia ler nenhum dos livros que seu filho queria estudar, tomou uma firme decisão. Ela apoiou ardorosamente o seu filho, e Carl recebeu permissão de aceitar a oferta. Aos 15 anos de idade ingressou no ginásio local, o nosso equivalente ao ensino médio. Em 1795, com 18 anos, ingressou na Universidade de Göttingen.

O duque e Gauss acabaram tornando-se bons amigos. O duque continuou ajudando-o mesmo depois da faculdade. Gauss deve ter sabido que isso não poderia durar para sempre. Correu o rumor de que a generosidade do duque estava esvaziando a sua fortuna mais rapidamente do que lhe era benéfico e, de qualquer forma, o duque já estava com mais de 60 anos e poderia não ter um sucessor tão generoso. Ainda assim, os doze anos seguintes foram os anos intelectualmente mais profundos de Gauss.

Em 1804, ele se apaixonou por uma jovem mulher gentil e alegre, chamada Johanna Osthoff. Fascinado por ela, Gauss, que freqüentemente em sua vida parecia ser arrogante e supremamente seguro de si, mostrava-se humilde e autodepreciador. Ele escreveu a seu amigo Bolyai sobre Johanna:

> Há três dias, aquele anjo, quase que celestial demais para esta Terra, tornou-se minha noiva. Eu estou extremamente feliz... Sua característica principal é uma alma devota tranqüila, sem nenhuma

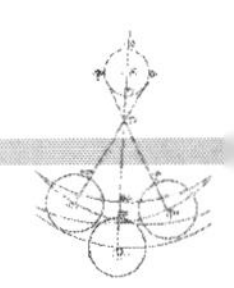

> gota de amargura ou irritação. Oh, ela é muito melhor do que eu... Eu jamais tinha esperado tal felicidade; não sou bonito, nem cavalheiro, nada tenho a oferecer, a não ser um coração cândido cheio de amor devoto; eu jamais esperava encontrar o amor.[8]

Carl e Johanna se casaram em 1805. No ano seguinte, eles tiveram um menino, Joseph, e em 1808, uma menina, Minna. A felicidade deles não durou muito.

No inverno de 1806, não foi uma doença, mas um ferimento provocado por uma bala de mosquete numa batalha contra Napoleão, que tirou a vida do duque. Gauss ficou na janela de sua casa em Göttingen, e só pôde olhar enquanto uma carroça passava carregando seu amigo e benfeitor mortalmente ferido. Ironicamente, mais tarde Napoleão pouparia a cidade da destruição por causa da presença de Gauss, comentando que "o principal matemático de todos os tempos morava lá".

A morte do duque naturalmente trouxe dificuldades financeiras para a família de Gauss. Elas foram as menores de suas dificuldades. Nos anos seguintes, o pai de Carl e o seu tio Johann, que o apoiavam, morreram. Então, em 1809, Johanna deu à luz o seu terceiro filho, Louis. O nascimento de Minna tinha sido difícil, mas com o nascimento de Louis, tanto Johanna quanto a criança ficaram gravemente enfermos. Um mês depois, Johanna morreu. Não muito tempo depois, o recém-nascido também faleceu. Num curto período de tempo a vida de Carl tinha sido devastada por uma tragédia após a outra. E não tinha acabado: Minna também estava destinada a morrer precocemente.

Gauss logo se casou novamente e teve mais três filhos. Mas, para ele, após a morte de Johanna, a vida nunca mais pareceu trazer muita alegria. Ele escreveu para Bolyai, seu amigo: "É verdade que em minha vida eu ganhei muitas honrarias do mundo. Mas, acredite-me, meu caro amigo, a tragédia se entrelaçou na minha vida como uma fita vermelha..."[9] Um pouco antes de sua morte, em 1927, um dos netos de Carl encontrou uma carta entre os papéis de seu avô, manchada por traços de lágrimas. Nela, seu avô tinha escrito:

> Triste, eu passo sorrateiramente pelas pessoas alegres que me rodeiam. Se por alguns momentos elas me fazem esquecer minha tristeza, ela volta com força dobrada... Até o céu brilhante me entristece...

16. A Queda do Quinto Postulado

auss não seria considerado um dos maiores matemáticos se não tivesse tido uma profunda influência em muitas áreas da matemática. Mesmo assim, algumas vezes ele é considerado uma figura de transição, completando os desenvolvimentos iniciados por Newton, em vez de lançar a base para futuras gerações. Isso não é verdade em relação ao seu trabalho sobre a geometria do espaço: foi o tipo de obra que manteria matemáticos e físicos ocupados durante um século. Somente uma coisa atrapalhou a sua revolução. Ele manteve a sua obra em segredo.

Quando Gauss chegou a Göttingen, em 1795, como estudante, encontrou um grande interesse na questão do postulado das paralelas. Como um hobby, Abraham Kaestner, um dos professores de Gauss, colecionava escritos sobre a história do postulado. Kaestner teve até um aluno, Georg Kluegel, que escreveu como tese de doutorado uma análise de 28 tentativas fracassadas de demonstração do postulado. Contudo, nem Kaestner, nem ninguém estava aberto para o que Gauss suspeitava: que o postulado poderia não valer. Kaestner até salientou que somente uma pessoa maluca duvidaria da validade do postulado. Gauss guardou os seus pensamentos para si mesmo, embora tenha escrito suas idéias num diário científico que não foi descoberto até 43 anos depois de sua morte. Mais tarde na vida, Gauss não levaria mais em conta a Kaestner, que se dedicava a escrever, considerando-o como "o principal matemático entre os poetas, e o principal poeta entre os matemáticos".[1]

Entre 1813 e 1816, como professor ensinando astronomia matemática na Universidade de Göttingen, Gauss finalmente fez o rompimento de barreiras definitivo que estava sendo aguardado desde Euclides: ele desenvolveu equações que relacionavam as partes de um triângulo num espaço não-euclidiano, cuja estrutura denominamos hoje *geometria hiperbólica.* Aparentemente, por volta de 1824, Gauss tinha elaborado uma teoria completa. No dia 6 de novembro daquele ano, Gauss escreveu para F. A. Taurinus, um advogado que se intrometia de modo bastante inteligente com a matemática: "A suposição de que a soma dos três ângulos [de um triângulo] é menor do que 180° leva a uma geometria especial, bem diferente da nossa [isto é, a euclidiana], que é absolutamente consistente, e que eu desenvolvi de modo bem satisfatório para mim mesmo...".[2] Gauss nunca publicou isto, e insistiu com Taurinus e outros para que não tornassem públicas as suas descobertas. Por quê? Agora não era a Igreja que Gauss temia, era o seu resíduo, os filósofos seculares.

Na época de Gauss, a ciência e a filosofia não tinham se separado completamente. A física não era conhecida como "física", mas como "filosofia natural". O raciocínio científico não era mais punido com a morte, mas idéias que se originavam da fé ou da simples intuição freqüentemente eram consideradas igualmente válidas. Uma moda da época, que divertia particularmente a Gauss, era chamada de "levitação de mesa", na qual um grupo de pessoas consideradas inteligentes sentava em volta de uma mesa com as palmas de suas mãos sobre ela. Depois de meia hora ou mais, a mesa, como se estivesse cansada deles, começaria a se mover ou girar. Isso era supostamente algum tipo de mensagem psíquica dos mortos. Não era bem claro exatamente qual a mensagem que os espíritos estavam enviando, embora a conclusão óbvia fosse que as pessoas mortas gostam de posicionar suas mesas contra a parede. Numa ocasião, todo o corpo docente da faculdade de Direito da Universidade Heidelberg acompanhou sua mesa por algum tempo enquanto ela se movia pela sala. Podemos imaginar um punhado de juristas barbudos, com suas vestes negras, andando compassadamente, esforçando-se para manter suas mãos no ponto determinado, atribuindo a movimentação da mesa ao magnetismo animal oculto e não ao impulso provocado por eles. Isso, para o mundo de Gauss, era razoável; o pensamento de que Euclides tivesse errado, não.

■●■

Gauss tinha visto um número excessivo de eruditos envolvidos em rixas que consumiam o tempo com pessoas de mentes menos privilegiadas, para

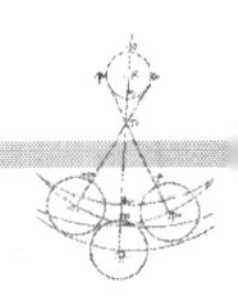

arriscar-se a se envolver numa confusão. Por exemplo, Wallis, cujo trabalho Gauss respeitava, tinha se envolvido numa discussão amarga com o filósofo inglês Thomas Hobbes sobre qual a melhor maneira de calcular a área de um círculo. Hobbes e Wallis trocaram insultos publicamente por uns 20 anos, resultando na perda de muito tempo valioso escrevendo panfletos com títulos como *As marcas da geometria absurda, da linguagem caipira, etc. do Dr. Wallis.*[3]

O filósofo cujos seguidores Gauss mais temiam era Immanuel Kant, que tinha morrido em 1804.[4] Fisicamente, Kant foi o Toulouse Lautrec[f] dos filósofos: corcunda, não tinha mais do que 1,50 m de altura, com um tórax bastante deformado. Ele ingressou na Universidade de Königsberg em 1740 como aluno de teologia, mas descobriu que tinha inclinação para matemática e física. Depois de formado, começou a publicar obras de filosofia, tornou-se professor particular e um conferencista bem procurado. Por volta de 1770, começou a trabalhar no que se tornaria o seu livro mais famoso, *Crítica da razão pura*, publicado em 1781. Kant, percebendo que os geômetras daquele tempo apelavam para o senso comum e para figuras gráficas nas suas "demonstrações", acreditou que a pretensão de rigor deveria ser dispensada, e adotada a intuição.[5] Gauss adotou uma posição oposta – o rigor era necessário, e a maioria dos matemáticos era incompetente.[6]

Na *Crítica da razão pura*, Kant chama o espaço euclidiano de "uma necessidade inevitável do pensamento".[7] Gauss não rejeitou a obra de Kant imediatamente. Ele a leu primeiro, depois a rejeitou. Na verdade, diz-se que Gauss leu a *Crítica da razão pura* cinco vezes, tentando entendê-la, bastante esforço para alguém que aprendeu o russo e o grego com muito menos esforço do que nos tomaria para achar a Koriatike Salata[g] num menu de restaurante em Atenas. A luta de Gauss torna-se mais compreensível quando consideramos a clareza da escrita que levou a passagens de Kant tais como esta abaixo, sobre a distinção entre juízos analíticos e sintéticos:

> Em todos os juízos nos quais a relação de um sujeito ao predicado é pensado (levo em consideração somente juízos afirmativos, sendo fácil fazer a aplicação posterior a juízos negativos), esta relação é possível de dois modos diferentes. Ou o predicado pertence ao sujeito A como algo que esteja (implicitamente) contido no conceito de A; ou fora do conceito de A, embora esteja, de

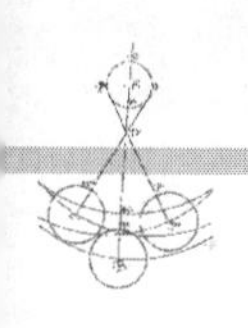

> fato, em conexão com ele. O primeiro caso eu chamo de juízo analítico, o segundo, de sintético.[8]

Hoje em dia, matemáticos e físicos pouco se importam com o que um filósofo pensa a respeito de suas teorias. Quando perguntaram ao famoso físico americano Richard Feynman[9] sobre o que ele pensava da filosofia, deu uma resposta concisa consistindo de duas letras, um "b" e a outra a letra "s", que geralmente é empregada na formação do plural.[h] Mas Gauss levou a obra de Kant a sério. Ele escreveu que a distinção acima, entre teorias analíticas e sintéticas "é tal que, ou se reduz a uma trivialidade ou é falsa".

Mas ele só divulgaria estes pensamentos, como suas teorias sobre o espaço não-euclidiano, para as pessoas em quem confiava. Num acidente da história que tem levantado as sobrancelhas de muitos, embora Gauss não tenha publicado suas descobertas feitas no período de 1815-24, dois outros homens que tinham contato com ele o fizeram, quase que ao mesmo tempo.

■●■

No dia 23 de novembro de 1823, Johann (Janos) Bolyai, filho de um amigo de Gauss de muito tempo, Wolfgang Bolyai, escreveu a seu pai que tinha "criado um mundo novo e diferente, a partir do nada"[10], querendo dizer com isso que tinha descoberto um espaço não-euclidiano. No mesmo ano, em Kazan, na Rússia, Nikolay Ivanovich Lobachevsky explorava as conseqüências da violação do postulado das paralelas num livro-texto de geometria não publicado. Lobachevsky tinha sido ensinado por Johann Bartels, professor em Kazan naquela ocasião. Tanto Wolfgang Bolyai como Bartels tinham tido um grande interesse no espaço não-euclidiano, e fizeram com que Gauss discutisse suas idéias com eles.

Foi uma coincidência? Gauss, o gênio, descobre uma grande teoria e está feliz por poder discuti-la com amigos, mas recusa-se a publicá-la. Logo em seguida, amigos e parentes de seus amigos saem do anonimato reivindicando que fizeram as mesmas descobertas. Foi o bastante para inspirar pelo menos uma canção sobre Lobachevsky, com letra incriminadora como "Plagie, que nenhuma obra escape aos seus olhos...".[11] Mas a maioria dos historiadores de hoje acredita que foi mais o espírito do que os detalhes específicos

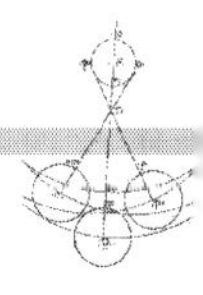

da obra de Gauss que foi passado adiante, e que Bolyai e Lobachevsky não sabiam dos esforços um do outro, pelo menos naquele tempo.

Infelizmente, ninguém tampouco sabia. Matemáticos essencialmente obscuros, quando falaram, ninguém deu ouvidos. Em nada ajudou que, quando Lobachevsky publicou seu trabalho, tenha sido publicado numa desconhecida revista científica de língua russa, chamada *O mensageiro de Kazan*. Ou que o trabalho de Bolyai tenha sido colocado num apêndice de um dos livros de seu pai, *Tentamen*. Quatorze anos mais tarde, Gauss deparou com o artigo de Lobachevsky, e Wolfgang escreveu-lhe sobre o trabalho de seu filho, mas Gauss não estava disposto a torná-los públicos, e assim arriscar-se a ser o centro de uma controvérsia. Escreveu uma bela carta de congratulações a Bolyai (mencionando que ele próprio já tinha descoberto resultados semelhantes), e propôs graciosamente que Lobachevsky fosse aceito como membro correspondente da Sociedade Real de Ciência em Göttingen (ele foi imediatamente eleito, em 1842).

Janos Bolyai nunca publicou outro trabalho sobre matemática.[12] Lobachevsky tornou-se um administrador bem-sucedido e acabou sendo reitor da Universidade de Kazan. Bolyai e Lobachevsky poderiam ter ambos sumido no limbo desconhecido, não fosse por seu contato com Gauss. Ironicamente, foi a morte de Gauss que finalmente levou à revolução não-euclidiana.

Gauss foi um cronista meticuloso das coisas à sua volta. Tinha o prazer de colecionar certos dados bizarros, tais como a duração da vida de seus amigos mortos (em dias), ou o número de passos desde o observatório onde trabalhava até vários lugares que gostava de visitar[13]. Ele também fazia registro de seu trabalho. Após a sua morte, especialistas estudaram com atenção suas anotações e correspondência. Lá, descobriram a sua pesquisa sobre o espaço não-euclidiano, bem como os trabalhos de Bolyai e Lobachevsky. Em 1867, os artigos de Bolyai e de Lobachevsky foram incluídos na segunda edição do livro influente de Richard Baltzer – *Elemente der Mathematik* [Elementos de Matemática]. Logo, eles se tornaram referência-padrão entre os que trabalham nas novas geometrias.

Em 1868, o matemático italiano Eugênio Beltrami enterrou de uma vez por todas a questão de provar o postulado das paralelas: ele demonstrou que, se a geometria euclidiana forma uma estrutura matemática consistente, então o mesmo deve ocorrer com os espaços não-euclidianos recém-descobertos. Será a própria geometria euclidiana consistente? Como veremos, isso nunca foi provado, nem refutado.

17. Perdidos no Espaço Hiperbólico

que é um espaço não-euclidiano? O espaço que Gauss, Bolyai e Lobachevsky descobriram – o espaço hiperbólico – é o espaço que resulta substituindo-se o postulado das paralelas pela suposição de que, para qualquer reta, não existe apenas uma, mas muitas retas paralelas passando por qualquer ponto externo dado. Uma conseqüência, conforme Gauss escreveu a Taurinus, é que a soma dos ângulos de um triângulo é sempre menor do que 180°, por um número que Gauss chamou de *defeito angular*. Outra conseqüência, aquela na qual Wallis tropeçou, é que triângulos semelhantes não existem. As duas conseqüências estão relacionadas, pois o defeito angular varia com o tamanho do triângulo. Triângulos muito maiores têm defeitos angulares muito maiores; os triângulos menores estão mais próximos de serem euclidianos. No espaço hiperbólico, podemos nos aproximar da forma euclidiana, mas ela não pode ser atingida – assim como a velocidade da luz, ou o seu peso ideal.

Embora seja apenas uma pequena mudança num simples axioma, a alteração do postulado das paralelas produziu uma onda que se propagou através do corpo dos teoremas de Euclides, mudando cada um deles e todos os pertinentes à forma do espaço. Foi como se Gauss tivesse removido o vidro da janela de Euclides e substituído-o por uma lente que distorce.

Nem Gauss, nem Lobachevsky, nem Bolyai descobriram qualquer modo simples de visualizar este novo tipo de espaço. Isso foi realizado por Eugênio Beltrami e, de uma forma mais simples, por Henri Poincaré, matemático, físico, filósofo e primo em primeiro grau do então futuro presidente da França, Raymond Poincaré. Naquela época e agora, Henri foi o menos famoso dos Poincaré, mas, como seu primo, sabia criar frases de efeito: "Matemáticos nascem; eles não são feitos", escreveu Poincaré.[1] Um clichê

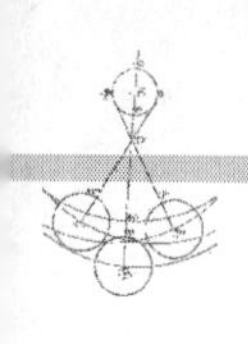

fora criado, e a herança popular de Henri foi assegurada. Menos conhecida fora dos círculos acadêmicos é a obra de Henri dos anos 1880, na qual ele definiu um modelo concreto de espaço hiperbólico.[2]

Ao criar seu modelo, Poincaré substituiu termos primitivos como reta e plano por entidades concretas. Ele então interpretou os axiomas da geometria hiperbólica através desses termos. É aceitável traduzir os termos indefinidos de espaço como curvas ou superfícies ou até mesmo comidas, desde que os significados obtidos dos postulados que se aplicam a eles sejam bem definidos e consistentes. Nós poderíamos modelar o plano não-euclidiano como a superfície de uma zebra, chamar os folículos pilosos pontos e suas listras de retas, se assim quiséssemos, desde que isso levasse a uma tradução consistente dos axiomas. Por exemplo, lembre-se do primeiro postulado de Euclides, aplicado agora ao espaço-zebra:

1. *Dados quaisquer dois folículos pilosos, pode ser traçado um segmento de listra tendo esses folículos pilosos como suas extremidades.*

Esse postulado não é válido num espaço-zebra: as listras de uma zebra têm largura e correm somente numa direção. Dois orifícios de pêlos que estejam em posições iguais na extensão de uma listra, mas que estão lateralmente deslocados um do outro, não são, portanto, as extremidades de um segmento de qualquer listra. Não havia zebras no modelo de Poincaré. Mas ele parecia uma pizza ou um crepe.

Eis aqui como o universo de Poincaré funciona: o plano infinito é substituído por um disco finito, como um crepe, mas infinitamente fino e com uma fronteira circular perfeita. Os "pontos" são as coisas que têm sido consideradas como pontos desde Descartes: posições, como grânulos de açúcar refinado. As retas de Poincaré são como as linhas curvas deixadas pelas grelhas de assar. Em termos mais técnicos, elas são "quaisquer arcos de círculos que cruzem a borda do disco em ângulos retos".[3] A fim de distinguir essas retas da nossa figura intuitiva de uma reta, nós as chamaremos de "retas de Poincaré".

Tendo formado esta figura física, Poincaré tinha que dar significado aos conceitos geométricos que seriam aplicados a ela. Um conceito crucial era o de *congruência*, aquele conceito irritante de igualdade de forma que Euclides aconselhou conferir pela sobreposição de figuras. Em sua quarta "noção comum", Euclides escreveu:

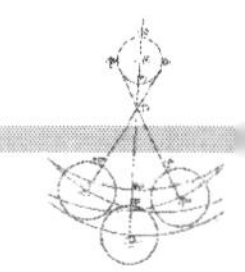

4. *Coisas que coincidem umas com as outras são iguais entre si.*

Como já vimos anteriormente, a habilidade de mover figuras no espaço sem distorção é garantida somente se assumirmos a forma euclidiana do postulado das paralelas. Empregar a quarta noção comum como uma receita de congruência é uma impossibilidade no espaço não-euclidiano. A solução de Poincaré foi interpretar a congruência definindo um sistema de medida para comprimento e ângulo. Duas figuras seriam congruentes se os comprimentos de seus lados e os ângulos entre eles coincidissem. Parece óbvio, não? Mas não é assim tão simples.

Definir a medida dos ângulos era fácil de fazer. Poincaré definiu o ângulo entre duas retas de Poincaré como o ângulo entre suas linhas tangentes no seu ponto de interseção. Para conseguir uma definição de comprimento, ou distância, Poincaré teve que trabalhar mais arduamente. Alguém poderia esperar alguns problemas com este conceito, já que ele estava encaixando um plano infinito numa região finita. Por exemplo, lembre-se do postulado 2:

2. *Qualquer segmento de reta pode ser prolongado indefinidamente em qualquer direção.*

Obviamente, utilizando-se a definição usual de distância, esse postulado não seria válido num crepe. Mas Poincaré redefiniu a distância de modo que o espaço se comprime à medida que nos aproximamos do limite do universo, transformando efetivamente a área finita numa infinita. Parece fácil, mas Poincaré simplesmente não podia redefinir a distância à vontade – para ser aceitável, sua definição tinha que satisfazer muitas exigências. Por exemplo, a distância entre dois pontos diferentes deve ser sempre maior do que zero. Além disso, a forma matemática exata que Poincaré escolheu tinha que transformar a reta de Poincaré que liga quaisquer dois pontos no caminho mais curto entre elas (chamado de *geodésica*), assim como a reta usual é o caminho mais curto entre pontos no espaço euclidiano.

Se examinarmos todos os conceitos geométricos fundamentais necessários para definir o espaço hiperbólico, descobriremos que o modelo de Poincaré conduz a uma interpretação consistente para cada um. Podemos verificar os outros, mas o mais interessante para se olhar é o famoso postu-

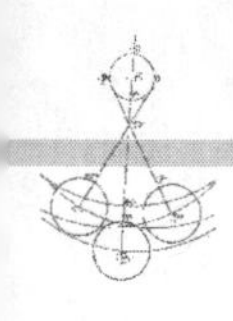

lado das paralelas. A versão hiperbólica do postulado das paralelas, dado aqui para o modelo de Poincaré sob a forma de Playfair, diz:

> Dada uma reta de Poincaré e um ponto que não esteja naquela reta de Poincaré, há muitas outras retas de Poincaré que passam pelo ponto externo e que não interceptam a reta de Poincaré dada.

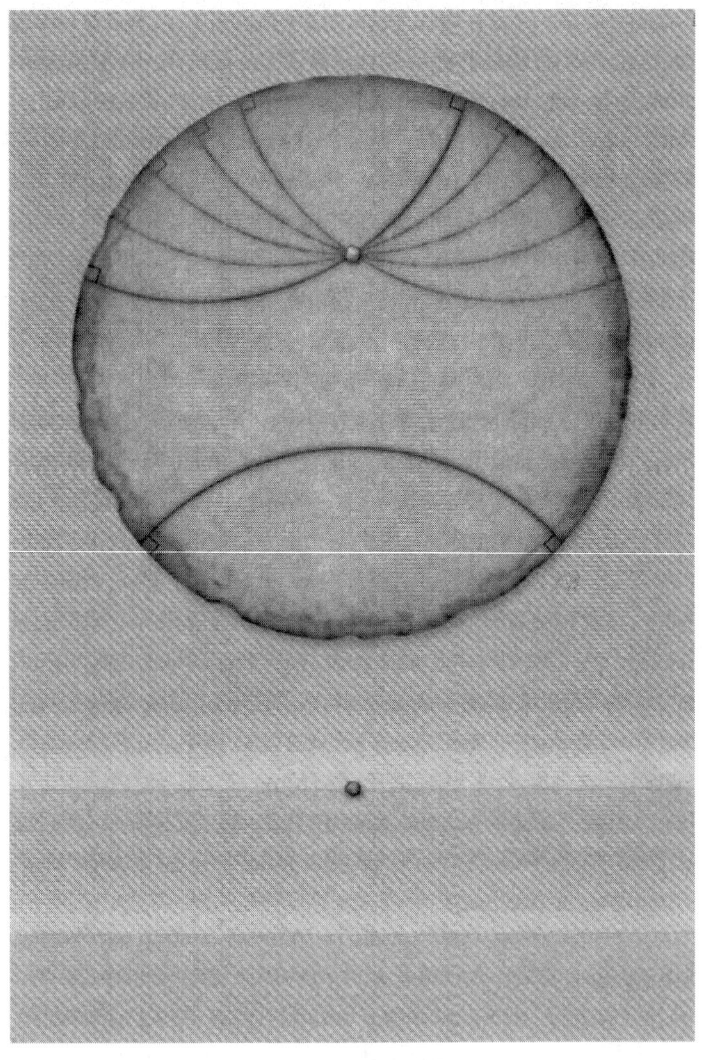

LINHAS PARALELAS NO ESPAÇO HIPERBÓLICO E O ESPAÇO EUCLIDIANO

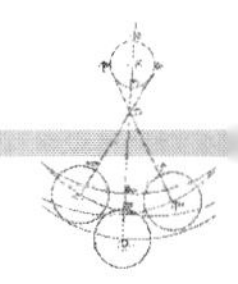

O modelo de Poincaré para o espaço hiperbólico é um laboratório que facilita a visualização de alguns dos teoremas e propriedades incomuns que os matemáticos haviam trabalhado tão arduamente para descobrir. Por exemplo, suponha que tentamos desenhar um retângulo, que não existe num espaço não-euclidiano. Primeiro, desenhe uma base reta de Poincaré. Depois, no mesmo lado da base, desenhe dois segmentos de retas de Poincaré que sejam perpendiculares a ela. Finalmente, conecte os dois segmentos com outro segmento que, como a base, seja perpendicular a ambos. É impossível. Não existem retângulos no mundo de Poincaré.

O que Poincaré atingiu com tudo isso? Podemos imaginar alguns matemáticos de óculos, na Universidade de Paris, aplaudindo polidamente o sabichão Henri, depois de um seminário sobre seu modelo. Talvez convidando-o para beber absinto depois da palestra, ou talvez comer um crepe sobre o qual poderiam desenhar retângulos com geléia. Mas por que, mais de um século depois, alguém estaria escrevendo um livro sobre essa coisa, ou por que você, um leitor inteligente e ocupado com muitas outras coisas para fazer, estaria lendo-o?

Aqui está a moral da história: o modelo de Poincaré não é apenas um modelo de espaço hiperbólico, ele *é* o espaço hiperbólico (em duas dimensões). Na linguagem da matemática, isso significa que os matemáticos provaram que todas as descrições matemáticas possíveis do plano hiperbólico são isomórficas – a maneira dos matemáticos dizerem que elas são iguais. Se o nosso espaço é hiperbólico, ele se comportará exatamente como o modelo de Poincaré (porém em três dimensões). Parafraseando a canção de Disney, afinal de contas é um pequeno crepe.

■●■

Algumas décadas após a descoberta do espaço hiperbólico, outro tipo de espaço não-euclidiano foi descoberto: o espaço elíptico. O espaço elíptico é o espaço que obtemos se assumirmos outra violação do postulado das paralelas: que as retas paralelas não existem (isto é, que todas as retas de um plano devem se cruzar). Em duas dimensões, esse tipo de espaço era conhecido e estudado num contexto diferente pelos gregos, e até por Gauss; no entanto, eles não perceberam a sua importância como um exemplo de um espaço elíptico. E por uma boa razão: tinha sido provado que no sistema de Euclides, mesmo se fossem permitidas formas alternativas do postulado das

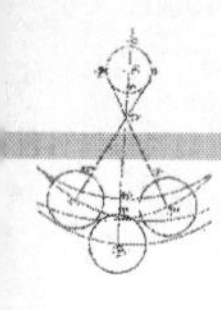

paralelas, os espaços elípticos não poderiam existir.[4] Bem, no final, não foram os espaços elípticos que se mostraram problemáticos, foi a própria estrutura axiomática de Euclides.

18. Alguns Insetos Chamados de Raça Humana

Nos dez anos a partir de 1816, Gauss passou bastante tempo longe de casa dirigindo um grande esforço de fazer um levantamento de certas áreas na Alemanha, uma tentativa que hoje chamaríamos de levantamento geodésico.[1] O objetivo da pesquisa era medir a distância entre as cidades e outros pontos de referência, e reunir esses dados num mapa. O exercício não é tão fácil como parece, por várias razões.

A primeira dificuldade que Gauss teve de vencer foi que os instrumentos de prospecção tinham alcance limitado. Por causa disso, tinham de ser construídas linhas retas a partir de segmentos muito pequenos, cada um dos quais tinha um certo grau de erro de medida aleatório. Os erros começaram a se acumular rapidamente. Gauss não lidou com essa dificuldade do mesmo modo que um pesquisador comum, digamos, o autor deste livro. Isto envolveria, primeiro, que ele puxasse bastante os cabelos, e de vez em quando explodisse com os filhos; em segundo lugar, atingisse algum ínfimo progresso adicional; e finalmente, a publicação do resultado, escrevendo-o de modo que parecesse ser tão importante. Em vez disso, Gauss inventou o conceito central do campo moderno da probabilidade e estatística – o teorema de que os erros aleatórios se distribuirão numa curva em forma de sino em torno de uma média.

Tendo deixado o problema dos erros para trás, Gauss enfrentou o desafio de fazer uma colcha de retalhos produzindo um mapa bidimensional a partir de dados tridimensionais influenciados pelas variações nas elevações, bem como pela curvatura da Terra. A dificuldade surge pelo fato de que a superfície de um globo simplesmente não tem a mesma geometria que um plano euclidiano. É a versão do matemático da perplexidade enfrentada

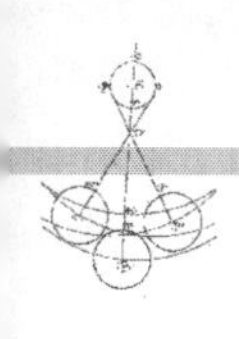

por quaisquer pais que já tentaram embrulhar uma bola [redonda] com uma folha de papel [retangular]. Se, assim como os pais, você venceu a dificuldade cortando o papel em quadradinhos e colando-os na bola, então resolveu o problema da mesma maneira que Gauss, menos os detalhes técnicos. Aqueles detalhes, Gauss publicou num trabalho em 1827. Atualmente, toda uma área de matemática tem se desenvolvido em torno disso, um campo chamado geometria diferencial.

A geometria diferencial é a teoria das superfícies curvas na qual uma superfície é descrita pelo método das coordenadas inventado por Descartes, e depois analisada empregando-se o cálculo diferencial. Pode parecer uma teoria limitada, aplicável somente a canecas de café, asas de avião ou ao seu nariz, mas não à estrutura do nosso universo. Gauss tinha outras idéias. No seu trabalho, ele chegou a duas conclusões importantes. Primeiro, afirmou que uma superfície pode ser considerada como um espaço. Nós poderíamos, por exemplo, pensar sobre a superfície da Terra como um espaço, que em nossas vidas diárias, é certamente o papel que ela desempenhou antes do advento da viagem aérea. Provavelmente não é o tipo de coisa que Blake tinha em mente quando escreveu sobre "o universo em um grão de areia" [i], mas a poesia corresponde à matemática.

A outra idéia inovadora que Gauss estabeleceu foi que a curvatura de um dado espaço poderia ser estudada na própria superfície apenas, sem referência a um espaço muito maior que possa contê-la – ou não. Mais tecnicamente, a geometria de uma superfície curva pode ser estudada *sem referência a um espaço euclidiano de dimensão superior*. O conceito de que um espaço podia "*se curvar*", embora não se curvando em algo, foi um conceito que mais tarde se mostraria necessário na teoria geral da relatividade de Einstein. Afinal de contas, como não podemos sair de nosso universo para olhar nossa realidade tridimensional limitada, somente este tipo de teorema pode nos dar a esperança de determinar a curvatura de nosso próprio espaço.

Para entender como podemos detectar a curvatura sem utilizar um espaço no qual ele esteja encaixado, imaginemos agora Alexei e Nicolai como dois seres bidimensionais numa civilização estritamente confinada ao espaço que é a superfície da Terra. Como suas experiências são diferentes das nossas, fora a inexistência das viagens de avião, nenhuma escalada ao monte Everest e o fato de que o seu recorde para o salto em altura nas Olimpíadas seria zero?

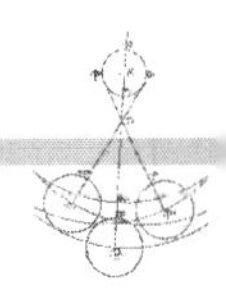

Considere o recorde do salto em altura. Não é apenas que Alexei não pudesse decolar do chão. Para ele, o *conceito* de decolar do chão não existiria. Isso não é razão para nós, tridimensionais, sentirmos superioridade. Neste momento, num jantar festivo de seres tetradimensionais, algumas almas alegres podem muito bem estar bebendo Margaritas[j] enquanto olham "para baixo" em nossa direção, e se divertem com as nossas limitações. Como uma corrida de insetos rastejantes, nós, tristes criaturas, não possuímos nenhum conceito de pular "para cima" em seu espaço tetradimensional.

Afirmar que Alexei e Nicolai não podiam subir o monte Everest também requer esclarecimento. Certamente que eles podiam chegar ao topo – afinal de contas, é uma parte da superfície da Terra. Mas eles não teriam um conceito de mudança de altura. Quando Alexei deixou a base da montanha e caminhou em direção ao seu topo, aquilo que conhecemos como gravidade apareceria como uma força misteriosa puxando-o de volta à base – como se o topo da montanha possuísse alguma qualidade repulsiva estranha.

Juntamente com a força misteriosa viria uma distorção da geometria do espaço. Qualquer triângulo, por exemplo, que contivesse a montanha no seu interior, conteria uma área misteriosamente grande. Podemos entender isso porque a superfície da montanha é muito maior do que a área de sua base, mas para Alexei e Nicolai isso representaria uma deformação do espaço.

Alexei e Nicolai não poderiam imaginar varas espetadas no solo, e não observariam o Sol lançando sombras no espaço. Um barco desaparecendo no horizonte seria plano, não se diferenciando em casco e mastros. Todas as indicações que os antigos usaram para discernir a redondeza de nosso planeta desapareceriam, e tudo o que saberiam seriam as distâncias e as relações entre os pontos no seu espaço. Sem as indicações da terceira dimensão, o próprio Euclides poderia ter concluído que o espaço era não-euclidiano.

Imagine neste mundo uma antiga erudita chamada Não-Euclides. Sentada em seu escritório, na academia, ela chegou às mesmas conclusões que o nosso Euclides. Mas, antes que ela publique o seu livro *Os elementos*, ela quer conferir se suas teorias se aplicam, além de suas paredes, à geometria do espaço em grande escala. Seu aluno de pós-graduação, Alexei, lhe traz um mapa. É o mapa mostrado na página seguinte.

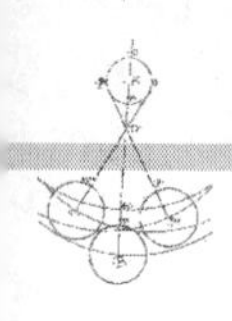

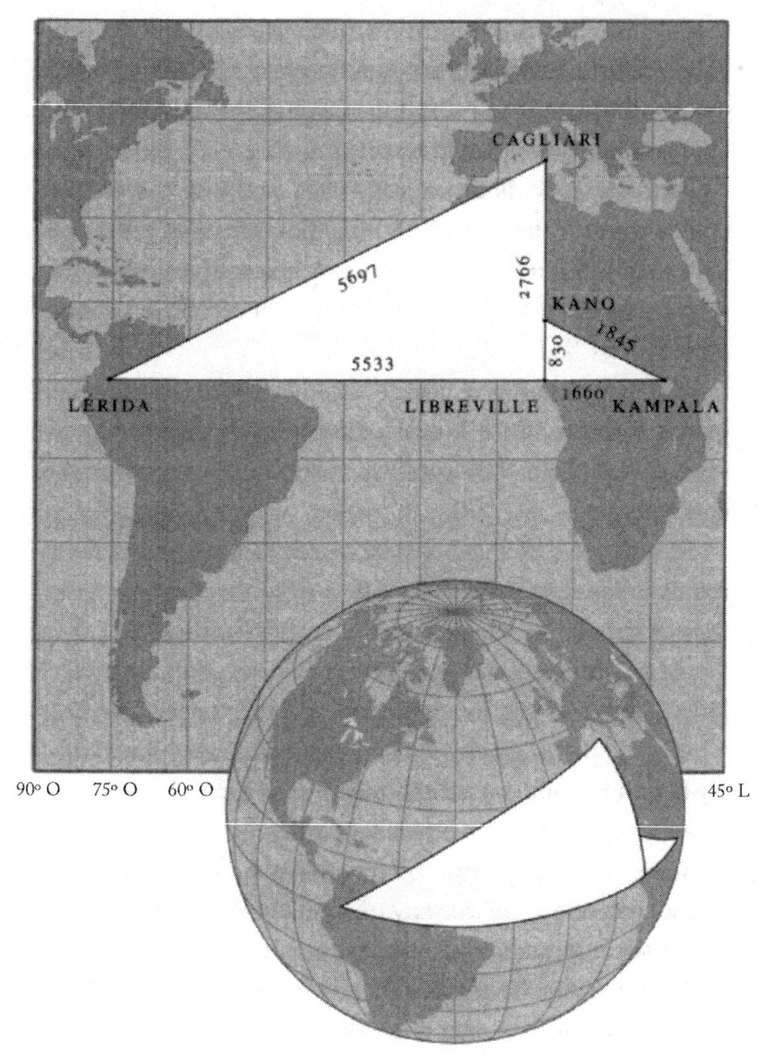

TRIÂNGULOS NO GLOBO

O mapa mostra Libreville, no Gabão, localizada a 0° de latitude, 9° de longitude leste, no vértice de um triângulo retângulo. Movendo-se 12 graus em direção ao norte, isso o coloca aproximadamente na cidade de Kano, na Nigéria, e movendo 24 graus em direção ao leste, leva-o até Kampala, na Uganda, traçando assim as pernas do triângulo (catetos). Um dos teoremas básicos da geometria euclidiana é o teorema de Pitágoras. Não-Euclides pede a Alexei que faça os cálculos para conferir. Alexei relata:

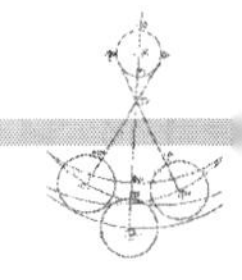

Soma dos quadrados dos catetos: 3.444.500
Soma da hipotenusa: 3.404.025

Ao ver esses dados, Não-Euclides resmunga do desleixo de Alexei. No entanto, refazendo o cálculo, Não-Euclides descobre que Alexei estava certo. Não-Euclides adota agora o próximo passo de defesa de um teórico – ela atribui a discrepância ao erro experimental. Ela manda seu outro aluno, Nicolai, voltar à biblioteca em busca de mais dados. Nicolai volta com um triângulo ainda maior formado agora por Libreville, no Gabão; Cagliari, na Itália, a 39º de latitude norte, e Lérida, na Colômbia, a 71º de longitude oeste. Este triângulo também é mostrado no mapa. Nicolai acha:

Soma dos quadrados dos catetos: 38.264.845
Soma da hipotenusa: 32.455.809

Não-Euclides não se satisfaz. Essa discrepância parece ainda maior. Como é que a sua colega Não-Pitágoras poderia estar tão errada? Como poderia Não-Euclides ter medido dúzias de triângulos e nunca perceber um problema? Aqueles, intromete-se Alexei, eram triângulos muito pequenos; estes são imensos. Nicolai nota que a discrepância é maior para triângulos maiores. Ele levanta a hipótese de que todos os triângulos previamente estudados, medidos no seu minúsculo laboratório, ou em volta da cidade, eram tão pequenos que o desvio passou despercebido.

Não-Euclides decidiu usar algum dinheiro de uma verba para mandar Alexei e Nicolai numa viagem a Nova York. Começando lá, a 40º 45' de latitude norte, 74º 00' de longitude oeste, ela instruiu a Alexei que andasse por 10 minutos (de longitude) em direção a oeste, o que o levou, aproximadamente, ao centro comercial de Newark. Nicolai caminha 10 minutos (de latitude) em direção ao norte, o que o traz a Nova Milford, em Nova Jersey. Com uma boa precisão, os três pontos formam um triângulo retângulo com estes catetos: de Nova York a Newark, 8,73 milhas; de Nova York a Nova Milford, 11,53 milhas; e de Nova Milford a Newark, 14,46 milhas.[k]

Não-Euclides confere o teorema de Pitágoras:

Soma dos quadrados dos catetos: 209
Quadrado da hipotenusa (de Newark a Nova Milford): 209

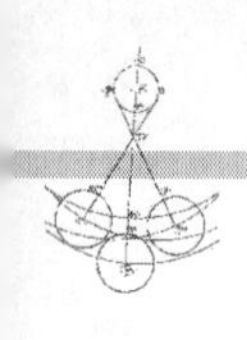

Para triângulos suficientemente pequenos, isso funciona. Enquanto os primórdios da geometria não-euclidiana passam por sua cabeça, Não-Euclides envia seus estudantes para uma última expedição.

Dessa vez, Alexei e Nicolai vão navegar entre Nova York e Madri, que se encontra a 40º de latitude norte, 4º de longitude oeste, e está quase que exatamente a leste de Nova York. Não deverão navegar apenas uma vez, mas muitas vezes entre as duas cidades, com rotas ligeiramente diferentes a cada vez e medindo o comprimento exato de sua rota. Eles devem procurar, como Cristóvão Colombo, a rota mais curta entre as duas terras. No caso de Alexei e de Nicolai, trata-se da rota geodésica, ou o caminho mais curto. É um trabalho de vários anos, mas a publicação resultante chamaria muita atenção.

Será que a rota mais curta de Nova York para Madri é viajar "direto" em direção ao leste ao longo de sua linha de latitude comum? Não. Em vez disso, é viajar ao longo da estranha linha curva conforme mostrado no mapa da página seguinte, primeiramente dirigindo-se para o noroeste, depois virando gradualmente a sua direção mais para o sul até que esteja se movendo para sudoeste. É a mesma rota que uma bola de bilhar seguiria, se pudéssemos rolá-la sem nenhum impedimento, ou as rotas que certas aves inteligentes como as narcejas e os maçaricos seguem na sua migração.[2] Também é a rota que os esticadores de corda egípcios bidimensionais marcariam puxando e esticando suas cordas de um ponto até o outro.

Isso é fácil de compreender se visualizarmos a Terra como é vista do espaço. Ir direto para leste não funciona, pois, à medida que viajamos pelo globo, as direções chamadas "norte" e "leste" não são direções fixas. Assim que nos movemos de Nova York em direção a Madri, a direção chamada leste gira num espaço tridimensional, assim como gira a direção chamada norte. A rota mais curta entre Nova York e Madri, ou entre dois pontos quaisquer do globo, é ao longo de uma curva chamada de círculo máximo (um círculo sobre o globo cujo centro coincide com o centro da Terra; são os maiores círculos que podemos desenhar na superfície da Terra, daí o nome). Os grandes círculos são os análogos às retas de Poincaré no universo de Poincaré, as curvas que naturalmente chamaríamos de retas, e que desempenham o papel de retas nos axiomas de Euclides. As linhas de longitude (meridianos) são círculos máximos. O Equador também é, mas é a única curva de latitude constante que é um círculo máximo (todos os demais círculos de latitude constante têm os seus centros mais para cima ou para baixo no eixo da Terra).

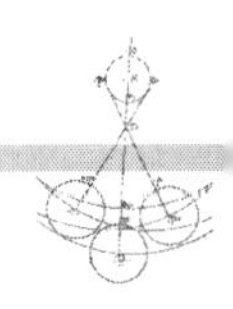

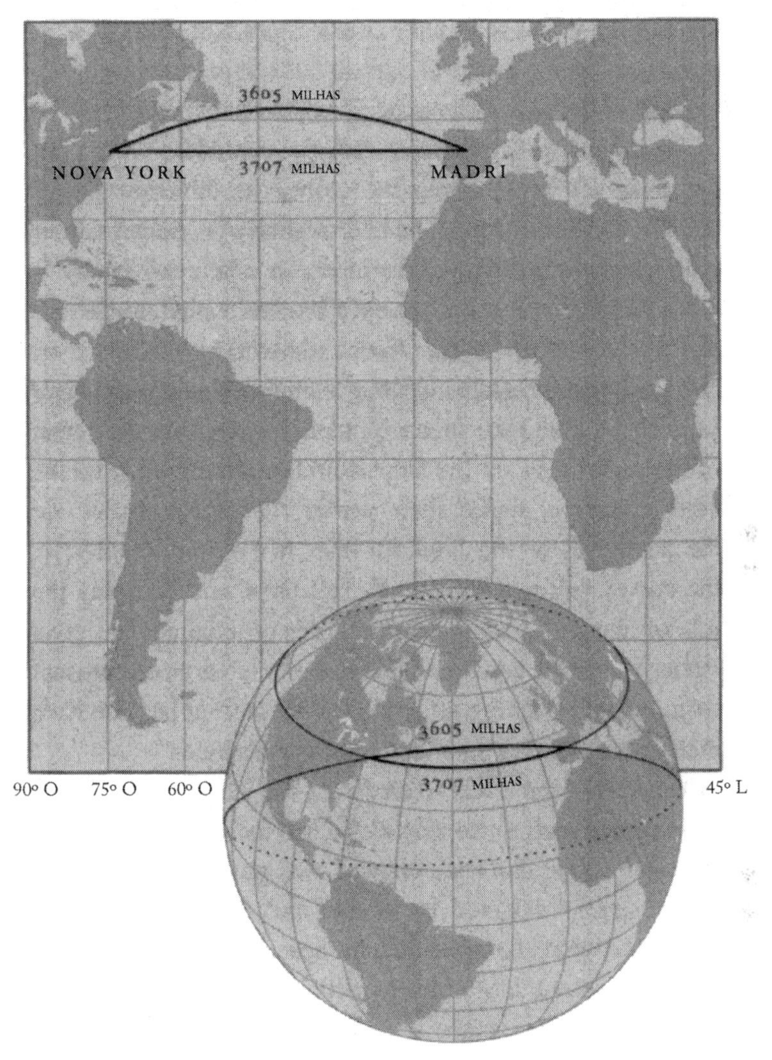

NOVA YORK-MADRI

A visão do espaço exterior não é a visão das pessoas nativas como Não-Euclides. Para ela, não existe "centro da Terra" e, como Gauss mostrou ser possível, não existe "espaço exterior". Inspirada pelas medidas feitas por Alexei e Nicolai, ela concluiria que o espaço no qual vive é um espaço não-euclidiano; não é um espaço hiperbólico, mas o espaço adequado para a superfície de um globo: espaço elíptico.

No espaço de Não-Euclides, todas as retas – os círculos máximos – se interceptam. As somas dos ângulos nos triângulos são todas *maiores* do

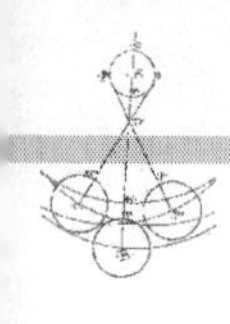

que 180º (no espaço hiperbólico, são *menores*). Um triângulo formado pelo Equador e duas linhas de longitude (meridianos) ligando o Equador ao pólo Norte, por exemplo, teria a soma dos ângulos de 270º. Como no espaço hiperbólico, esse espaço seria mais parecido com o espaço euclidiano para distâncias menores, razão pela qual levou tanto tempo para que o desvio fosse notado. Por exemplo, o número de graus que ultrapassa 180º na soma de ângulos diminui quando o triângulo fica menor.

A geometria dos espaços elípticos – chamada de geometria esférica – já era bem conhecida mesmo na Antigüidade. Sabia-se que círculos máximos eram as geodésicas. Fórmulas geométricas relacionando as partes de triângulos esféricos já tinham sido descobertas e aplicadas na elaboração de mapas. Mas os espaços elípticos não se encaixavam no paradigma de Euclides, e a descoberta de que o globo é um espaço elíptico ficou para um dos alunos de Gauss, Georg Friedrich Bernhard Riemann. Foi feita nos anos de declínio de Gauss, mas essa descoberta, mais do que qualquer outra, eventualmente desencadeou a revolução do espaço curvo.

19. Uma História de Dois Alienígenas

eorg Riemann[1] nasceu em 1826, na pequena vila de Breselenz, perto da cidade natal de Gauss. Ele teve cinco irmãos. A maioria deles morreu jovem, como ele também estava destinado. Sua mãe morreu antes que ele crescesse. Foi educado em casa pelo seu pai, um pastor luterano, até os 10 anos de idade. Sua matéria favorita era história, particularmente a história do movimento nacional polonês. Se esse Georg tão sério não parece ter sido o centro das atenções, ele realmente não foi. Na verdade, ele era patologicamente tímido e modesto. E brilhante. A partir da evidência sobre Gauss e Riemann, um teórico da conspiração poderia chegar à conclusão de que aproximadamente no início do século 19, uma raça superior de alienígenas formou uma colônia perto de Hannover, na Alemanha, e deixou pelo menos duas crianças geniais com famílias pobres da área. Embora não haja histórias sobre Riemann quando garoto – como as sobre Gauss –, ele também parece ter sido inteligente demais para ser um de nós.

Quando Riemann tinha 19 anos, o diretor de sua escola, um homem chamado Schmalfuss, lhe deu uma pequena coisa para examinar: o livro de Adrien-Marie Legendre, *Théorie des nombres,* ou *Teoria dos números.*[2] Em matemática, foi o equivalente a emprestar ao jovem Riemann os halteres para conseguir o recorde mundial em halterofilismo. Este haltere pesava 859 páginas – páginas grandes e densas, repletas de teoria abstrata. Era um material capaz de produzir hérnias, algo que somente um campeão poderia dominar, e somente com bastante suor e grunhidos. Para Riemann, o livro foi leve demais, um folheio de páginas que aparentemente não exigiu nenhuma concentração mais forte. Ele devolveu o livro em seis dias com um comentário do tipo: "Foi uma boa leitura". Alguns meses depois, ele foi examinado sobre o conteúdo desse livro e obteve a nota máxima. Mais tarde, ele ainda faria suas próprias contribuições fundamentais à teoria do número.

Em 1846, ainda com 19 anos, Riemann matriculou-se na Universidade de Göttingen, onde Gauss era professor. Riemann começou como aluno de teologia, talvez assim pudesse rezar pelos poloneses oprimidos. Logo ele mudou para o que se tornaria o seu primeiro amor – a matemática. Após um curto período em Berlim, Riemann voltou para Göttingen em 1849 para completar o seu doutorado. Sua tese, entregue em 1851, foi analisada, entre outros, por Gauss, que já era na época uma lenda, e legendariamente duro com os alunos.

A reação de Gauss ao trabalho de Riemann seguiu o padrão familiar que Gauss tomava nas raras ocasiões em que ficava impressionado com um trabalho de matemática. Gauss escreveu que Riemann tinha demonstrado "uma mente criativa, ativa e verdadeiramente matemática e... uma imaginação gloriosamente fértil", e salientou também que ele, Gauss, já tinha feito trabalho semelhante antes, mas que não o publicara.[3] (Um exame póstumo dos documentos de Gauss confirmaram que todas as suas reivindicações eram verdadeiras.) Riemann ficou muito feliz. Por volta de 1853, Riemann tinha 27 anos e estava na última reta da longa estrada para uma posição de conferencista em Göttingen. Naquela época, na Alemanha, tal posição acadêmica não pagava o salário modesto pago hoje em dia. Simplesmente *não pagava salário nenhum.* Para muitos de nós, isso seria um pouco inconveniente. Para Riemann, era uma posição cobiçada, um passo fundamental para o professorado. E os alunos davam gorjetas.

O obstáculo final a ser transposto por Riemann era dar uma conferência como teste. Ele entregou três temas para a escolha pelos professores da faculdade. Era costume escolher o primeiro tópico do candidato. Por precaução, Riemann estava bem preparado para o primeiro e segundo temas. Gauss, sempre uma caixinha de surpresas, escolheu o terceiro.

Como seu terceiro tema, Riemann tinha escolhido um tópico que deveria ter tido algum interesse, mas sobre o qual tinha pouco conhecimento. A maioria dos acadêmicos, ao ser entrevistada para um emprego, se tivesse realizado uma pesquisa sobre a política em Luxemburgo, não proporia dar uma aula-teste sobre os répteis de Sri Lanka, mesmo que este fosse o terceiro na sua lista. Quando Gauss, na época seriamente enfermo e informado pelo seu médico de que a morte era iminente, escolheu o terceiro tema,

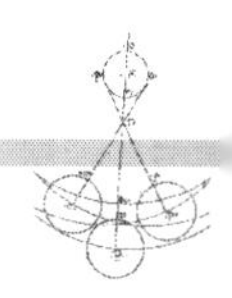

Riemann deve ter se perguntado: "Onde é que eu estava com a cabeça?". O tópico que ele tinha relacionado era *Über die Hypothesen welche der Geometrie zu grande liegen* (Sobre as hipóteses em que a geometria se baseia). Ele tinha escolhido um tema que sabia ter sido preferido por Gauss durante quase toda a sua vida.

O próximo passo de Riemann foi compreensível – durante várias semanas ele teve algum tipo de colapso, ficou olhando para as paredes, paralisado pela pressão. Finalmente, quando a primavera chegou, ele se recompôs, e em sete semanas elaborou uma palestra. Ele a apresentou no dia 10 de junho de 1854. Foi uma das raras ocasiões na história em que a data e os detalhes exatos de um entrevista de emprego foram preservados para a posteridade.

Riemann expôs sua palestra no contexto da geometria diferencial, focalizando-se sobre as propriedades das regiões infinitamente pequenas de uma superfície, em vez de suas características geométricas em grande escala. Realmente, em nenhum momento Riemann mencionou o nome de geometria não-euclidiana. Mas as implicações de sua obra eram claras: Riemann explicou como a esfera podia ser interpretada como um espaço elíptico bidimensional.

Como Poincaré, Riemann deu a sua própria interpretação dos termos *ponto*, *reta* e *plano*. Como plano, ele escolheu a superfície da esfera. Seus pontos, como os de Poincaré, eram posições, do modo como Descartes considerou como pares de números, ou coordenadas (essencialmente a latitude e a longitude do ponto). As retas de Riemann eram os círculos máximos, as geodésicas sobre a esfera.

Como no modelo de Poincaré, precisa ser confirmado que o modelo de Riemann admite interpretações consistentes dos postulados. Agora poderia ser uma boa hora para lembrar que tinha sido demonstrado que um espaço elíptico não pode existir. Realmente, o modelo de Riemann revelou ter alguns pequenos problemas. Era uma coisa criar um espaço baseado numa nova versão do postulado das paralelas; mas o espaço de Riemann também era inconsistente com as versões existentes dos outros postulados. Por exemplo, considere o postulado 2. Euclides escreveu:

2. *Qualquer segmento de reta pode ser prolongado infinitamente em ambas as direções.*

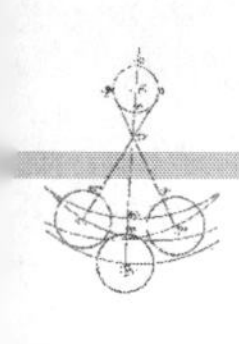

Os segmentos de círculos máximos sobre a esfera atendem às exigências deste postulado? Antes de Riemann, o postulado 2 de Euclides era interpretado como significando que devem existir segmentos de retas de comprimento arbitrariamente grandes. Mas há um limite para o comprimento de um círculo máximo, sua circunferência, 2π vezes o raio da esfera.

Mesmo em matemática, algumas vezes vale a pena violar a lei. Neste caso, Riemann foi Rosa Parks[1] recusando-se a se sentar no fundo do ônibus, questionando, se não o injusto, o injustificado. Ele declarou que o segundo postulado não era necessário para fazer os segmentos de retas arbitrariamente longos, mas somente para garantir que as retas não tivessem limites, o que *é verdade* para os círculos máximos. Na matemática, o Supremo Tribunal é a comunidade de matemáticos, e eles coçaram suas cabeças com isso. Quais são as implicações da nova interpretação da lei pelo jovem Riemann? É consistente com as outras leis? Pode ser tornada consistente?

De fato, as contradições não pararam com o postulado 2. O conceito de reta de Riemann leva a outros problemas para os quais Riemann não ofereceu explicação. Por exemplo, círculos máximos violam a suposição de que duas retas só podem se cruzar num único ponto. Como as linhas de longitude (meridianos) que se cruzam nos dois pólos, Norte e Sul, todos os círculos máximos se cruzam em dois pontos, em lados opostos da esfera.

O conceito de estar entre dois pontos também se tornou difícil de interpretar. Euclides baseou o conceito de estar-entre no postulado 1:

1. *Dados dois pontos quaisquer, pode ser traçado um segmento de reta tendo esses pontos como suas extremidades.*

Para produzir um ponto entre dois pontos dados, Euclides traçaria o segmento ligando os dois pontos. Qualquer ponto (além das extremidades) seria considerado "entre" os outros dois. O problema no modelo de Riemann é que há sempre dois modos de se ligar um par de pontos por um círculo. Estará a Indonésia entre a África equatorial e a América do Sul equatorial? Para decidir isto, trace uma linha ao longo do Equador ligando os dois continentes, e verifique se ela passa pela Indonésia. Mas no modelo de Riemann, podemos chegar da América do Sul à África viajando tanto para leste quanto para oeste. Uma rota passa pela Indonésia, a outra não.

Devido a esta ambigüidade, todas as demonstrações de Euclides que envolvem conectar dois pontos com segmentos de retas no globo tornam-se

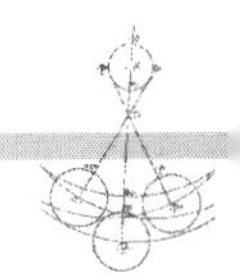

mal definidas. Isso leva a algumas conseqüências bizarras. Por exemplo, imagine o universo esférico de Riemann com um raio de 64 quilômetros, em vez dos 6.400 quilômetros do raio da Terra. Num dia claro, você poderia olhar adiante e ver o seu traseiro. O seu traseiro está na frente ou atrás de você? Ou considere o bambolê. Seu raio é cerca de um metro. Girando o bambolê em volta de sua cintura, você se pergunta: "Estou dentro dele?" Parece que sim. Agora, imagine aumentar o bambolê. Aumente-o até o tamanho de uma pista de corrida, com um quilômetro de largura. Grande para um bambolê, mas ainda pequeno comparado ao raio de 64 quilômetros do planeta. Ficando no meio, você ainda se sente seguro em afirmar que está dentro do bambolê. Estique agora o bambolê para um raio de 64 quilômetros. Ele circunda exatamente o planeta, como um Equador, e de repente parece arbitrário se você se considera dentro ou fora do bambolê. Expanda o seu raio ainda mais, isto é, empurre sua circunferência para longe de você, e o bambolê na verdade *encolhe*. Finalmente, o bambolê parece exatamente como quando você começou – um metro de raio, mas agora centralizado num ponto do mundo oposto a você. Parece que você está do lado de fora. Como pode passar de dentro para fora somente expandindo o bambolê? Com o fim do conceito de estar-entre, atrás e em frente, dentro e fora, não são mais conceitos simples. Essas são as contradições do espaço elíptico ingênuo.

Eliminar esses dilemas envolve uma cuidadosa redefinição de muitos conceitos. Como sempre, Gauss tinha previsto isto. Ele escrevera a Wolfgang Bolyai, em 1832: "Num completo desenvolvimento, palavras como 'entre' devem ser fundamentadas sobre conceitos claros, o que pode ser feito, mas que não encontrei em lugar nenhum".[4] Ele também não os obteve de Riemann. Mas, concentrando-se principalmente em pequenas regiões da superfície, as contradições globais como as que descrevemos pareceram não impedir nem interessar a Riemann. E, apesar dessas questões abertas, a palestra de Riemann é considerada uma das obras-primas da matemática. Entretanto, com todas essas pontas soltas, ela não iluminou imediatamente o universo dos matemáticos como um torpedo de luz. Gauss morreu pouco tempo depois da palestra de Riemann, que continuou a focalizar sua atenção em questões da estrutura local em vez da geometria do espaço em grande escala, por isso sua obra não teve grande impacto durante sua vida.

Em 1857, com 31 anos, finalmente Riemann obteve o cargo de professor assistente, com um pobre salário equivalente a uns US$ 300,00 por

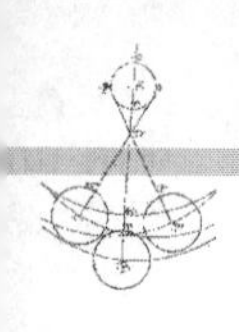

ano. Com isso, Riemann sustentou a si próprio e mais três irmãs sobreviventes, embora a mais nova, Marie, tenha morrido pouco depois. Dirichlet, o sucessor de Gauss, morreu em 1859, e Riemann foi promovido para o lugar de Gauss na faculdade. Três anos depois, com 36 anos, ele se casou. No ano seguinte, tornou-se pai de uma menina. Com um salário decente e o começo de uma família, as coisas pareciam estar indo bem para Riemann. Mas não era para ser assim. Ele contraiu pleurisia, que se transformou numa tuberculose que o matou numa tenra idade, como suas irmãs – aos 39 anos.

A obra de Riemann sobre geometria diferencial tornou-se a pedra angular da teoria geral da relatividade de Einstein. Se Riemann não tivesse sido tão imprudente em incluir a geometria na sua lista de tópicos, ou se Gauss não tivesse sido tão ousado a ponto de escolhê-la, o instrumento matemático que Einstein precisou para sua revolução na física não teria existido. Mas antes que aquela reviravolta tivesse começado, a obra de Riemann sobre os espaços elípticos teve um impacto igualmente profundo no mundo da matemática. A necessidade de alterar postulados além do postulado das paralelas foi igual ao desgaste dos fios numa corda. Logo, a corda se partiu. Foi somente então que os matemáticos perceberam que pendurada na corda não estava somente a geometria, mas toda a matemática.

20. Uma Plástica Facial Após 2000 Anos

palestra de Riemann de 1854 não foi publicada até 1868, dois anos após a sua morte, e um ano depois que o livro de Baltzer popularizou as obras de Bolyai e Lobachevsky. Gradualmente, as implicações da obra de Riemann demonstraram que Euclides tinha cometido diversos tipos de erros: ele tinha feito muitas suposições implícitas; tinha feito outras suposições que não foram formuladas de modo adequado; e tinha tentado definir mais do que era possível.

Hoje em dia nós vemos muitas falhas no raciocínio de Euclides. Uma crítica fácil é a sua separação artificial entre postulados e "noções comuns". A questão mais profunda aqui é que hoje buscamos exprimir todas as nossas suposições em axiomas, e não aceitamos nada como verdade meramente com base na "realidade" ou no "senso comum". Esta é uma atitude bastante moderna, uma vitória de Gauss sobre Kant, e fica difícil criticar Euclides por não ter dado tal salto.

Outro problema estrutural no sistema de Euclides foi não ter reconhecido a necessidade de termos não definidos. Considere a definição do dicionário para espaço como a "área ou lugar ilimitado estendendo-se em todas as direções". Será essa definição significativa, ou nós apenas substituímos nossa palavra objeto *espaço* pelo termo vago *lugar*? Se acharmos que não entendemos precisamente o termo *lugar*, também podemos, é claro, consultar o dicionário. Ele diz que "lugar" é "a parte do espaço ocupado por um certo objeto". As duas palavras – *lugar* e *espaço* – são geralmente definidas uma em termos da outra.

Pode demorar um pouco mais, porém, como cada palavra num dicionário é definida em termos de outra palavra, isso tem de acabar acontecendo com qualquer definição. A única maneira de evitar o raciocínio circular

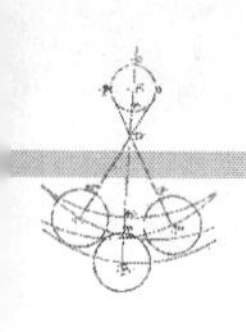

numa língua finita seria incluir alguns termos indefinidos no dicionário. Hoje em dia, percebemos que os sistemas matemáticos também devem incluir termos não definidos, e tentamos incluir o menor número necessário deles para que o sistema faça sentido.

Termos não definidos devem ser manipulados com cuidado, pois facilmente podemos nos perder se interpretarmos um significado em um termo sem demonstrá-lo primeiro, mesmo que o significado pareça tão óbvio a partir de nossa imagem física. Thabit cometeu este erro quando usou a propriedade intuitivamente "óbvia" de que uma curva eqüidistante de uma reta em todos os pontos seria também uma reta. Como vimos, não há nada no sistema de Euclides, fora do próprio postulado das paralelas, que garanta isso. Quando empregamos termos indefinidos, devemos ignorar todas as conotações que a escolha das palavras possa implicar. Parafraseando o grande matemático de Göttingen, David Hilbert: "Deve-se ser capaz de dizer todas as vezes – em vez de pontos, retas e círculos – homens, mulheres e canecas de cerveja".[1]

Um termo não definido não deve permanecer sem significado durante muito tempo: ele recebe uma definição a partir dos postulados e dos teoremas que o aplicam. Por exemplo, vamos supor, como Hilbert contemplava pensativamente, que nós mudamos os nomes dos termos indefinidos *ponto*, *reta* e *círculo* para *homem*, *mulher* e *caneca de cerveja*. Então, matematicamente, esses termos ganhariam significado a partir de afirmações como estas, os três primeiros postulados de Euclides:

1. *Dados dois homens quaisquer, pode ser traçada uma mulher com aqueles homens como suas extremidades.*
2. *Qualquer mulher pode ser prolongada indefinidamente em ambas as direções.*
3. *Dado qualquer homem, pode ser traçada uma caneca de cerveja com qualquer raio e com aquele homem como seu centro.*

Euclides cometeu outros erros, de lógica pura, que o levaram a demonstrar alguns teoremas empregando passos que são injustificáveis. Por exemplo, na sua primeira proposição ele alega mostrar que pode ser construído um triângulo eqüilátero sobre qualquer segmento de reta dado. Na sua demonstração, ele forma dois círculos, cada um centralizado em uma das extremidades do segmento de reta, e cada um com um raio igual ao com-

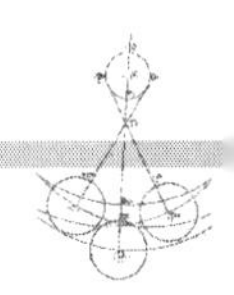

primento do segmento. Depois, ele utiliza o ponto onde os dois círculos se cortam. Embora o desenho dos círculos vá demonstrar nitidamente essa interseção, ele não incluiu nada no seu argumento formal que garantisse a existência desse ponto. De fato, falta ao seu sistema um postulado que garantisse a continuidade das retas ou dos círculos, isto é, que garanta que não há buracos neles. Ele também falhou em reconhecer outras suposições de que empregava freqüentemente nas demonstrações, tais como a suposição que existem retas e pontos, que nem todos os pontos são colineares, e que em toda reta há pelo menos dois pontos.

Numa outra demonstração, ele assumiu tacitamente que se três pontos estão na mesma reta, podemos identificar um dos pontos como estando entre os outros dois. Nada nos seus postulados ou definições lhe permite demonstrar isso. Na realidade, esta suposição é realmente um tipo de exigência para as linhas retas: não permite linhas que se curvem porque tais linhas podem formar uma volta fechada como um círculo, e então não poderíamos identificar qualquer um dos pontos como aquele entre os outros dois.

Algumas das objeções às demonstrações de Euclides podem parecer detalhismo, mas suposições inocentes e óbvias que parecem não ter nenhuma conseqüência podem, algumas vezes, ser equivalentes a afirmações teóricas fundamentais. Por exemplo, assumir a existência de um único triângulo cujos ângulos somam 180 graus permite que se demonstre que todos os triângulos têm a soma dos seus ângulos igual a 180 graus, e também permite que demonstremos o postulado das paralelas.

Em 1871, o matemático prussiano Felix Klein mostrou como corrigir as aparentes contradições do modelo esférico de Riemann para o espaço elíptico, aperfeiçoando Euclides no processo.[2] Matemáticos como Beltrami e Poincaré logo sugeriram seus novos modelos e novas abordagens para a geometria.

Em 1894, o lógico italiano Giuseppe Peano propôs um novo conjunto de axiomas para definir a geometria euclidiana.[3] Em 1899, Hilbert, que não sabia da obra de Peano, deu a sua primeira versão da formulação geométrica que é mais aceita atualmente.[4]

Hilbert se dedicou completamente a esclarecer as bases da geometria (e mais tarde ajudou Einstein a desenvolver a teoria geral da relatividade). Ele revisou a sua formulação muitas vezes antes de sua morte, em 1943. O primeiro passo no seu método era transformar as suposições implícitas de

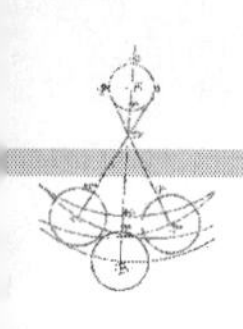

Euclides em declarações explícitas. No sistema de Hilbert, pelo menos na sétima edição de sua obra publicada em 1930, ele incluiu oito termos indefinidos e aumentou os axiomas, dos dez de Euclides (incluindo as noções comuns) para vinte.[5] Os axiomas de Hilbert eram divididos em quatro grupos. Eles incluíam suposições não reconhecidas por Euclides como estas que já consideramos:

> Axioma I-3: Há pelo menos dois pontos em cada reta. Existem pelo menos três pontos no espaço que não estão todos na mesma reta.
>
> Axioma II-3: Dados três pontos quaisquer numa reta, somente um deles pode estar entre os outros dois.

Hilbert e outros mostraram que todas as propriedades do espaço euclidiano resultam de seus axiomas.

■●■

A revolução do espaço curvo teve uma influência profunda em todas as áreas da matemática. Desde o tempo de Euclides até a época em que os trabalhos de Gauss e de Riemann foram descobertos postumamente, a matemática era principalmente pragmática. A estrutura de Euclides era interpretada como descrevendo o espaço físico. A matemática era, num certo sentido, um tipo de física. Questões sobre a consistência das teorias matemáticas pareciam discutíveis – a demonstração encontrava-se no mundo físico. Mas, por volta de 1900, os matemáticos tinham a opinião de que os axiomas eram afirmações arbitrárias, sendo apenas a base de um sistema cujas conseqüências deveriam ser investigadas num tipo de jogo mental. Subitamente, os espaços matemáticos eram considerados como estruturas lógicas abstratas. A natureza do espaço físico tornou-se uma questão separada, uma questão de física, não de matemática.

Para os matemáticos, surgiu agora um novo tipo de questão: a de mostrar a consistência lógica de suas estruturas. A idéia de demonstração, que tinha ficado em posição secundária durante os séculos recentes de avanços em técnicas de cálculos, tornou-se novamente dominante. Será que a geometria de Euclides é autoconsistente? O modo mais simples de demonstrar a consistência de um sistema lógico é provar todos os teoremas possíveis e

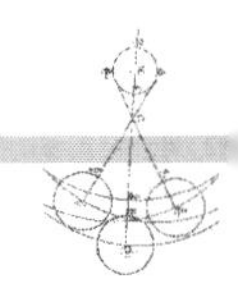

mostrar que nenhum deles contradiz qualquer um dos outros. Como há um número infinito de possíveis teoremas, essa é uma abordagem inteligente somente para aqueles de nós que planejam viver para sempre. Hilbert tentou outra tática. Como Descartes e Riemann, Hilbert identificou os pontos no espaço com números. No caso do espaço bidimensional, por exemplo, cada ponto corresponde a um par de números reais. Transformando os pontos em números, Hilbert foi capaz de traduzir todos os conceitos geométricos e axiomas fundamentais em conceitos aritméticos. Assim, a demonstração de qualquer teorema geométrico traduz-se numa manipulação aritmética ou algébrica de coordenadas. E como qualquer demonstração geométrica segue-se logicamente dos axiomas, a interpretação aritmética deve também seguir-se logicamente dos axiomas em forma aritmética. Se surgisse alguma contradição na geometria, ela seria traduzida por uma contradição na aritmética; se a aritmética for consistente, então a formulação da geometria euclidiana de Hilbert também é consistente (isso também acabou sendo feito para as geometrias não-euclidianas). Está bem claro? O fato mais importante é que, embora Hilbert não tenha mostrado a consistência *absoluta* da geometria, ele mostrou o que é chamado de sua consistência *relativa*.

Devido à infinidade de teoremas possíveis, a consistência absoluta da geometria, da aritmética, e por aquela razão, de toda a matemática, é uma questão mais difícil. Para atingi-la, os matemáticos inventaram uma teoria abstrata de objetos que lida com eles somente no nível mais geral, independentemente das nuances específicas e das inconveniências, relacionadas com o que eles realmente são. Essa teoria, agora ensinada sob alguma forma na maioria das escolas, é chamada de teoria dos conjuntos.

Mas até mesmo a simples teoria dos conjuntos enfrenta paradoxos que nos deixam perplexos, tais como este famoso, publicado numa revista obscura, *Abhandlung der Friesschen Schule* (Trabalhos da Escola de Fries) por Kurt Grelling e Leonard Nelson em 1908. Grelling e Nelson consideraram conjuntos de palavras. Primeiro, o conjunto de todos os adjetivos que descrevem as próprias palavras. Por exemplo, a palavra "dodecaédrico" é uma palavra com doze letras, e o adjetivo "polissilábico" é uma palavra polissilábica. Em oposição a este conjunto encontra-se o conjunto de todos os adjetivos que *não* se descrevem a si mesmos. Por alguma razão, adjetivos como "bem escrito", "fascinante" e "recomendável a um amigo" vêm à mente (se há uma frase neste livro que deve ser memorizada é esta aqui).

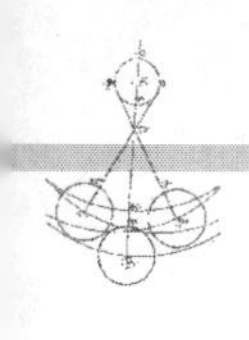

Este último conjunto de palavras é geralmente chamado de *heterológico*, talvez porque heterológico é polissilábico.

Até aqui, tudo bem. Mas eis a pegadinha: será heterológico uma palavra heterológica? Se for, então ela descreve a si mesma, então não é. Se não for, então não descreve a si mesma, então é. Os matemáticos chamam isso de paradoxo; para os não-matemáticos, é aquela situação familiar de perder-ou-perder (um termo inventado pelos matemáticos, que Deus os abençoe).

Em 1903, num esforço de limpar a área da matemática, Bertrand Russell, que logo se tornaria Lorde Russell, sugeriu num livro modesto intitulado *Princípios matemáticos* que toda a matemática deveria ser dedutível da lógica. Tentou realizar a dedução da matemática – ou pelo menos tentou mostrar como fazê-lo – com seu colega da Universidade de Oxford, Alfred North Whitehead, na sua grande obra de três volumes publicada entre 1910 e 1913. Porque era, presumivelmente, mais séria do que a versão de 1903, ela recebeu um título em latim: *Principia mathematica*. Neste livro, *Principia*, Russell e Whitehead alegaram ter reduzido toda a matemática a um sistema unificado de axiomas básicos dos quais todos os teoremas da matemática podiam ser demonstrados, assim como Euclides tinha tentado fazer para a geometria. No sistema deles, até entidades tão fundamentais como os números foram consideradas como construções empíricas que tinham de ser justificadas por uma estrutura axiomática mais profunda e fundamental.

Hilbert era cético sobre isso. Desafiou os matemáticos a provar rigorosamente que o programa de Russell e Whitehead tinha obtido êxito. Essa questão foi encerrada de uma vez por todas em 1931 pelo teorema chocante de Kurt Gödel: ele demonstrou que, em um sistema de complexidade suficiente, tal como a teoria dos números, devem existir afirmações que não se pode demonstrar serem falsas ou verdadeiras.[6] Um corolário do teorema de Gödel é que deve existir uma proposição verdadeira que não pode ser demonstrada. Isso destrói as alegações de Russell e Whitehead – eles não somente não mostraram como todos os teoremas matemáticos podem ser deduzidos da lógica, mas é realmente impossível fazê-lo!

Os matemáticos continuam a trabalhar sobre os fundamentos de seu campo, mas nenhum dos avanços feitos desde Gödel mudou muito o quadro. Ainda não há uma abordagem universalmente aceita daquilo que Euclides começou – a axiomatização da matemática.

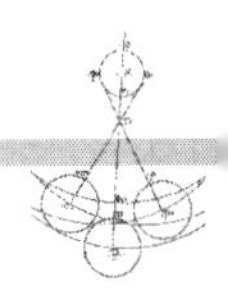

Enquanto isso, o poder da matemática como mais do que um jogo mental em si tornou-se mais evidente do que em qualquer outra área pela aplicação por Einstein dos recém-descobertos tipos de espaços matemáticos à descrição do espaço em que vivemos. Embora totalmente remodelada, a geometria continua sendo a janela para a compreensão do nosso universo.

A história de Einstein

4

O que faz o espaço ser curvo? O espaço ganha uma nova dimensão como espaço-tempo, explode no século 20 e faz de um funcionário de um escritório de patentes o herói do século.

21. Revolução à Velocidade da Luz

Gauss e Riemann mostraram que o espaço podia ser curvo e forneceram a matemática necessária para descrevê-lo. A próxima pergunta é: em que tipo de espaço nós vivemos? E, investigando mais profundamente: o que determina a forma do espaço?

A resposta, dada tão elegante e exata por Einstein em 1915, foi proposta na verdade pela primeira vez em 1854, em rápidas pinceladas, pelo próprio Riemann:

> A questão da validade da geometria... está relacionada com a questão da base interna das relações métricas [distância] do espaço... nós devemos procurar a base de suas relações métricas fora dele, nas forças de ligação que agem nele...[1]

O que torna as coisas distantes ou próximas? Riemann estava excessivamente à frente do seu tempo para ser capaz de desenvolver uma teoria concreta baseada na sua intuição, até mesmo excessivamente à frente para que suas palavras fossem consideradas. Contudo, dezesseis anos mais tarde, um matemático as notou.

No dia 21 de fevereiro de 1870, William Kingdon Clifford apresentou um artigo para a *Cambridge Philosophical Society* (Sociedade Filosófica de Cambridge), intitulado "Sobre a Teoria Espacial da Matéria". Clifford tinha então 25 anos de idade, a mesma idade que tinha Einstein quando publicou seus primeiros artigos sobre a relatividade especial. No seu artigo, Clifford proclamou ousadamente:

> Na verdade, eu mantenho que: (1) as pequenas porções do espaço são de uma natureza análoga aos pequenos montes numa super-

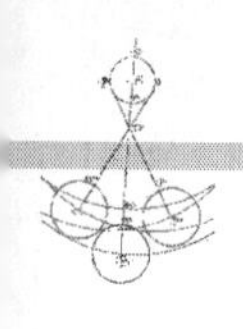

fície que é, na média, plana; (2) a propriedade de ser curvo ou distorcido é transmitida continuamente de uma porção de espaço para outra como uma onda; (3) esta variação da curvatura do espaço é realmente o que acontece naquele fenômeno que chamamos de movimento da matéria...[2]

As conclusões de Clifford foram muito além das de Riemann, em sua especificidade. Dificilmente isso seria notável, a não ser por um aspecto: ele acertou. A reação de um físico lendo isto hoje em dia tem de ser: "Como é que ele sabia?" Einstein apenas chegou a conclusões semelhantes depois de muitos anos de meticuloso raciocínio. Clifford nem tinha uma teoria. Todavia, conseguiu intuir tais conclusões detalhadas; ele, Riemann e Einstein foram todos guiados pela mesma idéia matemática simples: se os objetos em movimento livre se movem nas linhas retas características do espaço euclidiano, então outros tipos de movimento não poderiam ser explicados pela curvatura do espaço não-euclidiano? E no final, foi exatamente o raciocínio cuidadoso de Einstein, baseado na *física*, não na matemática, que lhe possibilitou desenvolver a teoria que Clifford não conseguiu.

Clifford trabalhou arduamente na sua teoria, geralmente varando as noites, pois durante o dia ele estava muito sobrecarregado por lecionar e exercer as funções administrativas no University College de Londres. Mas sem a profunda compreensão da física que levou Einstein ao passo intermediário da relatividade especial, e do papel adequado do tempo, Clifford tinha pouca chance de desenvolver suas idéias numa teoria que funcionasse. A matemática tinha precedido a física – uma situação difícil, reminiscente, como veremos, do estado atual da teoria das cordas. Clifford não conseguiu. Morreu em 1876, alguns dizem que de exaustão, aos 33 anos de idade.[3]

Um problema que Clifford teve foi que ele se viu à frente do *bloco do eu sozinho*. No mundo da física, o céu estava ensolarado e brilhante, e poucos viram razão de gastar o seu tempo atacando leis nas quais eles não viam sinais de desgaste. Por mais de 200 anos, parecera que todos os eventos no universo eram explicados pela mecânica newtoniana, a teoria baseada nas idéias de Isaac Newton. Sob o ponto de vista de Newton, o espaço é "absoluto", uma estrutura fixa dada por Deus sobre a qual são lançadas as coordenadas de Descartes. A trajetória de um objeto é uma reta ou outra curva descrita por uma série de números, as coordenadas, que rotulam os pontos

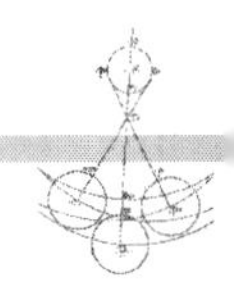

que o caminho cobre no espaço. A função do tempo é "parametrizar" o caminho, uma gíria dos matemáticos que significa "dizer onde é que você se encontra". Por exemplo, se Alexei estiver andando pela 5ª. Avenida a uma velocidade constante de uma quadra por minuto, começando na rua 42, então a sua posição é simplesmente a 5ª. Avenida cruzando a rua 42 (mais os minutos percorridos). Especificando-se o número de minutos que ele caminhou, estamos determinando onde ele se encontra no trajeto.

Com esta compreensão de tempo e espaço, as leis de Newton predizem como e por que um objeto como Alexei se movimenta – elas dão a sua posição como uma função do parâmetro chamado tempo. (Isto, é claro, presume que ele seja um objeto inanimado, o que apenas é verdade em algumas ocasiões; pense nele com os fones do *discman* em seus ouvidos.) De acordo com Newton, Alexei continuará em movimento uniforme – numa linha reta *e* com velocidade constante – a menos que atue sobre ele uma força externa, como a atração de uma máquina de videogame na esquina. Ou, dada tal atração, as leis de Newton predizem como o trajeto de Alexei vai diferir do movimento uniforme. Elas vão nos informar, quantitativamente, exatamente como ele se movimentará, dadas sua inércia pessoal e a intensidade e direção da força. De acordo com essas equações, a aceleração do corpo (que é a mudança na velocidade *ou* na direção) é proporcional à força aplicada nele e inversamente proporcional à sua massa. Mas a descrição do movimento de um corpo reagindo a uma força conhecida como "cinemática" é somente parte do quadro. Para formar uma teoria completa, precisamos também conhecer a "dinâmica", isto é, como determinar a intensidade e a direção da força, dada a fonte (a máquina de videogame), o alvo (Alexei) e a separação entre eles. Newton proporcionou tal equação somente para um tipo de força, a força gravitacional.

Juntando-se os dois conjuntos de equações, as equações de força (dinâmica) e de movimento (cinemática), pode-se (em princípio) achar uma solução para a trajetória de um objeto como função do tempo. Pode-se prever, por exemplo, a órbita de Alexei em torno da máquina de videogame, ou (lamentavelmente) a trajetória de um míssil balístico voando entre dois continentes. Newton tinha realizado a ambição, que havia começado com Pitágoras, de criar um sistema de matemática que permitisse a descrição do movimento. E ao explicar como a mesma lei governa o movimento da Terra e do espaço, Newton fez algo mais que era de igual importância: uniu duas disciplinas antigas e separadas – a física, que estava preocupada principal-

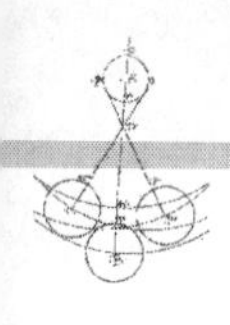

mente com a experiência humana do dia-a-dia, e a astronomia, que se preocupava com o movimento dos corpos celestes.

■●■

Se a visão de espaço e tempo de Newton for verdadeira, então é fácil perceber duas coisas que não podem existir. Primeiro, não pode haver um limite para a velocidade com a qual uma coisa pode se aproximar de outra. Para ver isso, imagine que exista essa velocidade limite; chamemos de c. Depois, imagine que um objeto está se aproximando de você àquela velocidade. Agora (por amor à ciência), cuspa no objeto. Se este drama acontecer num meio tangível chamado espaço, é fácil perceber que o objeto está agora se aproximando de sua saliva mais rapidamente do que está se aproximando de você. A lei do limite da velocidade é violada. Em segundo lugar, a velocidade da luz não pode ser constante. Mais precisamente, a luz deve se aproximar de diferentes observadores com diferentes velocidades. Se você correr em direção à luz, ela o atingirá mais rapidamente do que se você correr dela.

Se existir uma estrutura objetiva para o espaço, essas duas verdades são auto-evidentes. No entanto, essas duas "verdades" são falsas. Esta é a base da relatividade especial, o ingrediente que estava faltando nas especulações anteriores sobre a física do espaço curvo. É um fato que foi "observado" muito antes de ser "reconhecido".

22. O Outro Albert da Relatividade

lguns anos depois que o jovem Riemann demonstrou grande interesse pela história da Polônia, um jovem casal da província polonesa de Poznan, que estava sob domínio prussiano, teve um menino a quem chamaram de Albert. Podemos imaginar que a luta heróica do nacionalismo polonês era mais atraente como leitura do que como uma experiência da vida real. E se os poloneses foram heróis, eles também foram anti-heróis, exibindo um anti-semitismo virulento que mais tarde fez da Polônia o país escolhido por Hitler para a localização de suas câmaras de gás. Por qualquer razão, por volta de 1855, o ano em que Gauss morreu, a família de Albert, os Michelson, emigraram para os Estados Unidos, morando primeiro em Nova York, e logo em seguida foram para San Francisco.[1] O primeiro cientista "americano" a ganhar um prêmio Nobel, um judeu prusso-polonês, tinha chegado ao país, uma criança com 3 anos de idade, meio século antes que o próprio prêmio viesse a existir.

Em 1856, a família Michelson mudou-se para Murphy, uma remota cidade mineira no condado de Calaveras, quase na metade do caminho entre San Francisco e o lago Tahoe. Seu pai abriu uma loja de artigos de armarinho, mas a família não permaneceu ali. Afastando-se cada vez mais culturalmente de suas raízes judaicas alemãs, a família Michelson finalmente se estabeleceu numa cidade recém-criada em Nevada. A nova "cidade", então pouco mais do que um acampamento nas encostas do monte Davidson, foi fundada em 1859. De acordo com uma lenda, um mineiro bêbado quebrou uma garrafa de uísque numa pedra para batizar o povoado. Assim nasceu aquilo que seria, em breve, uma das maiores cidades no Velho Oeste: a cidade de Virgínia. Essa honra para o Estado da Virgínia ocorreu somente depois de uma transição. O mineiro James "Velho da

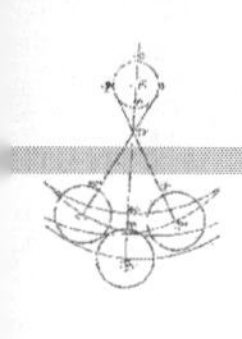

Virgínia" Finney tinha dado o seu próprio nome à cidade. O ouro e a prata no monte Davidson rapidamente transformaram a cidade de Finney num dos primeiros centros industriais do oeste, de tamanho comparável a San Francisco, e como aquela cidade, cheia de revólveres, jogatina e bares – é claro. Uma das irmãs mais novas de Albert escreveu um romance sobre a vida local intitulado *Os Madigans*. Charles, seu irmão mais novo, que se tornou o escritor oculto de discursos para o presidente americano Franklin Roosevelt durante os anos do programa *New Deal*[a], escreveu a respeito disto na sua autobiografia *Os discursos fantasmas*. Mas o jovem Albert passaria pouco tempo com sua família depois da mudança. Em vez disso, mostrando uma inteligência promissora, foi deixado com parentes em San Francisco para estudar na Escola Primária Lincoln, que mais tarde seria chamada de Ginásio dos Meninos, onde ficou hospedado com o diretor.

Em 1869, o jovem Michelson entrou numa competição para se alistar na Academia Naval dos Estados Unidos, do outro lado do país, em Annapolis, Maryland. Ele não conseguiu ser aprovado. Era tanto um teste de perseverança quanto de conhecimento: o menino de 16 anos viajou pela ferrovia transcontinental, que tinha sido inaugurada apenas alguns meses antes, e partiu para Washington a fim de ver o presidente Ulysses S. Grant. Enquanto isso, um deputado de Nevada escreveu para o presidente Grant intercedendo por Albert. Sua mensagem foi esta: o jovem Albert é muito querido pelos judeus da cidade de Virgínia, e se Grant pudesse auxiliá-lo, isso ajudaria a manter o voto judaico. O próprio Michelson acabou conseguindo ver o presidente Grant.[2] Não temos registro de como foi a reunião. Na cultura popular, a reputação de Grant não é diferente da cidade de Virgínia: o uísque tinha um papel importante. Exceto por um curto período em sua vida, mas isso é uma caracterização inexata. O que é verdade, mas não é mencionado freqüentemente, é que na Academia de West Point, Grant foi um excelente aluno em matemática.[3] O motivo de Grant em ajudar Michelson pode ter sido uma pequena fraqueza por um jovem talento em matemática, ou então o presidente estava lançando um sinal de reconhecimento aos eleitores judeus. Mas o que Grant fez foi extraordinário: ele deu a Michelson uma indicação especial para a Academia, exigindo que aumentassem sua cota limitada de novos cadetes naquele ano. A longo prazo, a experiência de Michelson-Morley pode ter sido o legado mais importante de Grant.

Michelson tornou-se campeão de boxe na Academia, e a sua formação do oeste selvagem, de luta violenta, tornou-se uma parte de sua identidade

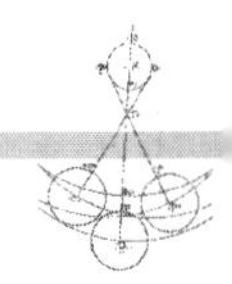

na Academia. Academicamente, Michelson terminou em nono lugar numa turma de 29 alunos. Mas a sua classificação geral não esclarece de modo nenhum a verdadeira dinâmica de sua carreira: ele ficou em primeiro lugar em óptica e acústica; em náutica ficou em 25º lugar; e em história ficou em último. Os talentos e os interesses de Michelson eram nítidos. A opinião da Academia Naval sobre os interesses de Michelson também foi nítida. Seu superintendente, John L. Worden (que comandou o navio *Monitor* na batalha contra o *Merrimac,* em 1862), disse a Michelson: "Se você desse menos atenção às coisas científicas e mais atenção para a artilharia naval, poderia chegar um tempo em que saberia o suficiente para ser útil ao seu país".[4] Apesar de sua aparente ênfase em tiros em vez da ciência, o curso de física em Annapolis naquela época era um dos melhores do país. O livro-texto de física de Michelson era uma tradução de um texto de 1860, de um autor francês chamado Adolph Ganot. Nele, Ganot descreve uma substância que se acreditava permear todo o universo: "Há um fluido sutil, imponderável e eminentemente elástico, chamado éter, distribuído por todo o universo; permeia a massa de todos os corpos, dos mais densos e mais opacos aos mais leves e mais transparentes".[5]

Ganot prossegue atribuindo ao éter um papel fundamental na maioria dos fenômenos estudados experimentalmente no seu tempo – luz, calor, eletricidade: "... Um movimento de um tipo particular comunicado ao éter pode originar o fenômeno do calor; um movimento do mesmo tipo particular, mas de freqüência maior, produz a luz; e pode ser que um movimento de forma ou caráter diferente seja a causa da eletricidade".

O conceito moderno de éter foi inventado por Christian Huygens em 1678.[6] O termo era o nome dado por Aristóteles ao quinto elemento, a matéria de que era feito o céu.[7] De acordo com o ponto de vista de Huygens, Deus tinha feito o espaço como um grande aquário e o nosso planeta como um brinquedo flutuante que lançamos para distrair os peixes. Mas o éter, diferentemente da água, flui não somente em torno de nós, mas também através de nós. A idéia atraía aqueles que, como Aristóteles, sentiam-se desconfortáveis com a idéia do "nada", ou vácuo, no espaço. Huygens adaptou o éter de Aristóteles numa tentativa de explicar a descoberta do astrônomo dinamarquês Olaf Rømer, de que a luz de uma das luas de Júpiter demorava certo tempo para atingir a Terra, em vez de chegar instantaneamente. Esse fato, e o fato de que a luz parece se mover a uma velocidade independente de sua fonte, eram evidências de que a luz consistia de ondas que

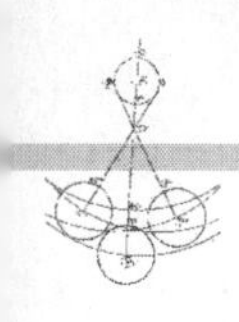

viajavam pelo espaço de modo semelhante ao som se movimentando através do ar. Mas as ondas sonoras, como as ondas de água, ou as ondas numa corda de pular, eram consideradas realmente apenas o movimento ordenado de um meio, como o ar, ou água, ou a corda. Pensava-se que, se o espaço estivesse vazio, uma onda não poderia viajar através dele. Como Poincaré escreveu em 1900: "Sabemos de onde se origina nossa crença no éter. Quando a luz está a caminho vindo até nós de uma estrela distante... não está mais na estrela e ainda não chegou à Terra. É necessário que esteja em algum lugar, sustentada, digamos assim, por algum suporte material".[8]

Como a maioria das novas teorias, o éter de Huygens tinha algo de bom, mas tinha também de mau e de feio.[b] Na teoria de Huygens, o mau e o feio é a sua pequeníssima suposição de que todo o universo e tudo que nele há é permeado por este gás extremamente rarefeito, até agora não observado. Isso fez com que Huygens varresse muitas dificuldades teórico-empíricas para debaixo do tapete, pois uma coisa é postular um fluido onipresente no universo, outra coisa é reconciliá-lo com as leis físicas conhecidas. A teoria de Huygens não foi aceita durante sua vida – foi rejeitada pelo ponto de vista de Newton da luz sendo partículas.

Em 1801 foi realizada uma experiência que alterou o ponto de vista predominante. Também forneceu a mais importante nova ferramenta para o estudo da luz no século 19. O arranjo parecia inocente, uma variação de experimentos que já tinham sido feitos há séculos, fazendo a luz brilhar através de uma fenda. Mas o físico inglês Thomas Young projetou dois raios de luz de uma única fonte através de duas fendas separadas, e depois olhou para a sobreposição numa tela. O que ele descobriu foi um padrão alternado de luz e sombra: um padrão de interferência. A interferência pode ser facilmente explicada em termos de ondas.

Ondas que se sobrepõem podem somar-se em algumas regiões e cancelar-se uma à outra em outras áreas[c], como as batalhas de cristas e vales de ondas que observamos nas colisões de pequenas ondas de água. Com a teoria ondulatória da luz, a teoria do éter viu um renascimento.

Não é que as objeções à teoria de Huygens tenham se dissolvido ao longo dos séculos. Em vez disso, tornaram-se uma batalha repugnante. No canto esquerdo do ringue estava a luz, considerada um movimento ondulatório sem um meio. Como uma onda de água sem água, era difícil torcer para esta lutadora. No canto direito do ringue estava a luz considerada movimento ondulatório em um meio que estava presente em todos os

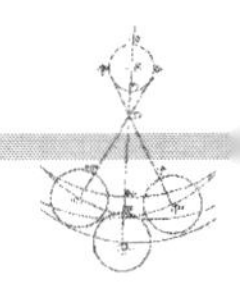

lugares, mas não era detectado em lugar nenhum. Como uma água que você insistisse em dizer que está presente em todos os lugares, mas que não pode ser vista em lugar nenhum, esta lutadora também não era desejável. Ser (mas não ter efeito) ou não ser? Eis a questão! Para o leigo, fazer uma distinção aqui poderia parecer um detalhe sem importância. Para os cientistas daquele tempo, havia claramente um vencedor bem nítido: o éter. Qualquer coisa era melhor do que "não ser". O fato de os físicos não saberem em que consistia o éter "não tinha conseqüência nenhuma", segundo opinou E. S. Fischer no seu livro *Elementos da Filosofia Natural* (1829).[9]

Um que não achou que a natureza do éter fosse irrelevante foi o físico francês Augustin-Jean Fresnel. Em 1821 ele publicou um tratado matemático sobre a luz. As ondas podem oscilar de duas maneiras que são fundamentalmente diferentes – ou na direção de seu movimento, como as ondas sonoras ou oscilações longitudinais no brinquedo *mola mania*,[d] ou em ângulo reto em relação a ele, como as ondas transversais numa corda. Fresnel mostrou que as ondas de luz eram mais provavelmente parecidas com as últimas.[10] Mas este tipo de onda exige que o meio possua uma certa qualidade elástica – falando de modo bem simples, uma certa corporeidade. Por causa disso, afirmou Fresnel, o éter não é um gás, e sim um *sólido* permeando todo o universo. Aquilo que tinha sido meramente mau e feio era agora quase inconcebível. Entretanto, durante o resto do século, permaneceu como a visão aceita pela comunidade científica.

23. De Que é Feito o Espaço

entar entender do que o espaço era feito levou àquilo que talvez tenha sido o maior avanço científico de todos os tempos. Foi uma luta intensa levada avante, principalmente por cientistas que não sabiam aonde iam ou onde estavam quando chegaram lá. Como o espaço, a trajetória deles estava cheia de dobras e curvas.

■●■

O cenário estava pronto em 1865, quando um físico escocês, de 1,62 m de altura, publicou um artigo intitulado "Uma teoria dinâmica do campo magnético". Ele foi seguido, em 1873, por um livro intitulado *Um tratado sobre eletricidade e magnetismo*. O nome de nascimento do autor era James Clerk [1], mas para ter direito a uma herança de um tio que morrera, mais tarde seu pai adicionou o nome Maxwell. Como se revelou no final, com um pouco de dinheiro e essa cláusula incomum, o tio tinha imortalizado o seu nome, pelo menos entre os físicos e historiadores da ciência.

A teoria do eletromagnetismo de Maxwell está no mesmo nível que a mecânica, a relatividade e a teoria quântica como um dos pilares da física moderna. Você não verá o rosto sério e barbudo de Maxwell enfeitando canecas de café. Nem os urubus culturais de Nova York e Hollywood o consideram atraente. No entanto, sua vida é celebrada entre aqueles que, durante o ensino médio e na faculdade, trabalharam para entender os fenômenos complexos e variados da eletricidade, do magnetismo, da luz, e então, depois de aprender o cálculo vetorial, descobriram subitamente que todos os fenômenos estão contidos numas poucas linhas inocentes parecidas com aquelas que Alexei chamaria de "frases numéricas". Uma loja em Pasadena, Califórnia, perto do campus do

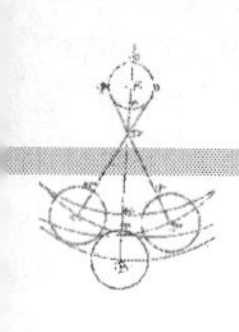

Caltech (Instituto Tecnológico da Califórnia) vendia uma camiseta com uma citação parafraseando a história principal de Deus no livro de Gênesis. Estava escrito, com todo o respeito: "Deus disse, 'haja [e eram apresentadas quatro equações]'. E houve luz". As equações eram as quatro equações de Maxwell.[2] Um punhado de letras e uns símbolos estranhos e, a não ser pela gravidade, essas equações explicavam todas as forças que eram conhecidas pela ciência.

O rádio, a televisão, o radar e os satélites de comunicações são apenas algumas das conseqüências desse conhecimento. Uma versão quântica da teoria de Maxwell é a teoria de campo quântico mais amplamente testada que existe; ela serviu de modelo para o "modelo-padrão" atual das partículas elementares, as menores partículas de matéria que conhecemos. Uma análise cuidadosa da teoria de Maxwell tem como conseqüências tanto a relatividade especial como a ausência de qualquer tipo de éter. Nada disso era tão óbvio naquele tempo.

A teoria de Maxwell é apresentada aos estudantes de física de hoje como um conjunto conciso de equações diferenciais que determinam duas funções vetoriais, das quais podem ser deduzidos, em princípio, todos os fenômenos ópticos e eletromagnéticos no vácuo. É um belo desenvolvimento teórico. Mas estudá-la nos livros-texto é tão próximo de como seu significado foi realmente descoberto quanto uma aula Lamaze[e] em relação a dar à luz. Há uma ausência de intensa dor e de gritos lancinantes que dá às duas experiências uma impressão um pouco diferente. Muitos anos atrás, um jovem aluno de pós-graduação (este autor...) entregou um trabalho no qual tinha resolvido um problema complexo de radiação eletromagnética de dois modos diferentes a fim de ganhar uma melhor percepção da mágica aparente da solução mais poderosa. A solução elegante, empregando a técnica moderna de tensores, ocupou menos de uma página de cálculos. O método "força bruta" exigiu dezoito páginas de cálculos matemáticos para obter o mesmo resultado. (O professor que lecionava a matéria descontou pontos da nota porque teve que examinar todas essas páginas.) A segunda técnica estava próxima à teoria original de Maxwell, mas mesmo assim não era tão difícil. A teoria de Maxwell de 1865 consistia de um conjunto de vinte equações diferenciais em vinte incógnitas.

Dificilmente se pode criticar Maxwell por não empregar as notações simplificadas que ainda não tinham sido inventadas ou usadas amplamente. Por outro lado, a teoria de Maxwell não era apenas complicada e de aparência complicada; ela era pobremente explicada. Aparentemente, a mesma natureza meticulosa que permitiu a Maxwell absorver e unificar o vasto conhe-

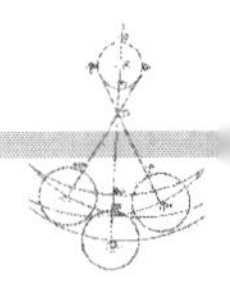

cimento da época e fazer malabarismos na sua cabeça com uma teoria tão complexa, interferiu na sua capacidade de explicá-la. Como Hendrick Antoon Lorentz, um dos principais responsáveis pela interpretação e simplificação da teoria, escreveu mais tarde: "Nem sempre é fácil compreender as idéias de Maxwell. Percebe-se uma falta de unidade no seu livro devido ao fato de que ele registra fielmente a sua transição gradual, das velhas idéias para as novas".[3] E nas palavras menos gentis de Paul Ehrenfest, era "um tipo de selva intelectual".[4] Maxwell tinha dado aos seus colegas um entulho central, e não uma explicação pedagógica. Apesar da apresentação obtusa de sua teoria, Maxwell foi o maior de todos os mestres dos fenômenos eletromagnéticos que o mundo já encontrou. Dada a percepção de Maxwell, qual foi a sua posição sobre de que o espaço deveria ser feito? De éter ou não? Ele publicou um artigo sobre isso na 9ª. edição da *Encyclopaedia Britannica,* em 1878:

> Sejam quais forem as dificuldades que tenhamos para formar uma idéia consistente sobre a constituição do éter, não há dúvida de que os espaços interplanetários e interestelares não são vazios, mas são ocupados por uma substância ou corpo material, que certamente é o maior de todos os corpos e o mais uniforme de que temos conhecimento".[5]

Até o grande Maxwell não podia abandoná-lo.

Para o seu grande mérito, Maxwell simplesmente não desistiu como muitos fizeram, descartando o éter como uma necessidade inobservável. Ele descobriu a primeira conseqüência essencial observável: se as ondas de luz viajam com uma velocidade constante em relação ao éter, e se a Terra se move numa órbita elíptica através do éter, então a velocidade com a qual a luz que vem do espaço se aproxima da Terra variará, dependendo de onde a Terra estiver na sua órbita. Afinal de contas, a Terra viaja em direções diferentes em janeiro e julho, quando se encontra na extremidade oposta de sua órbita. No dia 23 de abril de 1864, Maxwell tentou realizar uma experiência para determinar quão velozmente a Terra estava se movendo através do éter.

Ele submeteu um artigo sobre seu esforço intitulado "Experiência para determinar se o movimento da Terra influencia a refração da luz" para os *Proceedings of the Royal Society* (Atas da Sociedade Real). Lamentavelmente, seu artigo nunca foi publicado porque o editor, G. G. Stokes, convenceu Maxwell de que sua abordagem era defeituosa. Não era, pelo menos em princípio. Maxwell não viveu o bastante para ver a questão do éter resolvida, mas em 1879, enquanto

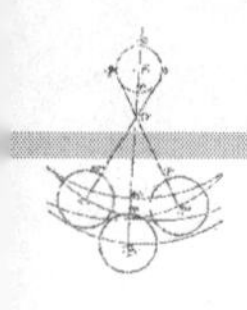

sofria uma dor agonizante pelo câncer de estômago que logo ceifaria sua vida, ele mandou uma carta sobre o assunto para um amigo. Sua carta finalmente levaria à demonstração experimental de que o éter não existe.

A carta de Maxwell foi publicada postumamente na revista científica inglesa *Nature,* onde Michelson a viu. Ela lhe deu uma idéia para um experimento. Para entender o arranjo de Michelson, imagine Nicolai, Alexei e seu pai jogando futebol no parque. Eles estão posicionados com o pai no

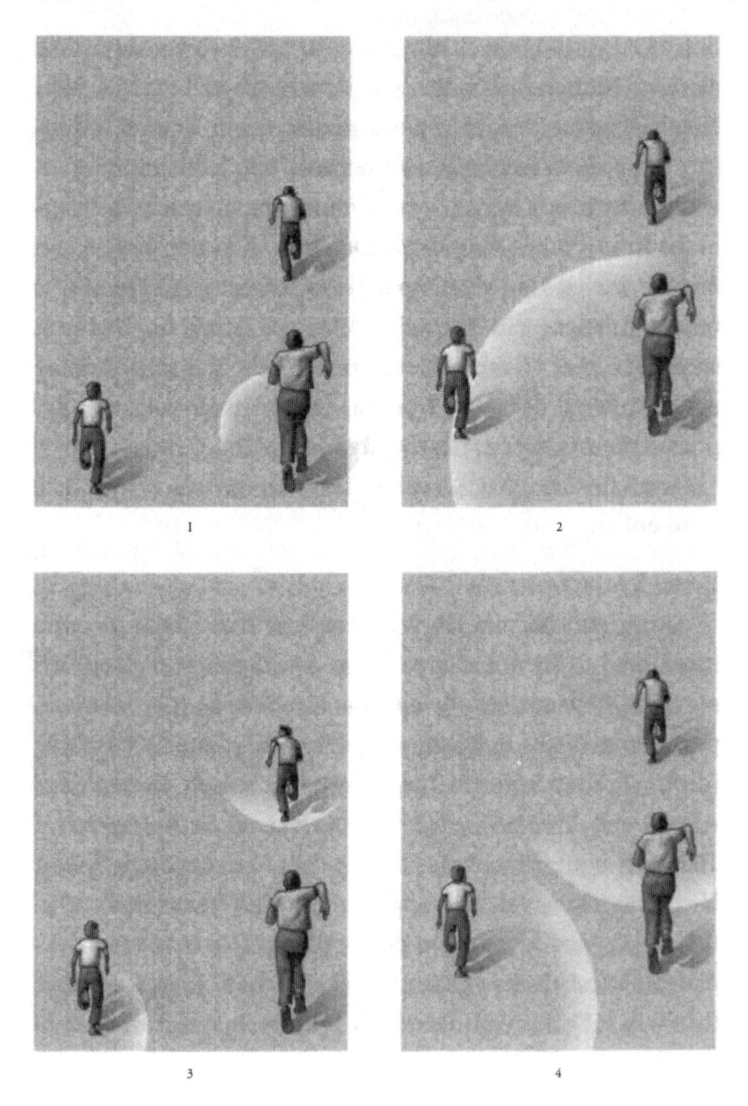

UMA TROCA EM MOVIMENTO

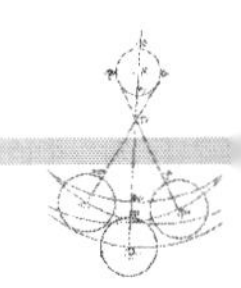

vértice de um ângulo retângulo, Nicolai ao norte, e Alexei a uma distância igual a oeste, ao longo dos catetos vertical e horizontal.

Imagine que os três estão correndo para o norte com a mesma velocidade. Vamos pressupor que o pai esteja a 10 metros de cada menino, e que todos eles correm a 10 quilômetros por hora. O pai está perseguindo Nicolai, que correu com a bola, e Alexei acompanha o seu pai, a uma distância constante, seguindo uma trajetória paralela. O pai dá uma olhada no relógio e diz: "Galera, hora de ir pra casa!". Assim que os meninos ouvem, eles respondem gritando: "Não!" Eis a questão: o pai ouvirá um dos seus filhos antes do que o outro?

A resposta é afirmativa. Não importa quão rapidamente qualquer um dos falantes esteja correndo, seus gritos viajarão através do ar estacionário à mesma velocidade, que chamaremos de *c*. Mas Nicolai está correndo para longe do grito de seu pai, assim o grito deve viajar mais do que a separação deles de 10 metros – deve viajar 10 metros mais a distância que Nicolai corre durante o tempo que o grito demora para alcançá-lo. O grito de resposta de Nicolai, por outro lado, não precisaria viajar todos os 10 metros para alcançar seu pai, porque seu pai está correndo em direção ao grito. Viaja somente 10 metros menos a distância que o pai corre durante o tempo que o grito demora para alcançá-lo. Outro modo de dizer isso é que o grito do pai se aproxima de Nicolai a uma velocidade *c* menos 10 km/h, e o grito de Nicolai se aproxima de seu pai a uma velocidade de *c* mais 10 km/h. Por outro lado, Alexei não está correndo nem em direção a seu pai, nem para longe dele, assim, seus gritos se aproximarão de seus alvos à velocidade de apenas *c*.

Dada esta análise, parece claro que as viagens de ida e volta dos gritos gastam quantidades de tempo diferentes; mas o que é mais veloz, uma velocidade constante de *c* na ida e na volta, ou a mais lenta de $c - 10$ seguida pela mais veloz de $c + 10$?

Alexei e Nicolai sabem a resposta por causa de uma história que às vezes é lida para eles (quando tentam evitar ir para cama dormir). A moral da história é: devagar e sempre é que se ganha a corrida. Para verificar isso, vamos supor, temporariamente, que a velocidade do som, *c*, é igual a 10.000,01 km/h (a notação decimal para 'dez mais um pouquinho'). Nesse caso, os gritos entre Alexei e seu pai são trocados à velocidade de 10.000,01 km/h, levando aproximadamente 3,6 segundos em cada direção. O grito de resposta de Nicolai alcançará seu pai muito mais rápido do que isso, a uma velocidade de $c + 10 = 20.000,01$ km/h, ou seja, em cerca de 1,8 segundo.

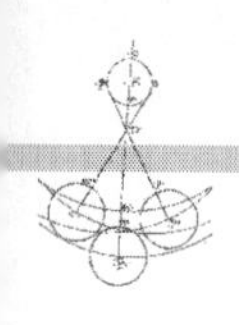

Mas, primeiro, o grito do pai tem que alcançar Nicolai. Quanto tempo leva? O grito do pai preenche a distância a uma velocidade de meramente $c - 10$ = 10.000,01-10 = 0.000,01 km/h. A essa velocidade, vai levar umas seis semanas. Alexei vence. É claro que a velocidade do som é realmente uns 1.200 km/h, ou aproximadamente 340 m/seg.[f] Embora isso fizesse o final de corrida ser decidido por foto, o resultado da corrida seria o mesmo.

Substituindo o som pela luz e o ar pelo éter, a experiência acima torna-se uma representação da idéia de Maxwell. O pai e os meninos não precisam correr, pois a Terra já está correndo pelo espaço, orbitando o Sol a uma velocidade de quase 30 km/s. (A Terra também gira em torno de seu próprio eixo, mas a uma velocidade muito menor.) Há um ponto sutil aqui: a Terra estar orbitando em torno do Sol a uma dada velocidade não implica que esteja se movendo através do éter àquela velocidade. No entanto, pareceu implicar que a Terra deve estar se movendo através do éter com *alguma* velocidade, uma velocidade que esperaríamos que variasse com a estação do ano, à medida que a direção da Terra no espaço muda com a sua órbita. Na verdade, nosso experimento com o pai e os meninos deveria permitir-nos medir a velocidade da Terra através do éter, pois sabendo por quanto tempo Alexei ganhou, podemos descobrir o valor da velocidade c. Essencialmente, isso é o experimento que Michelson realizou. O experimento era simples, exceto naquele laboratório que chamamos de mundo real.

A luz se move rapidamente, mesmo comparada à velocidade da Terra em órbita: a luz se movimenta 10.000 vezes mais depressa. É um número inteiro conveniente para a teoria, mas um pesadelo para o experimento. A matemática da situação nos informa que a esta velocidade minúscula, a diferença de tempo entre as trocas de gritos de Alexei e Nicolai com o pai é somente de um milionésimo de 1%. Isso significa que se o pai, Alexei e Nicolai estivessem separados por um ano-luz, os sinais dos meninos ainda retornariam com diferenças de apenas 1/3 de segundo. O método é prático? Não pareceu.

Felizmente para Michelson, um francês de nome Armand-Hipollyte-Louis Fizeau tinha recebido uma fortuna de herança de seu pai, um médico, e gastou seu tempo e dinheiro no interesse pela óptica. Particularmente, Fizeau estava interessado em construir um aparelho terrestre para medir a velocidade da luz, um empreendimento que uma vez Galileu tinha planejado. Mas Galileu não teve os benefícios da Revolução Industrial, e os avanços das ferramentas de alta precisão que surgiram na metade do século 19.[6] Para atingir seu objetivo, Fizeau conseguiu construir um aparelho no qual um feixe de luz viajava

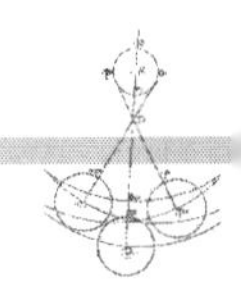

sem interrupção num trajeto de oito quilômetros.[7] Viajar oito quilômetros num ônibus lento é uma longa viagem, mas passa rapidamente a 300.000 km/s. No entanto, em 1849, a medida de Fizeau chegou a um resultado que difere em apenas 5% do que hoje sabemos ser a velocidade da luz. Em 1851 ele realizou uma série de experimentos para testar uma teoria de que o éter é arrastado pela superfície da Terra. Proposta por Fresnel em 1818, essa teoria se mostrou importante, pois significava que era possível que os pontos da superfície da Terra tivessem uma velocidade pequena ou nula em relação ao éter. O aparelho de 1851 de Fizeau era complexo e impressionante, e tinha uma importante inovação – um "divisor de feixe", feito com um espelho levemente prateado que permite dividir um feixe de luz em dois feixes que tomam trajetórias diferentes, e mais tarde são recombinados. No arranjo de Michelson, um fino feixe de luz de uma minúscula fonte luminosa era projetado sobre um desses espelhos; metade dele passava e a outra metade era refletida a 90º. O papel do pai como vértice era representado por esse espelho semiprateado. Alexei e Nicolai eram substituídos por espelhos normais, que simplesmente refletiam o feixe de luz enviado para eles, de volta para o vértice.

Michelson usou uma fonte luminosa minúscula e constante para criar um feixe estreito para ser enviado ao divisor. Como a luz age como uma onda, se na recombinação um feixe tiver retornado mais rapidamente do que o outro, as oscilações dos dois feixes não estarão mais em fase, isto é, concordando entre si. Isso produziria interferência, que pode ser traduzida numa diferença de tempo para determinar a nossa velocidade através do éter como antes. (Se não fosse pela necessidade de usar este efeito interferência como um meio de medida, o experimento poderia ter sido realizado simplesmente piscando uma luz entre dois pontos em diferentes direções e comparando os tempos de trânsito.)

Na verdade, Michelson não podia nutrir esperança de ter os dois braços de seu aparelho iguais com a precisão de um comprimento de onda, ou mesmo de medir o comprimento deles com aquela exatidão. Além disso, ele não tinha como saber realmente que ângulo o seu aparelho faria com a velocidade do éter. Michelson resolveu esses problemas inteligentemente, rodando seu aparelho em 90º e medindo as mudanças nas franjas quando os dois feixes "trocavam de papel", em vez de medir as franjas.

Michelson não teve de viajar tão longe para se desenvolver como lutador de boxe, mas como cientista a situação foi um pouco diferente. Em 1880,

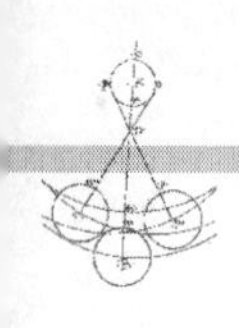

ele recebeu permissão da marinha para viajar através do Atlântico a fim de desenvolver seus estudos. Uma bolsa de estudos desse tipo era comum naquele tempo, uma tentativa do governo americano de complementar sua bravura militar com um pouco de inteligência militar. Michelson ainda não tinha 30 anos de idade quando desenvolveu a idéia brilhante de um interferômetro[g] durante suas estadas em Berlim e Paris.

O aparelho proposto por Michelson tinha que ser construído com a máxima precisão da época: uma mudança de um milésimo de milímetro na distância de um braço em relação ao outro poderia arruinar suas medidas. Se a temperatura de um braço fosse somente um centésimo de grau maior do que a do outro, o experimento de Michelson falharia. Antes de começar, Michelson tinha que cobrir os braços do aparelho com papel para evitar correntes que mudassem a temperatura, e envolver seu instrumento com gelo derretendo a fim de manter a temperatura de seu perímetro uniforme em 0°C. Depois de construído, o seu aparelho era tão sensível que podia detectar a perturbação produzida pela batida de passos na calçada a uns 100 metros do laboratório.

Tal aparelhagem é caríssima. Michelson queria que a estrutura de bronze fosse fabricada pelos famosos construtores alemães de instrumentos, Schmidt & Haensch, mas ele não podia bancar tal extravagância. Felizmente, alguns anos antes um americano tinha alcançado fama e fortuna pela invenção do "telégrafo falante", um pequeno dispositivo que chamamos hoje de telefone. Por volta de 1880 seu inventor, Alexander Graham Bell, estava trabalhando numa nova invenção – o videofone. Bell tinha contratado a Schmidt & Haensch para a fabricação de instrumentos de pesquisa, e tinha uma conta lá. Foi com o crédito desta conta que o aparelho de Michelson foi construído.

Em abril de 1881, Michelson realizou sua experiência em Potsdam, na Alemanha. Ele praticamente não encontrou nenhuma diferença de tempo entre as duas trajetórias. O que significava isso? O propósito de Michelson não tinha sido o de refutar ou de testar a hipótese do éter: era *medir nossa velocidade* através do éter. Quando não encontrou nada, ele não concluiu que o éter não existia; simplesmente concluiu que de algum modo nós não estamos nos movendo através dele. Como poderia a Terra não estar se movendo através do éter? Uma resposta era a teoria do arrastamento do éter de Fresnel, e aparentemente confirmada por Fizeau, embora sem tal precisão. De qualquer modo, se Michelson não considerou seu trabalho como um desafio à existência do éter, os outros também não consideraram. Sir William

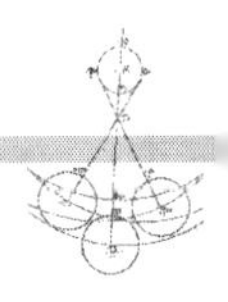

Thomson (Lorde Kelvin), numa visita aos Estados Unidos, em 1884, declarou francamente: "... o éter luminífero é... a única substância na qual temos confiança em dinâmica. A única coisa de que temos certeza é a realidade e a substancialidade do éter luminífero".[8] A conclusão mais importante era que a teoria eletromagnética de Maxwell exige ondas, e as ondas exigem um meio. A maioria dos físicos ignorou completamente a experiência de Michelson. Mais tarde ele escreveria: "Tenho tentado em vão, repetidas vezes, interessar meus amigos cientistas por esse experimento, sem resultado... Fiquei desencorajado pela pequena atenção que recebeu".[9]

■●■

Um que levou a experiência de Michelson muito a sério foi o físico holandês Lorentz. Em 1886, ele questionou a análise teórica de Michelson, salientando um problema que foi realmente mencionado pela primeira vez pelo físico francês André Poitier, em 1882.[10] A análise de Michelson, como a nossa acima, contém um erro sutil. Em nossa discussão, assumimos que o grito do pai para Alexei viaja horizontalmente (em nosso arranjo) da posição do pai por ocasião do grito até Alexei, quando Alexei ouve o grito. Mas quando o grito alcança Alexei, todo mundo já avançou um pouquinho. Isso significa que o grito do pai tem de viajar mais do que os 10 metros que presumimos que teria. Esse pedacinho extra de distância é responsável por um pouco de tempo extra e reduz a quantidade pela qual a troca de gritos entre eles suplanta a troca de gritos entre Nicolai e o pai. Na nova análise, a mudança das franjas de interferência seria somente a metade do que Michelson esperava originalmente. Lorentz argumentou que, se a nova análise fosse utilizada, a experiência de Michelson envolveria um erro experimental suficiente para invalidar a conclusão de Michelson.

Michelson voltou para os Estados Unidos para um cargo de professor na Escola Case, em Cleveland. Pouco tempo depois, Lorentz e Lorde Rayleigh pediam o aprimoramento e a repetição da experiência. Michelson começou a trabalhar nela com um colega, Edward Williams Morley, que trabalhava na faculdade de Western Reserve, nas proximidades de Cleveland. Depois, em 1885, Michelson sofreu um esgotamento nervoso, deixou a escola e foi para Nova York. Morley continuou trabalhando, sem ter esperança que Michelson voltasse, mas ele retornou no fim do semestre. Em Cleveland, ao meio-dia de 8 de julho de 1887, e depois, nos dias 9, 11 e 12, Michelson e Morley realiza-

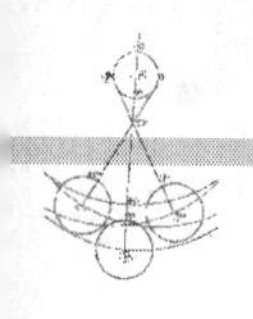

ram o experimento definitivo que se tornou parte do currículo de todo estudante de física. A reação à experiência aprimorada foi tão morna como antes. O resultado negativo, agora visto como revolucionário, parecia para muitos nada mais do que uma falha em encontrar o efeito desejado – uma medida de nossa velocidade através do éter. Embora Michelson e Morley tivessem planejado mais medidas, em diferentes estações do ano, por exemplo, isto é, em diferentes pontos da órbita terrestre, eles também perderam o interesse.[11]

Como a descoberta do espaço curvo, a experiência de Michelson-Morley não produziu uma explosão na história das idéias. Foi mais como acender um estopim. O primeiro fio de fumaça daquele estopim surgiu em 1889, quando, depois que a experiência parecia ter sido esquecida há muito tempo, apareceu uma pequena carta em uma nova revista científica americana, *Science*. A carta começava assim:

> Li com bastante interesse sobre o experimento extremamente delicado dos Srs. Michelson e Morley tentando decidir a importante questão sobre até que ponto o éter é transportado pela Terra. O resultado parece se opor a outras experiências, mostrando que o éter no ar só pode ser transportado de modo inapreciável. Quero sugerir que talvez a única hipótese que pode reconciliar esta oposição é que o comprimento dos corpos materiais muda, conforme estão se movendo ao longo do éter, ou perpendicularmente a ele, por uma quantidade que depende do quadrado da razão entre suas velocidades e a da luz...[12]

O que isso poderia significar? O comprimento dos corpos materiais *muda*? O espaço em que vivemos muda a matéria? A carta terminava com apenas duas outras longas sentenças. Escrita por um físico irlandês, George Francis FitzGerald, ela descrevia uma forma de um dos conceitos fundamentais da teoria que finalmente explicaria a experiência de Michelson e Morley: a relatividade.

Quase ao mesmo tempo, Lorentz, que ainda estava ponderando sobre as medidas de Michelson, chegou à mesma conclusão. Porém Lorentz, o líder dos físicos teóricos da década de 1890, tentou construir uma explicação da contração dos corpos baseado na maneira como as forças moleculares são transmitidas através do éter.[13] (Agora, num esforço para salvar a idéia, já não se supunha mais que o éter não era afetado pelas forças físicas.) Sem uma explicação física para a contração, ela era um

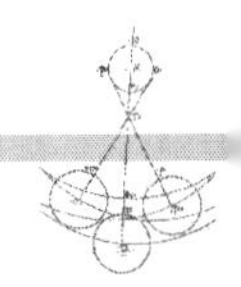

acréscimo de explicação *ad hoc*, como os epiciclos de Ptolomeu. Contudo, as tentativas para formulá-la falharam, particularmente porque as forças que Lorentz foi forçado a postular eram difíceis de ser reconciliadas com a mecânica newtoniana.

■●■

Em 1904, um ano antes do primeiro artigo de Einstein sobre a relatividade, Lorentz e outros cientistas fizeram diversas descobertas curiosas, mas não perceberam suas implicações. A nova teoria de Lorentz introduzia a diferença entre dois tipos de tempo, "tempo local" e "tempo universal" (mas considerava que o tempo universal era, de algum modo, a medida preferível). Lorentz também percebeu que o movimento de um elétron através do éter deve afetar o valor de sua massa, um efeito confirmado experimentalmente pelo físico Walter Kaufman. Poincaré questionou se a velocidade da luz poderia ser um limite de velocidade no universo, uma lei aparentemente implicada pelas teorias da contração. Ele também especulou sobre a subjetividade do espaço e do tempo, escrevendo: "Não há tempo absoluto; dizer que durações de tempo são iguais é uma afirmação que por si mesma não tem significado... nós não temos sequer a intuição direta da simultaneidade de dois eventos ocorrendo em lugares diferentes...".[14] A linha divisória entre as coisas temporais e o espaço sem tempo em que elas existiam estava se partindo. Que tipo de geometria emergiria depois?

Foi necessário que Albert Einstein formulasse uma teoria simples que explicava o comportamento observado da luz viajando através do espaço. Espaço e tempo foram unidos para sempre e a tia deles, a geometria, ficou sem dúvida muito excêntrica.

24. Trainee Especialista-técnico de 3ª. Classe

m 1805, quando Napoleão, montado em seu cavalo, passou em frente da casa de Gauss em Göttingen, ele estava voltando de uma vitória decisiva em Ulm, na Alemanha. Napoleão poupou Göttingen da destruição por sua grande estima a Gauss, mas o local de sua vitória em breve também se tornaria consagrado como o lugar de nascimento daquele que pode ser considerado o maior físico da história: Albert Einstein. Era 1879, o ano em que Maxwell faleceu.

Diferentemente de Gauss, Einstein não foi um menino prodígio.[1] Ele demorou a falar – alguns dizem que apenas aos 3 anos de idade. Ainda criança, era geralmente quieto e tímido. Foi ensinado em casa por um professor particular, até o dia em que teve um acesso de raiva e jogou uma cadeira no seu professor. Na escola primária, seu boletim foi sofrível. Algumas vezes ele ia bem; mas outros professores não o consideravam inteligente, talvez até mesmo retardado. Infelizmente, como hoje em dia, a memorização era o foco da maior parte do trabalho escolar, e memorização nunca foi o forte de Einstein. Rápidos em valorizar uma criança que gritasse imediatamente "norte" quando perguntada em qual direção uma bússola aponta, pouco valorizavam alguém que, em vez disso, ponderava, como Einstein fazia aos 5 anos de idade, sobre qual força invisível provocava isso. Não é que as escolas alemãs não tivessem progredido desde os dias de Buettner e Gauss. A punição por causa de uma resposta errada não era mais a surra. A técnica mais moderna era uma rápida pancada nos nós dos dedos. O gênio escondido por detrás das respostas geralmente tardias de Einstein era, na verdade, uma estratégia de aversão à dor de uma criança assustada: ele sempre conferia e reconferia mentalmente a sua resposta antes de falar.

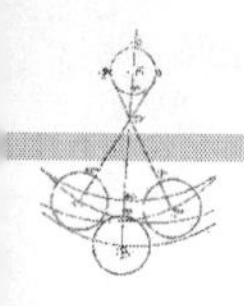

Na reunião de pais e mestres, os pais do Albert de 9 anos de idade devem ter ouvido algo parecido com isso: o jovem Albert é bom em matemática e latim, mas está muito abaixo da média em todas as outras matérias. Podemos imaginar as dúvidas de sua professora e a preocupação dos seus pais. Será que esse aluno do quarto ano do ensino fundamental seria alguma coisa na vida? Em retrospecto, aos 13 anos de idade, Einstein já mostrava habilidade excepcional em matemática. Começou a estudar matemática avançada com um amigo mais velho e com um tio. Também estudou a obra de Kant, especialmente a sua visão sobre tempo e espaço. Kant pode ter estado errado sobre o papel da intuição na demonstração matemática, mas a sua idéia de que o tempo e o espaço são produtos de nossa percepção interessou Einstein ainda na adolescência. Embora a psicologia humana não desempenhe papel nenhum, a subjetividade das medidas do espaço e do tempo é o que dá o nome à relatividade.

Por volta de 1895, o jovem Einstein também sabia sobre o experimento de Michelson-Morley, sobre o trabalho de Fizeau e sobre o de Lorentz. Embora nessa época ele aceitasse o éter, tinha concluído que, não importa quão velozmente você se movimente, nunca será capaz de alcançar uma onda de luz. A relatividade estava sendo elaborada.

As atividades intelectuais extracurriculares de Einstein não se refletiam de modo agradável na escola. Quando Albert tinha 15 anos, seu professor de grego clássico, que aparentemente não era do tipo encorajador, pronunciou em sala de aula que o menino intelectualmente era um caso perdido, estava gastando o tempo de todos e deveria sair da escola imediatamente. Sabiamente, ele disse isso em alemão em vez de grego, senão Albert provavelmente não teria entendido. Albert não saiu imediatamente da escola, mas pouco depois seguiu o conselho do seu professor. Ele recebeu um bilhete do médico da família de que estava à beira de um esgotamento nervoso, e outro do seu professor de matemática dizendo que ele já sabia toda a matemática do currículo. Ele levou os bilhetes para o diretor da escola e recebeu autorização para cair fora.

Naquela ocasião, Albert estava vivendo numa pensão – a sua família tinha se mudado para a Itália. Agora, Albert estava livre para se reunir com eles. Ele pode ter sido levado a deixar a escola sem nenhuma boa razão, mas descobriu que a vida de quem não estuda lhe agradava. O futuro guru da física e rival de Isaac Newton passou os seis meses seguintes saltitando por Milão e nas cercanias da zona rural. Quando perguntado sobre planos de

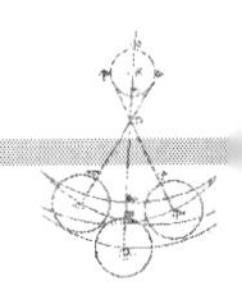

trabalho, ele respondia que um trabalho de verdade estava fora de cogitação. O que ele poderia considerar seria um emprego para lecionar filosofia na faculdade. Infelizmente, os departamentos de filosofia das universidades não estavam contratando um monte de alunos que tinham abandonado o ensino médio. E até lecionar no ensino médio exigia um diploma de faculdade. Você não precisa ser um Einstein para entender que a única opção que restava era simplesmente se divertir.

Mas o pai de Albert, Hermann, também era um Einstein, e este Einstein não ia deixar que isso acontecesse. Reconhecendo o talento matemático de seu filho, ele o amolou, adulou e, traduzindo para a sua língua nativa, o iídiche[h], ele *ficou batendo um chainik*[2] até que Albert concordasse em voltar para a escola para estudar engenharia elétrica. Hermann não era um engenheiro elétrico, mas tinha aberto duas lojas com equipamentos elétricos (que faliram). Albert resolveu se candidatar a uma das melhores escolas – a ETH, *Eidgenoessische Technische Hochschule* (Escola Técnica Superior Suíça) em Zurique, conhecida por muitos nomes em português, a maioria tendo a palavra "Politécnico" em comum. A universidade era famosa internacionalmente – e também uma das poucas universidades que não exigiam um diploma do ensino médio. Em vez disso, tudo o que alguém tinha de fazer era passar num vestibular. Albert fez o vestibular. Foi reprovado.

Como costumava acontecer, Albert se saiu bem na parte matemática do exame, mas, como de costume, havia outras matérias irritantes incluídas no exame. Neste caso, francês, química e biologia, que o eliminaram. Como ele provavelmente não tinha a ambição de escrever artigos sobre bioquímica em francês, pode ter parecido sem sentido para Albert que fosse impedido de ingressar na escola por essas razões. Mas agora Albert estava se candidatando para as grandes e famosas universidades, e na grande universidade, a sua matemática promissora não passou despercebida.

Heinrich Weber, um matemático e físico que era o professor de física da Escola, convidou Albert para freqüentar suas aulas como ouvinte. O diretor, Albin Herzog, conseguiu que ele fizesse mais um ano de preparação numa escola próxima. No ano seguinte, com o diploma do ensino médio na mão, Einstein foi aceito na ETH sem prestar novos exames. Einstein recompensou a fé de Weber e do diretor por validarem seu exame de ingresso: como esperado, foi mal na Escola. E por que não? O currículo sofria da mesma filosofia educacional defeituosa que o exame. Como Einstein escreveu:

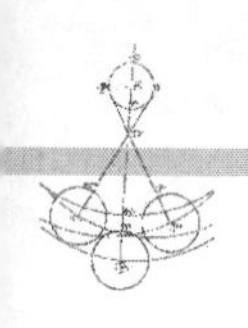

"Tínhamos que enfiar todas essas coisas na cabeça para as provas, gostássemos ou não. Esta coerção tinha um efeito desencorajador sobre mim que, depois que passei nos exames finais, considerei desagradáveis quaisquer problemas científicos, durante um ano".[3]

Einstein conseguiu passar de qualquer jeito, estudando as anotações de um amigo, Marcel Grossmann, que desempenharia um papel-chave mais tarde na vida matemática de Einstein. Weber não estava contente com o comportamento de Einstein e o achava arrogante. O fato de Einstein ter considerado as palestras de Weber obsoletas e que não valia a pena assisti-las provavelmente tinha algo a ver com isso. Seu modo encantador tinha transformado Weber de mentor em carrasco. Três dias antes do exame final, no verão de 1900, Weber decidiu se vingar: exigiu que Albert reescrevesse um artigo que tinha entregue só porque não fora feito no papel oficial. Para os que nasceram depois de 1980: quando não existiam computadores, você não podia fazer isso simplesmente colocando o papel na sua impressora de novo clicando um mouse. Envolvia a aplicação tediosa de algo chamado manuscrito. Isso tomou muito do tempo que restava para Albert estudar.

Einstein ficou em terceiro lugar numa turma de quatro alunos, mas passou. Seus colegas de faculdade conseguiram empregos nas universidades, mas Weber, tendo feito más recomendações, se interpôs no caminho de Einstein. Durante algum tempo, Einstein foi professor substituto, e depois foi professor particular. No dia 23 de junho de 1902 acabou ingressando no seu hoje famoso emprego no Escritório Suíço de Patentes da Suíça. Seu título pomposo era de Especialista Técnico de Terceira Classe em Treinamento (um trainee de hoje). Enquanto trabalhava no escritório de patentes, Einstein completou um doutorado na Universidade de Zurique. Anos mais tarde, ele recordava que sua dissertação fora rejeitada a princípio por ser muito pequena. Ele adicionou somente mais uma frase e a apresentou novamente. Desta vez foi aceita. É difícil dizer se a história é verdadeira ou se foi um pesadelo depois de uma noite regada a conhaque, pois não há evidência que a sustente. Todavia, ela capta a essência da vida acadêmica de Einstein naquela ocasião.

Sua "educação" deixada para trás, o cérebro de Einstein explodia com idéias revolucionárias em 1905, suficientes para que ganhasse três ou quatro prêmios Nobel, se eles fossem dados por quaisquer critérios objetivos. Foi o ano mais produtivo que qualquer cientista já teve, pelo menos desde quando Isaac Newton ficou na fazenda de sua mãe de 1665 a 1666. E Einstein não teve a folga de ficar sentado debaixo de uma árvore observando

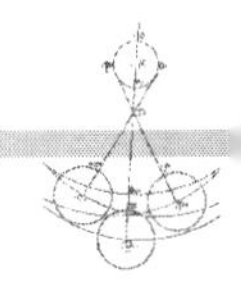

maçãs caírem – ele fez tudo enquanto trabalhava em horário integral no escritório de patentes. A sua produção consistiu de seis artigos (cinco deles publicados naquele ano). Um era baseado na sua tese de doutoramento, uma questão de geometria – não a geometria do espaço, mas a geometria da matéria. Einstein publicou a sua dissertação na revista científica *Annalen der Physik* (Anais da Física) com o título "Uma nova determinação das dimensões moleculares".[4] Nela, Einstein apresentou um novo método teórico para determinar o tamanho das moléculas. Mais tarde esse trabalho encontrou aplicação numa variedade de áreas, desde o movimento dos grãos de areia em misturas de cimento até as micelas de caseína (partículas de proteína) no leite da vaca. De acordo com um estudo feito por Abraham Pais [físico e famoso biógrafo de Einstein], na década de 1970, entre 1961 e 1975, esse trabalho foi mais citado do que qualquer outro artigo científico escrito antes de 1912, incluindo os artigos de Einstein sobre a relatividade.[5] Einstein também escreveu dois artigos sobre o movimento browniano em 1905. Este é o movimento irregular de partículas minúsculas suspensas em líquido, observado pela primeira vez pelo botânico escocês Robert Brown em 1827. A análise de Einstein, baseada na idéia de que o movimento é devido ao bombardeamento aleatório das partículas pelas moléculas do líquido, levou-o a uma confirmação da nova teoria molecular da matéria do físico experimental francês Jean-Baptiste Perrin. Por este trabalho, Perrin recebeu o prêmio Nobel em 1926.[i]

Em outro artigo escrito em 1905, Einstein explicou por que certos metais tinham sido observados emitindo elétrons quando a luz incidia sobre eles, um efeito conhecido como efeito fotelétrico. A questão principal a ser explicada era que, para um dado metal, existia um limiar de freqüência de luz abaixo do qual o efeito não ocorria, não importando quão intenso fosse o feixe de luz empregado. Einstein aplicou a idéia quântica de Max Planck para explicar o limiar – se a luz consistia de partículas (mais tarde chamadas de fótons [pelo químico americano Gilbert Lewis, em 1926]) cuja energia dependia da freqüência, então somente acima de certas freqüências é que o fóton incidente tem energia suficiente para desalojar um elétron.

Neste artigo, Einstein ousadamente aplicou o novo conceito quântico de Planck como se fosse uma lei física universal. Naquela época, ele tinha sido considerado simplesmente uma faceta mal-entendida da interação entre a radiação e a matéria. Isso não preocupava ninguém, porque era um campo que, naquela época, estava mesmo cheio de pontos de interrogação.

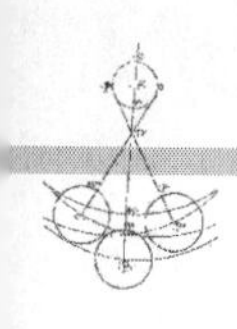

Certamente ninguém ousou imaginar, como Einstein, que a idéia quântica poderia ser aplicada à radiação, contradizendo assim a bem compreendida e bem testada teoria de Maxwell. Assim como com o outro trabalho revolucionário de Einstein, no começo poucos foram convencidos. Lorentz e até o próprio Planck se opuseram ao ponto de vista de Einstein. Hoje nós olhamos para o artigo de Einstein como o marco inicial na história da teoria quântica, um passo no mesmo nível que a própria descoberta do *quantum* por Planck. Em 1921, Einstein recebeu o prêmio Nobel de física por isso. Mas foram pelos dois outros artigos de Einstein publicados em 1905 que, um século depois, ele é mais lembrado. Eles representaram o começo de uma odisséia de onze anos que conduziu os cientistas ao novo e estranho universo do espaço curvo, que Gauss e Riemann tinham demonstrado ser matematicamente possível.

25. Uma Abordagem Relativamente Euclidiana

Em dois artigos publicados no *Annalen der Physik* em 1905, "*Sobre a eletrodinâmica dos corpos em movimento*",[1] publicado no dia 26 de setembro, "*Depende a inércia de um corpo do conteúdo de energia?*", publicado em novembro, Einstein explicou a sua primeira teoria da relatividade, a relatividade especial.

Nos seus dias de aluno do ensino médio, Einstein tinha descoberto um livro sobre Euclides. Diferentemente de Descartes e Gauss, Einstein era um fã: "Aqui estavam afirmações, como, por exemplo, que as três alturas de um triângulo se cortam num ponto, que – embora de modo nenhum evidentes – podiam, todavia, ser demonstradas com tal certeza que parecia impossível qualquer dúvida. Esta lucidez e certeza causaram uma impressão indescritível em mim".[2] Ironicamente, nas suas teorias posteriores, a geometria não-euclidiana iria desempenhar um papel central. Mas para a relatividade especial, Einstein adotou a abordagem de Euclides. Ele baseou seu raciocínio para a relatividade especial em dois axiomas sobre o espaço:

1. É impossível determinar, exceto em comparação a outros corpos, se você está em repouso ou em movimento uniforme.

O primeiro axioma de Einstein, geralmente chamado de princípio da relatividade, ou relatividade de Galileu, foi postulado primeiramente por Oresme. Ele é verdadeiro mesmo na teoria newtoniana. Um dia, recentemente, Nicolai estava andando pelo nosso apartamento em cima de um carrinho de bombeiros de plástico. Alexei, concentrado num romance de horror pré-juvenil, estava sentado numa cadeira em nossa cozinha-rodovia. Quando entrou rapidamente na cozinha, Nicolai tinha na mão um machado

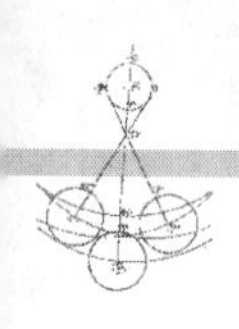

de plástico, que foi inteligentemente incluído quando compramos o caminhão e o capacete de bombeiro. Ao passar, o machado de Nicolai bateu no livro de Alexei, fazendo com que tanto o livro como o machado caíssem no chão, e inspirando as costumeiras acusações e réplicas. Alexei argumentou que o seu irmão, que estava passando rapidamente por ele, empunhou um machado contra ele, derrubando o livro de sua mão. Nicolai sustentou que estava segurando o machado imóvel e que Alexei se moveu em direção a ele. O pai, preferindo não investigar questões de conseqüências judiciais, passou a dar uma aula sobre a ciência da situação.

As leis de Newton predizem os mesmos eventos, esteja o machado de Nicolai imóvel ou o livro de Alexei em movimento, ou se o livro de Alexei está imóvel e o machado de Nicolai em movimento. Este é o primeiro postulado de Einstein – não podemos distinguir um caso do outro. Assim, cada ponto de vista dos dois meninos também é válido. (Os dois foram mandados para o quarto.)

> 2. *A velocidade da luz independe da velocidade da fonte e é igual para todos os observadores no universo.*

Como o primeiro, o segundo axioma de Einstein também não era revolucionário em si mesmo. Como já vimos, as equações de Maxwell exigiam que a velocidade da luz fosse independente da fonte, e isso não incomodava ninguém porque é o comportamento normal das ondas que se propagam. A idéia mais importante na suposição de Einstein está contida na frase "e é igual para todos os observadores". O que isso significa?

Se você pudesse dizer que está se movendo, isso não significaria muito: todos os observadores podem concordar que a velocidade da luz era a sua velocidade ao se aproximar de um objeto "estacionário". Esta é a situação dentro do referencial teórico de Newton – o espaço absoluto, ou o éter, fornece um sistema de referência em relação ao qual o movimento pode ser medido. Mas se não pudermos distinguir o repouso do movimento uniforme, e todos os observadores medem a mesma velocidade da luz que se aproxima, estejam eles em movimento relativo ou não, então encontramos aqui o paradoxo do cuspe que mencionamos antes. Como pode uma onda de luz estar se aproximando à mesma velocidade, tanto de você quanto do cuspe?

Para entender como a luz pode se comportar dessa maneira, devemos perguntar o que está por trás de nosso raciocínio. Levando-se em conta que desejamos considerar os dois axiomas de Einstein como... axiomáticos, não

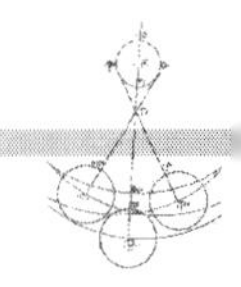

iremos questioná-los. Quais outras suposições fizemos? Nós fizemos um uso exagerado do conceito de simultaneidade, por isso parece natural examiná-lo. Foi justamente o que Einstein fez.

Vamos considerar uma situação semelhante a uma que o próprio Einstein empregou no seu livro *Relatividade*, de 1916.[3] Einstein gostava muito de utilizar analogias com vagões de trens, porque na sua experiência as viagens de trem forneciam a evidência mais perfeita do mundo real de que é impossível dizer se estamos em movimento uniforme. Quem quer que já tenha andado de trem ou de metrô, provavelmente já teve a experiência em que Einstein se baseou, de não ter certeza se é o seu vagão ou o outro (ou ambos) que está em movimento. Em nosso exemplo, Alexei e Nicolai estão nas extremidades opostas de um vagão de metrô. É a primeira viagem deles sozinhos. O pai e a mãe deles ficaram na plataforma, acenando, esperançosos de que os avisos de *Fora de serviço* que eles colocaram nas janelas irão manter esse carro relativamente vazio. Vamos supor que o pai e a mãe deles estejam separados entre si pela mesma distância que Alexei está de Nicolai, de modo que, um pouco depois que o trem do metrô começa a se movimentar, a mãe estará diante de Alexei e o pai diante de Nicolai. Isto tem uma razão de ser: eles trouxeram máquinas fotográficas. A mãe, porque esta é a primeira viagem de seus filhos, e o pai para ter uma boa foto para mostrar à polícia quando os filhos não voltarem na hora marcada. Devido a uma lei da natureza chamada de rivalidade entre irmãos, a mãe e o pai pretendem tirar as fotos exatamente no mesmo momento, a mãe registrando a face sorridente de Alexei e o pai a de Nicolai. Sendo as duas fotos tiradas simultaneamente, nenhum filho poderá gabar-se de que a sua foto foi tirada primeiro. Contudo, o cenário está preparado para uma briga familiar.

A causa da briga está na resposta desta simples pergunta formulada por Einstein: os dois eventos avaliados como simultâneos pelos pais também serão considerados simultâneos pelos meninos? Nossa primeira pergunta é: o que significa dizer que dois eventos ocorreram simultaneamente? Se os dois eventos ocorrem no mesmo lugar, a resposta é trivial: eles são simultâneos se ocorrerem no mesmo tempo (conforme cronometrado naquele ponto). Mas necessita-se de uma percepção profunda para compreender que a resposta não é tão trivial se eles não ocorrem no mesmo lugar.

Vamos supor que a luz (ou qualquer coisa que pudéssemos usar para enviar um sinal) se movesse a uma velocidade infinita. Então, no momento em que os flashes disparam, ambos alcançariam imediatamente tanto Alexei

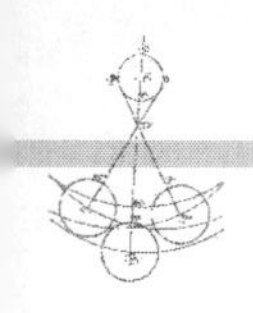

como Nicolai. Eles então poderiam responder à questão da simultaneidade de modo simples – comparando os eventos num ponto, neste caso, a chegada dos dois flashes nos lugares onde eles estão. Se eles perceberam um flash primeiro, então aquela foto foi tirada primeiro. Mas, como a velocidade da luz não viaja a uma velocidade infinita, este método não funcionará. O pai, sempre metido a cientista, tem uma sugestão. Ele coloca detectores fotográficos em toda a extensão entre si mesmo e a mãe. Se as fotos forem tiradas ao mesmo tempo, as luzes de seus flashes devem se encontrar no meio do caminho. Nicolai, tendo ouvido a idéia do pai, repete-a como se a idéia fosse sua (um de seus hábitos preferidos). Alexei coloca os detectores fotográficos no seu vagão de metrô.

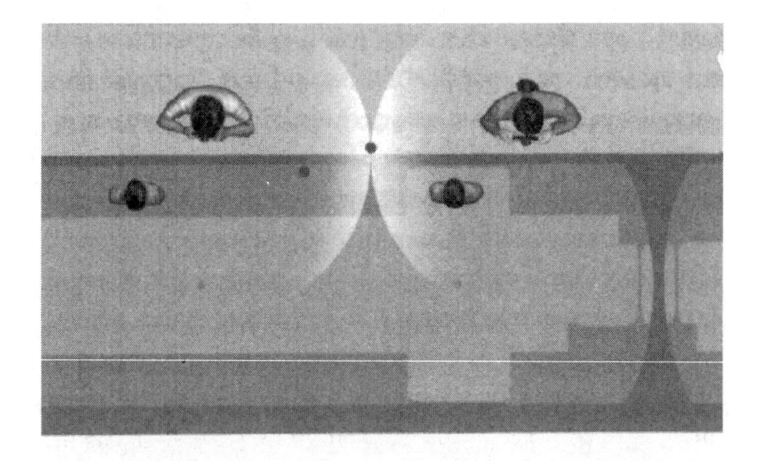

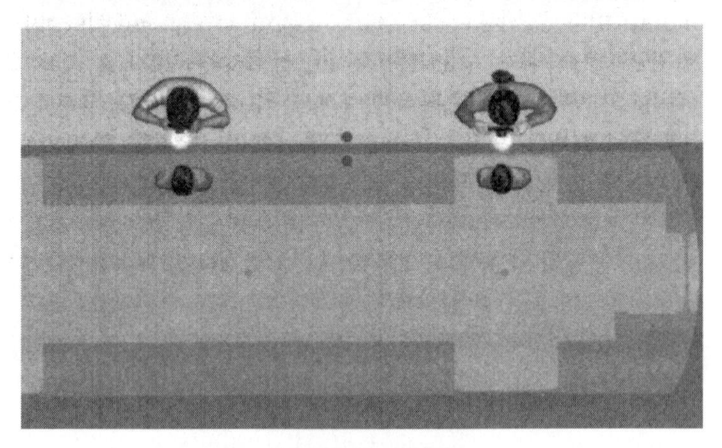

TEMPO NO METRÔ

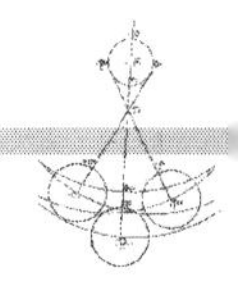

O trem começa a se movimentar. O pai e a mãe têm relógios sincronizados. As fotos são tiradas. Realmente, os flashes se encontram no meio do caminho entre os dois. Alexei e Nicolai ficaram satisfeitos? Não, porque quando os flashes se encontram, o vagão deles terá se movido um pouco, assim os flashes não se encontrarão no meio do vagão deles. Esta situação é representada na página anterior.

Do ponto de vista dos meninos, cada flash é um evento que ocorreu num tempo e lugar no mundo deles, o vagão do metrô, que eles percebem justificadamente como estando em repouso. Como seus pais, eles não vêem nenhuma razão para que os flashes não se encontrem na metade do caminho. Assim, quando os flashes se encontram em um ponto mais próximo de Alexei, eles concluem que a foto de Nicolai foi tirada primeiro. Embora as fotos tenham sido cronometradas pelo pai e pela mãe para serem tiradas simultaneamente, não é assim que aparece num quadro de referência que está se movimentando em relação a eles. O pai está xingando a si mesmo por não ter disposto as coisas de modo diferente – de modo que os flashes não fossem simultâneos para ele, mas tivessem sido para os meninos.

Bem, você pode estar dizendo, eu entendo a questão, mas a quem você está querendo enganar? Os meninos são os que realmente estão em movimento, enquanto os pais estão na plataforma imóvel. Pode parecer assim porque pensamos na Terra como imóvel, mas é claro que ela não é. Imagine um observador no espaço cósmico – com a Terra correndo em torno do Sol, além de girar em torno de si mesma, e pode parecer realmente ridículo insistindo que, de algum modo, é mais natural considerar o trem ou a plataforma "em repouso". Ou, tiremos de cena os apoios: imagine os meninos e os pais lá no espaço vazio. Agora realmente não há qualquer meio externo de se dizer quem está se movendo. O efeito é o mesmo e é real – o que parece simultâneo aos pais não parecerá assim para os meninos e vice-versa.

Com a queda da simultaneidade, vem a relatividade da distância e do tempo. Para verificarmos isto, apenas precisamos notar que para medir o comprimento, devemos marcar primeiro as extremidades do que desejamos medir, depois colocar um metro para medir. Se o objeto estiver em repouso em relação a nós, isso é trivial. Mas se estiver se movendo, há um passo intermediário. Nós poderíamos, por exemplo, marcar as duas extremidades numa folha de papel parada quando o objeto passar. Depois, como foi feito antes, podemos pegar o metro para medir a distância entre as duas

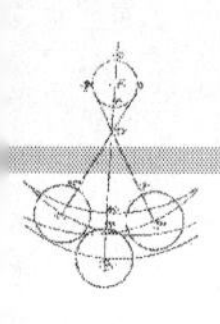

marcas. Mas precisamos ter a certeza de que marcamos as extremidades – e aqui vem de novo aquela palavra sórdida – simultaneamente. Se errarmos e marcarmos uma extremidade antes da outra, a segunda extremidade terá viajado alguma distância e não obteremos a medida verdadeira. Infelizmente, quando fazemos o que percebemos como medidas simultâneas, uma pessoa movimentando-se com o objeto medido, como vimos há pouco, não concordará. Aquela pessoa nos acusará de marcar uma extremidade antes da outra, e de obtermos um resultado imperfeito. Isso significa que os objetos não têm um comprimento, no sentido absoluto. O comprimento deles depende do observador que está olhando. Isto é um novo tipo de geometria.

Geralmente se diz que em relatividade os objetos em movimento parecem contraídos na direção de seu movimento. Isso significa que um objeto, quando medido por um observador que considera o objeto estar movimentando-se, parecerá menor do que quando medido por uma pessoa para quem o objeto parece estar parado. Einstein descobriu anomalias análogas no comportamento do tempo. Observadores em movimento em relação entre si não concordarão sobre a duração de um intervalo de tempo, ou sobre quanto tempo se passou. Como o comprimento, a duração não tem significado absoluto.

O tempo que um observador mede entre dois eventos no seu próprio lugar – que, no seu sistema de referência, é um ponto fixo no espaço – é chamado de *tempo próprio*. Qualquer outro observador em movimento (a uma velocidade constante) em relação a este observador perceberá um intervalo de tempo mais longo entre os dois eventos. Como sempre estamos em repouso em relação a nós mesmos, se ignoramos os efeitos da aceleração, a duração de nossa vida, medida por nós, sempre parecerá mais curta do que parece para as outras pessoas. Para elas, os nossos relógios parecerão funcionar mais devagar. Mas nós morreremos, ai de nós, no momento apontado pelo relógio biológico interno que viaja conosco. Na relatividade especial, a grama *é* mais verde no jardim dos outros.

O que isso significa para as leis de movimento? Na relatividade especial, os objetos ainda seguem a primeira lei de Newton: eles se movem em linha reta a menos que sofram a ação de uma força externa. Os observadores poderão discordar sobre qual seja o tamanho de um certo segmento de linha, mas não sobre se ela é reta. Contudo, isso não é um "modo relativístico" de enunciar a primeira lei: na relatividade, espaço e tempo se misturam

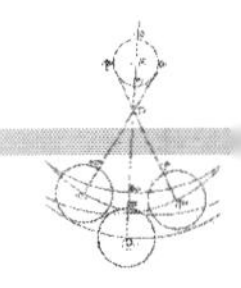

diferentemente para observadores diferentes. Os conceitos de geometria devem ser alterados para incluir o tempo assim como o espaço.

Em vez de pontos no espaço e tempos de ocorrência, formalizamos o termo *eventos*, isto é, pontos nas quatro dimensões do espaço e do tempo. Em vez de trajetórias pelo espaço, falamos de *linhas de universo* através do espaço e do tempo. Em vez da distância, temos uma combinação do intervalo de tempo e a distância espacial entre os eventos. E em vez de retas, consideramos as geodésicas, definidas agora (por razões técnicas) com a linha de universo mais curta ou mais longa que une dois eventos.[4] Um evento típico é este autor sentado num ponto particular do espaço que é a sua cadeira, num instante particular. Uma linha de universo típica é o autor à sua escrivaninha por muitas horas seguidas. Aquela linha de universo particular tem uma coordenada temporal que varia, mais coordenadas espaciais que não variam. Isso é permitido para as linhas de universo. A "trajetória" que ele tomou no espaço é um ponto fixo, entediante, mas no espaço-tempo ele ainda traça uma linha de universo, assim como um elevador subindo faz uma trajetória constante na coordenada leste-oeste, mas que muda somente na elevação. A distância no espaço-tempo entre dois pontos naquela linha de universo não é zero, embora sua distância no espaço seja zero – pois os pontos estão separados no tempo.

Para descobrir como reformular a primeira lei de Newton em linguagem relativística, suponha que um objeto deve viajar a partir de Alexei no instante zero de seu relógio chegando a Nicolai no instante um segundo no seu relógio, como os objetos freqüentemente parecem fazer. Que trajetória o objeto tomará na ausência de uma força externa? Na linguagem da relatividade, os dois eventos que consideramos são: (espaço = a localização de Alexei, tempo = zero) e (espaço = a localização de Nicolai, tempo = um). Presumindo que os dois meninos estão parados um em relação ao outro, e que eles têm relógios sincronizados, o objeto se moverá numa linha reta com alguma velocidade constante que o leve de Alexei até Nicolai em um segundo de seus relógios. Esta é a linha de universo de um objeto livre na relatividade especial.

Qual é a lei que governa esta linha do universo? Considere o que teria sido diferente se o objeto não tivesse se movido numa linha reta, mas tivesse se desviado. Tendo mais distância para percorrer no mesmo tempo, teria de se mover mais rapidamente para atingir o alvo a tempo, isto é, para alcançar o evento (localização de Nicolai, no tempo = um segundo). Mas como já

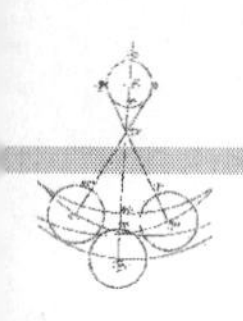

vimos, quando um objeto se movimenta em relação a um outro, o seu relógio parecerá andar mais devagar: o objeto chegará com menos de um segundo de tempo transcorrido no seu relógio.

O movimento numa linha reta no espaço e a uma velocidade constante forma a linha do universo para a qual o relógio de um objeto indica o *máximo* tempo possível transcorrido entre dois eventos. A primeira lei de Newton pode, então, ser enunciada empregando a nova geometria, desta maneira:

> A menos que sofra a ação de uma força externa, um objeto sempre segue uma linha de universo de um evento para o outro de modo que o tempo lido pelo seu próprio relógio (isto é, o tempo próprio) seja um máximo.

Einstein sabia que a sua teoria era uma bala de canhão lançada contra o castelo da física moderna. Ele idolatrava Newton, mas estava destruindo uma das suas crenças mais básicas, a existência do espaço e do tempo absolutos. Ele também estava destruindo a pedra angular da teoria física que já tinha dois séculos – o éter. Embora a sua teoria da relatividade especial tivesse muitos triunfos (a explicação da maior duração da vida de partículas radioativas movimentando-se em alta velocidade, a equivalência e a convertibilidade da energia e da matéria), Einstein foi suficientemente inteligente para saber que aqueles que tinham passado suas vidas mantendo e decorando o castelo não iriam oferecer uma bebida e um tapinha nas costas a quem o tinha destruído. Einstein preparou-se para o ataque.

Os meses se passaram e os ataques não vieram. Apareceram diversos números do *Annalen der Physik* e, com relação à bomba de Einstein, o mundo da física parecia não ter nada a dizer. Finalmente, Einstein recebeu uma carta de Max Planck pedindo o esclarecimento de alguns pontos. Mais alguns meses se passaram. Era só isso? Você coloca todo seu talento numa nova teoria revolucionária, e tudo que você recebe são algumas perguntas de um cara em Berlim?

No dia 1° de abril de 1906 [isso mesmo!], Einstein foi promovido ao posto de especialista-técnico de 2ª. classe no Escritório de Patentes. Uma honra, pelos padrões do Escritório de Patentes, mas não exatamente um prêmio Nobel. Começou a pensar se ele não era, como diria Alexei, um transplantado do planeta Perdedor. Ou, nas palavras do próprio Einstein,

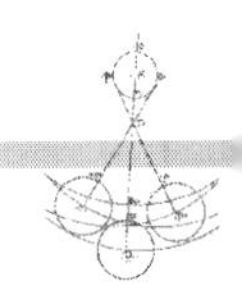

"um venerável carimbador federal".[5] Para piorar as coisas, aos 27 anos de idade, Einstein tinha medo de que seus dias criativos estivessem contados. Ele poderia ter imaginado se morreria na obscuridade como Bolyai e Lobachevsky, mas, como quase todo mundo, ele nunca ouviu falar sobre eles.

O que Einstein não sabia era que a carta que ele havia recebido era a ponta do iceberg de Max Planck. No semestre do inverno de 1905-06, Planck apresentou em Berlim um seminário sobre a teoria de Einstein. E no verão de 1906, ele mandou um de seus alunos, Max von Laue, visitar Einstein no Escritório de Patentes. Finalmente, Einstein teria sua chance de interagir com o mundo dos físicos reais.

Quando Einstein entrou na sala onde von Laue o aguardava, ficou tímido demais para apresentar-se.[6] Von Laue deu uma olhada nele, mas o ignorou, pois jamais poderia imaginar que um homem tão inexpressivo podia ser o autor da relatividade. Einstein saiu da sala. Um pouco depois ele voltou, mas ainda não conseguia juntar a coragem de abordar von Laue. Por fim, von Laue apresentou-se. Enquanto conversavam indo para a casa de Einstein, ele ofereceu um charuto a von Laue. Von Laue cheirou o charuto. Barato e horrível. Enquanto conversavam, von Laue furtivamente o jogou no rio Aare. Von Laue não ficou impressionado pelo que viu e cheirou, mas pelo que ouviu. Tanto von Laue, que ganharia um prêmio Nobel em 1914 (por sua descoberta da difração dos raios X) quanto Max Planck, que também ganharia um em 1918, tornaram-se os defensores importantes de Einstein e da relatividade. Anos mais tarde, ao recomendar Einstein para um cargo de professor em Praga, na atual República Tcheca, Planck o comparou a Copérnico.

O apoio de Planck à relatividade foi irônico tendo em vista como foi difícil para ele aceitar a explicação que Einstein havia apresentado antes sobre o efeito fotelétrico, uma nova interpretação da própria teoria quântica de Planck. Mas, quanto à relatividade, Planck era aberto e flexível, e imediatamente a reconheceu como correta. Em 1906, Planck tornou-se o primeiro, além de Einstein, a escrever um artigo sobre a relatividade. Naquele artigo ele também se tornou o primeiro a aplicar a relatividade à teoria quântica. E, em 1907, tornou-se o primeiro a orientar uma tese de doutoramento sobre relatividade.

O ex-professor de Einstein no Instituto Politécnico de Zurique, Hermann Minkowski, então em Göttingen, foi outro a hastear a bandeira da relatividade. Um dos poucos a fazer uma importante contribuição à teoria nos

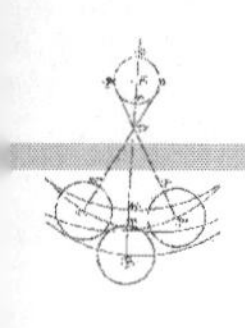

primeiros dias, ele deu um seminário no qual introduziu a geometria e a idéia de tempo como a quarta dimensão na teoria da relatividade. Numa palestra em 1908, Minkowski disse: "Daqui por diante, o espaço em si mesmo, e o tempo em si mesmo, estão fadados a se desvanecer em meras sombras, e somente um tipo de união dos dois preservará uma realidade independente".[7]

Apesar do apoio de um núcleo de físicos importantes, principalmente na Alemanha, a aceitação ampla da relatividade especial demorou a chegar. Em julho de 1907, Planck escreveu para Einstein que os que advogavam a relatividade "formavam uma modesta multidão".[8] Muitos nunca a aceitaram. Michelson, como já vimos, não conseguia abandonar o éter. Lorentz, que nutria mútuo respeito por Einstein, também não conseguiu fazer esse rompimento.[9] E Poincaré, que nunca entendeu a relatividade, continuou se opondo a ela até a sua morte, em 1912.[10]

Mas, conforme a comunidade dos físicos ponderava lentamente as idéias de Einstein, ele começou a trabalhar numa segunda revolução, ainda maior. Seria uma revolução que, novamente, faria da geometria a parte central da física, um lugar do qual ela tinha se afastado desde a introdução das equações do cálculo por Newton. Seria também uma revolução que faria a primeira revolução de Einstein parecer comparativamente fácil e superficial.

26. A Maçã de Einstein

omo Einstein disse mais tarde, em novembro de 1907: "Eu estava sentado numa cadeira no Escritório de Patentes de Berna quando subitamente me ocorreu um pensamento: em queda livre, uma pessoa não sente o seu próprio peso".[1]

Einstein não era pago para ter pensamentos assim. Ele estava lá para rejeitar as máquinas do movimento perpétuo, analisar idéias para novas ratoeiras, desmascarar engenhocas que transformariam esterco em diamantes. Ocasionalmente o trabalho era interessante, e nunca muito exigente. Mas as horas não eram curtas: oito horas por dia, seis dias por semana. Mesmo assim, ele trabalhava na sua física depois do expediente. Anos mais tarde descobriu-se que ele trazia freqüentemente suas anotações para o escritório para trabalhar nelas secretamente, colocando-as rapidamente na gaveta de sua escrivaninha quando o diretor aparecia. O Sr. Einstein era um *schlump*[i] igualzinho a nós. O diretor estava tão desligado da realidade que, quando Einstein finalmente se demitiu, em 1909, para assumir uma posição na universidade, ele riu e pensou que Einstein estava brincando. O movimento browniano tinha sido explicado, o fóton havia sido inventado e a teoria da relatividade especial desenvolvida, tudo bem debaixo do seu nariz.

"Se uma pessoa cai livremente, ela não sentirá o seu próprio peso". Einstein mais tarde chamou isso de "o pensamento mais feliz de toda a minha vida".[2] Seria Einstein um homem triste e solitário? Realmente, a sua vida pessoal não foi um conto de fadas hollywoodiano. Ele foi casado, divorciado, casado de novo, e ficou pessimista em relação à vida conjugal. Entregou o seu primeiro filho para a adoção. Seu filho mais novo era esquizofrênico e morreu num hospital psiquiátrico. Foi perseguido no seu

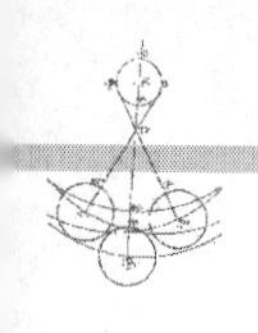

país pelos nazistas, e nunca esteve à vontade no seu país adotivo. Mas o pensamento que havia agradado tanto a Einstein se tornaria importante na vida de qualquer pessoa, se tivesse tido o mesmo significado.

Einstein disse que a compreensão o "surpreendera extraordinariamente"; que foi a epifania que conduziu à sua maior realização. A pessoa caindo no pensamento de Einstein foi a maçã de Einstein, a semente cuja prole foi uma nova teoria da gravidade, um novo conceito de cosmologia e uma nova abordagem em teoria física. Desde 1905 Einstein estava procurando por algo assim, um novo princípio que pudesse servir como guia na sua busca por uma teoria da relatividade melhor. Ele sabia que a sua teoria original era incompleta. Com todas as suas implicações para a subjetividade do espaço e do tempo, no final, a sua teoria da relatividade especial era somente uma nova cinética. Descrevia como os corpos reagem a forças específicas; mas não as especificava. É claro, a relatividade especial foi planejada para combinar perfeitamente com a teoria de Maxwell, de modo que a especificação de forças eletromagnéticas não era um problema. Já as forças gravitacionais eram uma história diferente.

A única teoria da gravidade que existia em 1905 era a de Newton. Sendo um cara esperto, Newton elaborou a sua descrição das forças gravitacionais para se encaixar perfeitamente com a sua cinemática, isto é, com as suas leis do movimento. Como a teoria da relatividade especial substituiu as leis de Newton por uma nova cinemática, não é surpresa o fato de que Einstein descobriu que a teoria da gravidade de Newton já não se encaixava mais. A teoria da força gravitacional de Newton é esta:

> A atração gravitacional entre duas massas pontuais, em qualquer instante dado, é proporcional a cada uma das massas, e inversamente proporcional ao quadrado de suas distâncias naquele instante.

É só isso. Podemos traduzi-la matematicamente para torná-la quantitativa. Podemos aplicar o cálculo para ampliá-la de "massas pontuais" para massas extensas. Podemos combiná-la às suas leis de movimento para produzir as equações que governam como os objetos – como os corpos celestes – se movimentam sob suas influências mútuas. Ou, aquilo que tornou Gauss famoso pela primeira vez, podemos resolver aquelas equações (aproximadamente) com bastante esforço e inteligência para predizer a órbita de um asteróide recém-descoberto, que foi Ceres, no caso de Gauss. Descobrir as

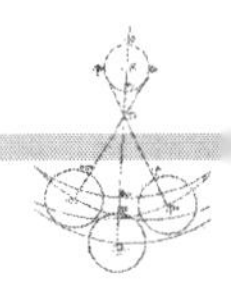

conseqüências da lei de gravitação de Newton era muito mais complexo do que o seu enunciado simples, e os físicos não tiveram dificuldades em extrair dela milhares de anos-pessoa de trabalho.

O próprio Newton estava infeliz com a sua lei; ele considerava a transmissão instantânea de força como um conceito suspeito. Em relatividade, isso é claramente um crime: nada pode ser transmitido mais rápido do que a velocidade da luz. E tem mais. Considere a frase "num instante dado". Em relatividade, como já vimos, isso é uma avaliação subjetiva. Se as duas massas estiverem se movendo uma em relação à outra, eventos que parecem simultâneos para uma massa, para a outra pareceriam acontecer em tempos diferentes. Como Lorentz descobriu, elas também não concordariam com relação aos valores das massas, nem das distâncias.

Einstein sabia que, para sua teoria ser completa, ele devia encontrar uma descrição da gravidade que fosse consistente com a relatividade especial. Mas algo mais importunava Einstein. Na relatividade especial ele tinha enfatizado o princípio de que um observador deve ser capaz de se considerar em repouso, sem ter que mudar as suas teorias físicas, como o princípio de que a velocidade da luz é uma constante determinada. Isso deveria se aplicar a qualquer observador. Mas, na relatividade especial, aplicava-se somente a um observador em movimento uniforme.

"O que é esse estado privilegiado chamado de movimento uniforme?", pode perguntar um cético, ou um lógico, rispidamente. A resposta costumeira é que este é o estado de movimento numa linha reta com velocidade constante. É verdade que um conjunto de observadores movimentando-se em linhas retas e com velocidades constantes *uns em relação aos outros* forma um "clube de velhinhos" cujos membros podem todos, presunçosamente, concordar na sua uniformidade. Mas eles podem ridicularizar o ponto de vista rebelde de um estranho que afirme que o movimento deles é uniforme *somente* uns em relação aos outros, e somente porque, na verdade, todos eles estão mudando de velocidade ou direção ao mesmo tempo?

Imagine um estádio esportivo cheio de torcedores grudados nos seus assentos por causa da emoção do jogo. Eles parecem o exemplo perfeito de um movimento uniforme – igual ao do preguiçoso (movimento uniforme com velocidade zero). Mas agora imagine outro preguiçoso, desta vez uma astronauta colada no seu assento assistindo ao jogo num monitor de TV enquanto se reclina numa grande e confortável poltrona na estação espacial. Para ela, todos aqueles torcedores no estádio estão girando freneticamente em torno do

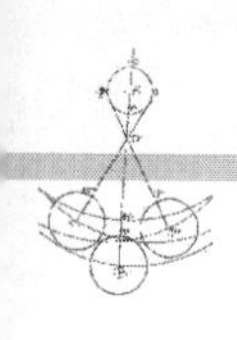

eixo da Terra, naquilo que dificilmente ela chamaria de movimento em linha reta. Que juiz pode julgar a sua alegação de que ela é quem está em repouso e que eles estão girando? Ou, agora que os portões se abriram, a alegação de um outro observador de que tanto ela como o estádio estão se movendo loucamente, todos pulando ao mesmo tempo deste ou daquele modo?

Acontece que há um modo de dizer a diferença. Para o autor deste livro, é simples: em movimento uniforme, ele se senta calmamente e pondera como as leis de Newton descrevem maravilhosamente o mundo à sua volta; quando está sujeito a muitas acelerações, ele fica pálido e começa a vomitar. Este é um efeito que primeiramente foi observado num carro Chevy no começo da década de 1960. É claro que o efeito da aceleração no corpo humano é complicado, mas a física por detrás disso é simples: a aceleração faz uma diferença. Imagine uma experiência com o filho de Einstein, Hans Albert, sendo a cobaia. Hans Albert tinha 5 anos de idade em 1907, uma idade em que o movimento altamente não uniforme ainda parece ser perversamente atraente. Imagine Hans Albert num carrossel, e o seu pai, o Dr. Einstein, na plataforma fixa que envolve o carrossel.

Hans Albert tem um pirulito na sua mão. Ele o deixa cair. Se o carrossel estiver parado, o pirulito simplesmente cairá no chão. Se estiver girando, o pirulito voará para longe pela tangente no momento de sua liberação. As crianças pequenas tendem a ver-se como o centro do universo. Suponhamos que Hans Albert faça isso, insistindo em ambos os casos que ele está parado. No segundo caso, ele não considerará o carrossel como estando em movimento. Em vez disso, sob o seu ponto de vista, o mundo estará orbitando em torno dele. O que incomodava o velho Einstein era que, diferentemente da situação em que o machado de Nicolai colidiu com o livro de Alexei, nessas duas descrições dos observadores, os eventos pareceram obedecer a regras diferentes. Para ver isso, vamos examinar como os dois observadores analisam a situação. Einstein, o pai, traçaria um sistema de coordenadas preso à Terra. Nesse sistema, a sua posição não mudaria e a trajetória de Hans Albert seria um círculo em torno do centro do carrossel. O pirulito, durante algum tempo, viajaria com Hans Albert, forçado pela sua mão a seguir na sua trajetória circular. No momento em que Hans Albert o soltar, o pirulito continuará a se mover de acordo com as leis de movimento de Newton. Isso significa que ele deixaria o círculo e começaria a se movimentar numa linha reta com a velocidade e direção que tinha no instante em que Hans Albert o soltou. Nem as leis de Newton, nem a relatividade especial exigem qualquer modificação para descrever o que está acontecendo.

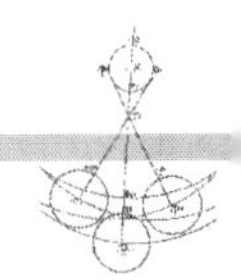

Considere agora o ponto de vista do pequeno Hans Albert. Ele traça uma rede de coordenadas presa ao carrossel, em relação à qual ele não muda de posição. Por um tempo, o pirulito fica em repouso, na posição de Hans Albert. Mas quando Hans Albert abre a sua mão, o pirulito subitamente voa longe. Este não é o comportamento usual dos objetos nem na física de Newton, nem na de Einstein. Suas leis parecem não se aplicar. Neste sistema de referência, Hans Albert pode ser tentado a substituir a primeira lei de Newton por uma afirmação como esta:

> Um objeto em repouso tende a permanecer em repouso, mas somente se você segurá-lo com força. Se você soltá-lo, as coisas voam para longe de você sem nenhuma razão aparente.

Um observador rodando como Hans Albert, que insiste em considerar-se em repouso, teria de mudar as leis da física para descrever como os objetos se movem no seu mundo. Alterar as leis do movimento de Newton (isto é, a cinemática) é a única maneira de fazer isso. Se Hans Albert se importasse em "salvar" as leis de Newton, então ele poderia fazer isto: manter as leis de Newton, mas definir uma "força misteriosa" que age em tudo no universo, empurrando-as para longe do centro do carrossel. A não ser pelo fato de ser repulsiva em vez de atrativa, isso se parece um pouco com a gravidade, por isso vamos chamar essa força de *schmavidade.*[k]

Newton sabia que o movimento acelerado de um sistema de referência faz com que objetos se movam como se forças misteriosas atuassem sobre eles, como *schmavidade*. Tais forças aparentes eram conhecidas como *forças fictícias* porque elas não surgiam por uma fonte física tal como uma carga, e podiam ser eliminadas se alguém considerasse a situação de um outro sistema de referência, em movimento uniforme (chamado de sistema *inercial*). A ausência de forças fictícias, na teoria de Newton, fornece o verdadeiro critério para o movimento uniforme. Se não apareceram forças fictícias, você está em movimento uniforme. Se elas surgem, você está acelerando. Essa explicação incomodou a muitos cientistas, especialmente Einstein. OK, neste sentido o movimento uniforme parecia definível fisicamente. Mas, na ausência do sistema de referência fixo do espaço absoluto, faz realmente sentido ressaltar um sistema de referência acelerado do que destacar um sistema particular como estando em repouso?

Imagine um objeto de teste num espaço completamente desprovido de matéria e energia. Como podemos distinguir entre movimento linear e cir-

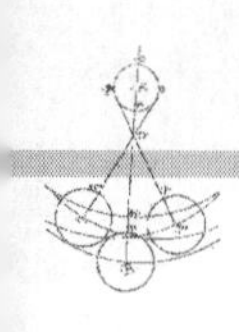

cular quando não há nada em relação ao qual possa se medir o movimento? Newton tinha respondido a esta pergunta com a sua crença no espaço absoluto: até o espaço completamente vazio veio dotado de um sistema de referência fixo que definiria o movimento. Deus não era do tipo "pilhas não incluídas" – o universo veio equipado, não somente com Euclides, mas também com Descartes. Uma teoria alternativa popular nessa época foi proposta pelo físico austríaco Ernst Mach: o centro da massa de toda a matéria no universo define um ponto relativamente ao qual todo movimento é avaliado. Assim, falando aproximadamente, o movimento que seja uniforme em relação às estrelas distantes é o verdadeiro movimento inercial. Mas Einstein tinha as suas próprias idéias.

Com a relatividade especial, Einstein teve sucesso em apagar a distinção entre repouso e movimento uniforme (a uma velocidade diferente de zero); ele colocou os observadores inerciais em pé de igualdade. Ele agora procurava ampliar a sua teoria de modo que abrangesse todos os observadores, incluindo aqueles acelerados em relação a sistemas inerciais. Se tivesse êxito, a sua nova teoria não precisaria de forças fictícias para explicar o "movimento não-uniforme", e a forma das leis da física não precisaria mudar. Os preguiçosos no estádio, a astronauta na Lua, Hans Albert no carrossel, o próprio Albert na plataforma fixa, cada um seria capaz de empregar a sua teoria sem pensar qual poderia ser o verdadeiro sistema de referência inercial. A motivação filosófica estava lá; tudo o que faltava para Einstein era a teoria. Como abordá-la? Ele precisava de um princípio norteador.

A percepção que Einstein teve como resultado do seu "pensamento mais feliz" deu-lhe justamente o que ele precisava. "Se uma pessoa cair livremente, ela não sentirá o seu próprio peso". Esta foi a primeira placa sinalizadora e a bússola na longa estrada em direção a uma nova teoria. Enunciada de forma mais ampla, a afirmação se tornou o princípio da equivalência, ou o terceiro axioma de Einstein:

> É impossível distinguir, exceto por comparação com outros corpos, se um corpo está sofrendo uma aceleração uniforme ou se está em repouso em um campo gravitacional uniforme.[3]

Em outras palavras, a gravidade é uma força fictícia. Assim como a *schmavidade*, ela pode ser considerada um simples artefato do sistema de referência que escolhemos, e que pode ser eliminada escolhendo-se um outro

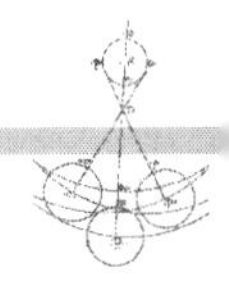

sistema de referência diferente. Este princípio aplica-se a um campo gravitacional uniforme e esta é a sua forma mais simples, a forma sob a qual Einstein pensou sobre ele primeiramente. As obras de Gauss e Riemann permitiram que Einstein a aplicasse a qualquer campo gravitacional, considerando um campo não-uniforme como uma colcha de retalhos de campos uniformes infinitesimais (isto é, realmente pequenos) interconectados, mas ele só afirmou isso cinco anos depois, em 1912. Foi nessa ocasião que ele cunhou o termo *princípio da equivalência*.

Vejamos o que Einstein quis dizer no caso original do campo uniforme. Ao visualizar sistemas de referências com movimento uniforme, Newton usou navios para pensar sobre os sistemas de referência do mesmo modo que Einstein usou vagões de trens e, algumas vezes, elevadores. Se Newton tivesse tido o elevador, poderia ter considerado a gravidade de modo diferente, mas esse meio de transporte só começou a se tornar popular depois de 1852, o ano em que Elisha Graves Otis resolveu um pequeno problema de engenharia: como evitar que os passageiros caíssem para a morte quando o cabo do elevador se rompesse. Nas suas experiências mentais sobre a relatividade geral, Einstein utilizou elevadores anteriores ao modelo de Otis. Imagine que você, andando de elevador, subitamente se sinta sem peso. O princípio da equivalência é simplesmente a encarnação dessa observação intuitiva: nesta circunstância você não pode determinar se o cabo foi cortado ou se a gravidade simplesmente desapareceu (embora esta última opção deva ser considerada como um simples desejo). Se permitirmos que um ambiente caia livremente num campo gravitacional uniforme, as leis da física são as mesmas que as de um ambiente livre de gravidade. Deixe a sua caneca de café cair, e ela simplesmente flutuará, esteja você no espaço cósmico ou no processo de cair do 91° andar para a morte.

Agora, imagine que você entra num elevador no térreo de um edifício comercial. As portas se fecham. Você fecha e abre seus olhos. Você sente o seu peso costumeiro. O que faz com que você sinta essa força para baixo? Poderia ser a gravidade da Terra, ou a Terra pode ter sido subitamente aniquilada por extraterrestres e o seu elevador seqüestrado e puxado para cima, acelerando, adicionando à sua velocidade uns dez metros por segundo a cada segundo. Isso não é uma especulação que você queira contar numa entrevista para um emprego, mas de acordo com o princípio da equivalência, o efeito é idêntico nas duas situações. Deixe cair a sua caneca de café, e ela vai espalhar café igualmente nos dois casos.

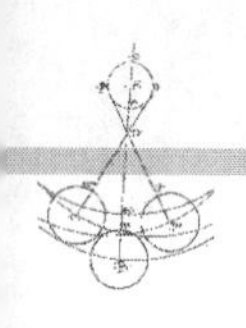

É claro que as leis de Newton predizem que os objetos num elevador em queda livre parecem flutuar, ou que os objetos num elevador acelerado, num espaço livre de gravidade, parecem cair. Não há nenhuma nova física nessas situações. Mas, como sempre, Einstein foi implacável interrogando a situação até que ela confessasse seus segredos ocultos. Os segredos que ele ouviu desta situação foram bem estranhos – a presença da gravidade deve afetar a passagem do tempo e a forma do espaço.

Para descobrir o efeito da gravidade sobre o tempo, Einstein aplicou uma análise de dentro do elevador seguindo o mesmo espírito que ele aplicou ao vagão do metrô. Ele rastreou as percepções de vários observadores trocando e cronometrando sinais de luz. Einstein planejava usar a relatividade especial para descrever a física, mas encontrou um problema. Como esses observadores estavam acelerando, a relatividade especial não se aplicava. Dessa maneira, ele fez uma suposição que mais tarde se tornaria um dos pilares de sua teoria final: que dentro de um espaço bem pequeno e durante um tempo bem curto, e para uma aceleração bem pequena, a relatividade especial se aplica aproximadamente. Deste modo, Einstein podia aplicar a relatividade especial e o princípio da equivalência a regiões infinitesimais, mesmo num campo não-uniforme.

Imagine uma grande espaçonave com Alexei no topo e Nicolai na parte inferior. Os dois têm relógios marcando horas idênticas. Alexei começa a piscar uma luz a cada tique do seu relógio. Por questão de simplicidade, vamos supor que, de acordo com as medidas de Alexei e Nicolai, a espaçonave tenha um segundo-luz de comprimento. (Isso significa que um flash de luz levaria um segundo para viajar de Alexei para Nicolai.) O que Nicolai observa?

Como Alexei cria um flash de luz a cada segundo, e cada flash de luz viaja a mesma distância de um segundo-luz para alcançar Nicolai, este observará um flash de luz a cada segundo, um segundo depois das piscadas. Vamos supor agora que a espaçonave viaja com aceleração constante. O que é que muda? O próximo flash de luz chegará mais cedo do que o esperado porque Nicolai terá viajado em direção ao flash. Digamos que o flash chegue um décimo de segundo antes. De acordo com o princípio da equivalência, Nicolai e Alexei podem negar que aconteceu qualquer movimento e, em vez disso, atribuir a um campo gravitacional o "puxão" que eles sentem. Mas, se eles negarem a aceleração e atribuírem a força a um campo gravitacional, então eles teriam que negar também que Nicolai tinha viajado para cima para

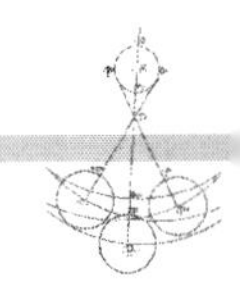

encontrar-se com o flash. Em vez disso, eles concluiriam, a partir do fato de que o sinal chega um décimo de segundo mais cedo, que a aplicação do campo gravitacional fez com que o relógio de Alexei se adiantasse, fazendo com que liberasse o flash de luz um décimo de segundo mais cedo.

Se, como o princípio da equivalência específica, qualquer uma das duas interpretações deve ser admitida, somos forçados a concluir que um relógio localizado mais acima num campo gravitacional andará mais rapidamente. Devido ao campo gravitacional da Terra, o tempo para Alexei no beliche de cima vai avançar um pouco mais depressa do que para Nicolai, no beliche de baixo. Muito, muito pouco. Mesmo com o campo gravitacional do Sol muito maior, o tempo na Terra, 149 milhões de quilômetros acima dela, avança somente duas partes por milhão mais rápido do que o tempo na superfície do Sol. Nessa taxa, um ser no Sol ganha somente cerca de um minuto extra por ano.[4] Não compensa a troca de clima. Esta deformação do tempo afeta a freqüência da luz, que é o número de oscilações da onda de luz por *segundo*. Não é um grande efeito, mas foi uma coisa que Einstein previu (chamada de desvio gravitacional para o vermelho).[5] Por causa disso, se a sua estação de rádio preferida fosse a AM 1.070 (isto é, 1.070 kHz), irradiando do topo do 110° andar do World Trade Center[1], a freqüência que você teria de sintonizar no chão seria AM 1.070,000.000.000.03. Fanáticos por som hi-fi, anotem isso.

Em 1907, Einstein argumentou pela primeira vez que a passagem de tempo é alterada pela gravidade. Sabemos pela relatividade especial que espaço e tempo são entrelaçados. Quanto tempo levou para o trainee especialista-técnico concluir que a presença da gravidade também altera a forma do espaço? Cinco anos – uma boa coisa para se lembrar na próxima vez que você deixar passar algum detalhe que deveria ter sido óbvio. Como Einstein disse: "Se soubéssemos o que estávamos fazendo, não seria chamado de pesquisa, seria?"[6]

Einstein fez a conexão da distorção do espaço em Praga, no verão de 1912. Foi o seu sexto ano pensando na elaboração da sua teoria da relatividade geral. Mais uma vez, a idéia veio como uma epifania. Ele escreveu: "Por causa da contração de Lorentz num sistema de referência que gira em relação a um sistema inercial, as leis que governam os corpos rígidos não correspondem às regras da geometria euclidiana. Desse modo, a geometria euclidiana deve ser abandonada...".[7] Em português claro: "Quando você não se move em linha reta, a geometria euclidiana se distorce".

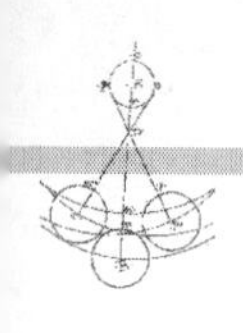

Imagine Hans Albert, então com 10 anos de idade, andando de novo no carrossel. E suponha que para o pai dele, na plataforma "estacionária", o carrossel parece ter a forma de um círculo perfeito. O que a relatividade especial diz sobre o espaço nesta situação? (Como antes, esta análise não é estritamente rigorosa, porque envolve a aplicação da relatividade especial ao movimento não-uniforme.) Considere, em cada instante de tempo, dois eixos perpendiculares traçados na posição instantânea de Hans Albert. Um eixo aponta radialmente (para fora do centro do carrossel). Esta é a direção da força que Hans Albert sente naquele momento. Hans Albert não está se movendo de jeito nenhum nessa direção: a sua distância do centro do carrossel não muda. O outro eixo é uma tangente ao carrossel. Em qualquer dado momento ele aponta na direção do movimento de Hans Albert. É sempre perpendicular à força que ele sente.

Agora suponha que seu pai joga para Hans Albert um minúsculo quadrado horizontal com um lado alinhado com o raio da plataforma que gira. Ele pede a Hans Albert que observe e depois relate sobre o seu formato. O que Hans Albert dirá? O que para seu pai era um quadrado, parece-lhe um retângulo. Este é o feito da contração de Lorentz. Como Hans Albert está sempre se movimentando tangencialmente, e nunca radialmente, os dois lados do quadrado paralelos à tangente são contraídos; os lados paralelos ao raio não. Se Hans Albert medisse a circunferência e o diâmetro do carrossel em termos destes comprimentos respectivamente, ele descobriria que a razão entre eles não é igual a π. O espaço de Hans Albert é curvo. Seu pai conclui que a geometria euclidiana deve ser abandonada. Sua única pergunta era: abandonada em favor do quê?

27. Da Inspiração à Perspiração

bandonar é fácil, mas construir é difícil. O que Einstein precisava, se fosse construir uma nova física, era de uma nova geometria que descrevesse a distorção do espaço. Felizmente, Riemann (e mais alguns de seus seguidores posteriores) tinha desenvolvido isso. Infelizmente, Einstein não tinha ouvido falar sobre Riemann – dificilmente alguém tinha ouvido. Mas Einstein *tinha ouvido* falar sobre Gauss.

Einstein se lembrou de um curso sobre geometria infinitesimal que tinha feito quando era estudante. A teoria das superfícies de Gauss foi vista naquele curso. Einstein abordou seu amigo, Marcel Grossmann, a quem Einstein dedicara sua tese de doutoramento em 1905. Nesta época, Grossmann era um matemático em Zurique que se especializara em geometria. Ao visitá-lo, Einstein exclamou: "Grossmann, você precisa me ajudar ou vou ficar louco!".[1]

Einstein explicou sua necessidade. Ao pesquisar a literatura especializada, Grossmann descobriu a obra de Riemann e de outros sobre geometria diferencial. Era misteriosa e complexa. Não era atraente. Grossmann relatou que sim, tal matemática existia, mas que era "uma confusão terrível em que os físicos não deveriam se envolver".[2] Mas Einstein queria se envolver com isso. Ele tinha descoberto as ferramentas para formular a sua teoria. Ele também descobriu que Grossmann estava certo.

Em outubro de 1912, Einstein escreveu para um físico amigo e seu companheiro, Arnold Sommerfeld: "Em toda a minha vida nunca trabalhei arduamente nem a metade disto, e eu adquiri um grande respeito pela matemática... comparada com este problema, a teoria original [da relatividade especial] parece brincadeira de criança".[3]

A busca levou mais três anos, dois deles em estreita colaboração com Grossmann. O aluno cujas notas ajudaram Einstein a passar na faculdade

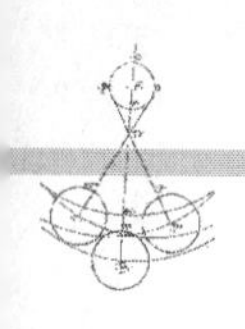

tornou-se novamente seu professor particular. Planck, ao saber o que Einstein estava disposto a fazer, disse-lhe: "Como um amigo mais velho, eu devo aconselhá-lo contra isso; primeiramente, porque você não terá êxito; e mesmo que tenha, ninguém acreditará em você".[4] Mas, por volta de 1915, Einstein estava de volta a Berlim, atraído para lá pelo próprio Planck. Grossmann escreveu apenas um punhado de artigos de pesquisa depois disso, e em menos de uma década ficou gravemente enfermo com esclerose múltipla. Tendo aprendido o que precisava, Einstein completou sua teoria sem ele. No dia 25 de novembro de 1915, apresentou um artigo intitulado "As equações de campo de gravidade" à Academia de Ciências da Prússia.[5] Nele, anunciou: "Finalmente a teoria da relatividade geral está completa, como uma estrutura lógica".[6]

Como a relatividade geral descreve a natureza do espaço? Ela demonstra como a matéria e a energia do universo afetam a distância entre os pontos. Visto como um conjunto, o espaço é simplesmente uma coleção de elementos, os seus pontos. A estrutura do espaço que chamamos de geometria surge da relação entre os pontos, que chamamos de distância. A estrutura adicionada é como a diferença entre uma lista telefônica que relaciona os endereços residenciais e um mapa que define suas relações espaciais. Durante o tempo que passou fazendo um levantamento da Alemanha, Gauss descobriu que ao definir as distâncias entre os pares de pontos, nós determinamos a geometria do espaço; Riemann desenvolveu os detalhes que Einstein precisava para enunciar a física nestes termos.

Tudo se resume na disputa entre nossos velhos amigos, Pitágoras e Não-Pitágoras. Lembre-se de que, num mundo euclidiano, podemos medir a distância entre dois pontos quaisquer empregando o teorema de Pitágoras. Nós simplesmente traçamos uma grade retangular de coordenadas. Vamos chamar os dois eixos das coordenadas de eixo Leste/Oeste e de eixo Norte/Sul. De acordo com o teorema de Pitágoras, o quadrado da distância entre dois pontos é igual à soma dos quadrados da separação Leste/Oeste e da separação Norte/Sul.

Como Não-Euclides descobriu, num espaço curvo tal como o da superfície da Terra, isso não é mais verdade. Em vez disso, o teorema de Pitágoras deve ser substituído por uma nova fórmula, o teorema não-pitagórico. Na fórmula não-pitagórica para a distância, o termo Norte/Sul e o termo Leste/Oeste não precisam ser considerados de forma igual. Além disso, também pode haver um novo termo, o produto da separação Leste/Oeste pela

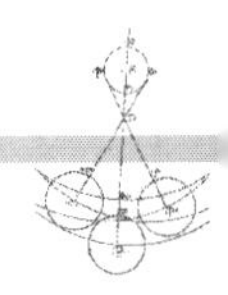

separação Norte/Sul. Matematicamente, isso é descrito: (distância)^2 = g_{11} x (separação Leste/Oeste)^2 mais g_{22} x (separação Norte/Sul)^2 mais g_{12} x (separação Leste/Oeste) x (separação Norte/Sul). [7] Os números representados pelos fatores *g* são chamados de *métrica* do espaço (os fatores *g* são chamados de *componentes* da métrica). Como a métrica define a distância entre dois pontos quaisquer, geometricamente, a métrica caracteriza completamente o espaço. Para o plano euclidiano, com coordenadas retangulares, os componentes da métrica são simplesmente $g_{11} = g_{22} = 1$, e $g_{12} = 0$. Naquele caso, a fórmula de Não-Pitágoras é apenas o costumeiro teorema de Pitágoras. Em outros tipos de espaço, os componentes não são assim tão simples, e os seus valores podem variar dependendo da sua localização. Na relatividade geral, essas idéias são generalizadas para as três dimensões do espaço e, como ocorreu com a relatividade especial, para incluir o tempo como uma quarta dimensão (em quatro dimensões, a métrica tem dez componentes independentes).[8]

O artigo de Einstein de 1915 anunciava isso: uma equação relacionando a distribuição da matéria no espaço (e no tempo) com a métrica do espaço-tempo tetradimensional. Como a métrica determina a geometria, as equações de Einstein definem a forma do espaço-tempo. Na teoria de Einstein, o efeito da massa não é exercer uma força gravitacional, mas sim mudar a forma do espaço-tempo.

Embora espaço e tempo estejam entrelaçados, se nos restringirmos a determinadas circunstâncias, a saber, baixas velocidades e gravidade fraca, então o espaço e o tempo podem ser vistos como aproximadamente separados. Nesse domínio, é aceitável falar somente sobre o espaço e sobre a curvatura do espaço. De acordo com a teoria de Einstein, a curvatura de uma região espacial (a média em todas as direções) é determinada pela massa dentro da região.

Como já vimos, a curvatura se reflete entre a área de um círculo e o seu raio, ou entre o volume de uma esfera e o seu raio. As equações de Einstein refletem isto: dada uma região esférica do espaço com matéria uniformemente distribuída dentro dela, o raio medido da esfera será menor do que o raio que esperávamos (dado o seu volume) por um fator proporcional à quantidade de massa dentro dela. A constante da proporcionalidade é extremamente pequena: para cada grama de massa, o raio é menor somente por 2.5 x 10^{-29} cm, isto é, 0.000.000.000.000.000.000.000.000.000.025 centímetros. Para a Terra, considerando-se uma densidade uniforme, isso

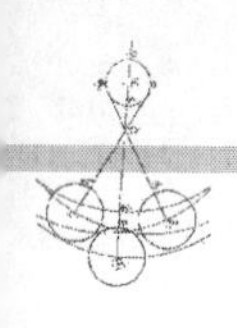

faz com que o excesso do raio seja de 1,5 milímetro. Para o Sol, é meio quilômetro.[9]

As manifestações da curvatura do espaço-tempo na Terra são diminutas e recentemente tiveram aplicação prática (os satélites GPS – *Global Positioning Satellites* – satélites de posicionamento global, por exemplo, exigem correções da relatividade geral para permanecerem em sincronia).[10] Por vários anos Einstein não pensou que o encurvamento da luz pela gravidade pudesse ser medido de modo algum. Então ele pensou em olhar para o céu. O teste é simples, em princípio: olhe para cima, para onde ocorrerá o próximo eclipse total do Sol; meça a posição de uma estrela que aparecerá próxima do Sol durante o eclipse (daí a necessidade do eclipse: se o Sol não fosse bloqueado, não haveria esperança de localizar esta estrela); ache também a sua posição a partir de outros dados, digamos, seis meses antes, quando a sua luz podia viajar até os seus olhos sem tangenciar a nossa própria estrela. Durante o eclipse, verifique se a sua imagem aparece onde "deveria" estar, ou se está um pouco "fora".

Um pouco, neste caso, era realmente um pouquinho: somente $1^3/_4$ segundos de arco ou 0,000.49 grau. O próprio Newton poderia ter descoberto o mesmo efeito, embora a sua teoria tivesse predito um desvio diferente. Em 1915, Einstein tinha descoberto suas equações de campo e fez sua melhor previsão. O primeiro teste real da relatividade geral, então, não era se a luz se curvava, mas quanto se curvava. Einstein estava confiante.

28. Os Triunfos do Cabelo Azul

uas expedições britânicas foram enviadas para fazer observações durante o eclipse total do Sol de 29 de maio de 1919. Arthur Stanley Eddington comandou a que teve êxito, a que foi enviada para Sobral (CE), no Brasil.[1] Antes de partir, Eddington escreveu: "As atuais expedições para observar o eclipse poderão, pela primeira vez, demonstrar o peso da luz [isto é, a sua atração pela gravidade – a análise "newtoniana"]; ou podem confirmar a teoria esquisita de Einstein do espaço não-euclidiano; ou podem levar a um resultado de conseqüências mais importantes – a inexistência de desvio".[2] Levou meses para analisar os dados. Finalmente, no dia 6 de novembro, o resultado foi anunciado numa reunião conjunta da Royal Society e da Royal Astronomical Society.[3] O jornal *The New York Times*, que até então nunca tinha mencionado o nome de Einstein uma só vez, percebeu que essa era uma notícia que merecia ser publicada. Todavia, pode ter julgado erroneamente a importância da notícia – enviou seu especialista em golfe, Henry Crouch, para cobrir o anúncio da descoberta. Crouch nem sequer assistiu à reunião, mas ele falou com Eddington.

No dia seguinte, a manchete do jornal londrino *The Times*: "REVOLUÇÃO NA CIÊNCIA", e com cabeçalhos menores: "Nova Teoria do Universo" e "As Idéias de Newton Derrubadas". O comunicado do jornal *The New York Times* apareceu três dias depois, com a seguinte manchete: "A TEORIA DE EINSTEIN TRIUNFA". O artigo do jornal louvava Einstein, mas também questionava se o efeito não podia ter sido uma ilusão de ótica, ou se Einstein não tinha roubado a idéia do romance *A máquina do tempo*, de H. G. Wells. Eles indicaram a idade de Einstein errada, disseram que tinha "aproximadamente 50", quando tinha 40 anos de idade. Mas, embora o

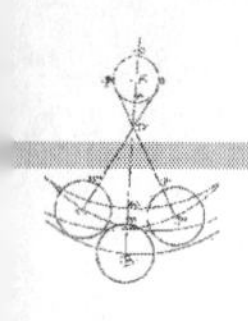

The New York Times tenha errado a sua idade, eles acertaram na grafia de seu nome. Em todo o mundo, Einstein tornou-se instantaneamente uma celebridade, para muitos um gênio sobrenatural. Uma colegial deslumbrada com a descoberta escreveu-lhe perguntando se ele realmente existia. Dentro de um ano havia mais de uma centena de livros escritos sobre a relatividade. Salas de conferências ao redor do mundo transbordavam de pessoas ansiosas em ouvir uma exposição popular da teoria. A revista científica *Scientific American* ofereceu US$ 5.000,00 para a melhor explicação da teoria em 3 mil palavras. (Einstein comentou que ele fora o único do seu círculo que não havia entrado na competição.)

Mas se muitos do público idolatravam Einstein, alguns de seus colegas o atacavam. Michelson, então chefe do departamento de física da Universidade de Chicago, aceitou a observação feita por Eddington, mas recusou-se a endossar a teoria. O chefe do departamento de astronomia daquela universidade disse: "A teoria de Einstein é uma falácia. A teoria que o 'éter' não existe e que a gravidade não é uma força, mas uma propriedade do espaço, somente pode ser descrita como uma louca fantasia, uma desgraça para a nossa época".[4] Nikola Tesla também ridicularizou Einstein, mas descobriu-se depois que Tesla também tinha medo de objetos redondos.

Um dia, recentemente, durante um jantar, Alexei expressou seu desejo artístico mais atual: tingir os cabelos de azul. Este é o século 21, e a garotada já vem tingindo os cabelos de azul há pelo menos duas décadas. Contudo, não muitos com 9 anos de idade. Na segunda-feira seguinte, Alexei tornou-se o primeiro na sua escola a ter o cabelo combinando com a cor da tinta de sua caneta. E Nicolai, seu imitador de 4 anos de idade, veio com um topete verde-limão chocante.

A reação na escola foi quase a esperada. Algumas crianças demostraram profundidade intelectual e discernimento, e consideraram que a aparência era muito legal (a maioria, amigos de Alexei). Muitas crianças não podiam aceitar a quebra da tradição, e chamaram Alexei de nomes como "framboesa". Seu professor ficou olhando por um instante, perplexo, mas não fez comentários.

A física é bastante parecida com a quarta série do ensino fundamental. Para os físicos do início do século 20, o espaço não-euclidiano era uma área marginal de estudos. Talvez uma curiosidade, mas, como cabelos tingidos de azul, não muito relevante para a corrente dominante. Então surgiu Einstein propondo que o cabelo azul se tornasse a moda. A resistência, no

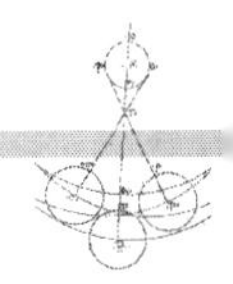

caso de Einstein, durou algumas décadas, mas foi sumindo gradualmente à medida que a velha geração morria e a nova geração aceitava o que quer que fizesse mais sentido, que definitivamente não era um sólido permeando todo o espaço chamado de éter.

O último grito dos anti-relativistas foi na Alemanha, país dos seus primeiros defensores. Na Alemanha, os anti-semitas tiraram vantagem do fato de Einstein ser judeu. Os ganhadores do prêmio Nobel de física, Philipp Lenard (1905) e Johannes Stark (1919), apoiaram aqueles que consideraram a relatividade como uma conspiração dos judeus para dominar o mundo. Em 1933, Lenard escreveu: "O mais importante exemplo da perigosa influência dos círculos judaicos no estudo da natureza foi fornecido por Einstein com suas teorias matematicamente remendadas...".[5] Em 1931 foi publicado na Alemanha o livreto intitulado *100 autores contra Einstein.*[6] Refletindo a sofisticação matemática do grupo, na verdade ele listava 120 oponentes. Poucos eram físicos de renome.

Os antigos defensores de Einstein, Planck e von Laue, não embarcaram nessa, fazendo com que Stark se voltasse contra eles num discurso de inauguração de um instituto homenageando Lenard:

> ...infelizmente, seus amigos e defensores [de Einstein] ainda têm a oportunidade de continuar seus trabalhos no espírito einsteiniano. Seu principal promotor, Planck, ainda chefia a Sociedade Kaiser Wilhelm; ao seu intérprete e amigo, o Sr. von Laue, ainda é permitido desempenhar o papel de orientador em física na Academia de Ciências em Berlim, e o teórico formalista, Heinsenberg, o espírito do espírito de Einstein, até recebeu a distinção de um cargo na universidade.[7]

Heisenberg recompensou a gentileza nazista chefiando o esforço deles para desenvolver a bomba atômica.[m] Felizmente, ele não sabia a sua relatividade *tão bem* – e eles foram suplantados por americanos brilhantes como o italiano Enrico Fermi, o húngaro Edward Teller e o alemão Victor Weisskopf. Einstein ficou acima da disputa, geralmente deixando de responder tanto aos desafiantes sérios quanto aos excêntricos.

Einstein encontrava-se em Pasadena, Califórnia, no meio de uma estada planejada de dois meses no Instituto Tecnológico da Califórnia (também conhecido como Caltech), quando o presidente da Alemanha, von Hindenburg,

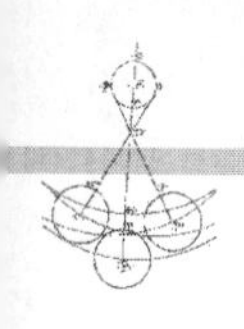

nomeou Hitler chanceler. Logo soldados das tropas de assalto nazistas invadiram o apartamento de Einstein em Berlim e a sua casa de veraneio. No dia 1° de abril (isso mesmo!) de 1933, os nazistas confiscaram a sua propriedade e ofereceram uma recompensa por sua captura como inimigo do Estado. Ele estava na ocasião viajando pela Europa, e decidiu pedir asilo aos Estados Unidos, no novo Instituto de Estudos Avançados de Princeton. Aparentemente o fator decisivo na sua decisão a favor de Princeton (em vez do Caltech) foi uma oferta de aceitar também seu assistente Walther Mayer.[8] Einstein chegou a Nova York no dia 17 de outubro de 1933.

Einstein passou seus últimos anos tentando criar uma teoria unificada de todas as forças. Para realizar isso, ele teria que reconciliar a relatividade geral com a teoria de eletromagnetismo de Maxwell com as teorias das forças nucleares fraca e forte e, o mais importante de tudo, com a mecânica quântica. Poucos físicos acreditavam no seu programa de unificação. O famoso físico austríaco-americano Wolfgang Pauli descartou-a, dizendo: "O que Deus separou, que ninguém ouse juntar".[9] O próprio Einstein disse: "Sou geralmente considerado como um tipo de objeto fossilizado, que se tornou cego e surdo pelos anos. Acho que esse papel não é tão desagradável, pois corresponde muito bem ao meu temperamento".[10] Como logo veremos, Einstein estava no caminho certo, mas muitas décadas à frente do seu tempo.

Em 1955, foi diagnosticado um aneurisma da aorta na área abdominal de Einstein. Tinha se rompido, e estava lhe causando muita dor e perda de sangue. O cirurgião-chefe do Hospital de Nova York o examinou em Princeton e sugeriu que talvez fosse possível uma operação, mas Einstein respondeu: "Eu não acredito em prolongar a vida artificialmente".[11] Hans Albert, na época um eminente professor de engenharia civil na Universidade da Califórnia, havia voado de Berkeley para Princeton, e tentou mudar a posição de seu pai. Mas Einstein faleceu bem cedo, na manhã do dia seguinte, à 1:15 de 18 de abril de 1955. Ele tinha 76 anos de idade. Hans Albert morreu de um ataque cardíaco, dezoito anos mais tarde, em 1973.

Considerando-se a resistência e o ódio do passado que teve de suportar, e o grande respeito e a adoração como herói que inspirou, a contribuição de Einstein à geometria é talvez melhor resumida na sua própria descrição prosaica. Ele escreveu sobre sua obra revolucionária: "Quando um besouro cego rasteja pela superfície do globo, ele não sabe que a trajetória que percorreu é curva. Tive bastante sorte em descobrir isso".[12]

A história de Witten

5

Na física do século 21, a natureza do espaço determina as forças da natureza. Os físicos flertam com dimensões adicionais e com a idéia de que, em um nível fundamental, o espaço e o tempo podem até não existir.

29. A Estranha Revolução

xistirá uma relação entre a natureza do espaço e as leis que governam o que existe no espaço? Einstein mostrou que a presença da matéria afeta a geometria encurvando o espaço (e o tempo). Certamente isso pareceu radical naquele tempo. Mas nas teorias de hoje, a natureza do espaço e da matéria estão entrelaçadas num nível muito mais profundo do que Einstein imaginou. Sim, a matéria pode curvar o espaço um pouquinho aqui e, se estiver realmente concentrada, um pouco mais ali. Mas, na nova física, o espaço consegue mais do que uma ampla vingança da matéria. De acordo com essas teorias, as propriedades mais básicas do espaço – tais como o número das dimensões – determinam as leis da natureza e as propriedades da matéria e energia que constituem o universo. O espaço, o *contêiner* [receptáculo] do universo, torna-se espaço, o juiz daquilo que pode existir.

De acordo com a teoria das cordas, existem dimensões adicionais do espaço, tão pequenas que qualquer espaço livre que tivermos nelas não é observável em experiências atuais (embora, indiretamente, elas em breve possam sê-lo). Embora elas possam ser minúsculas, suas topologias – isto é, propriedades relacionadas com elas terem o formato, digamos, de um plano, ou uma esfera, ou um *pretzel*[n] ou uma rosca – determinam o que existe dentro delas (como você e eu). Torça aquelas diminutas dimensões em forma de rosca e – bum! – elétrons (e, portanto, humanos) poderiam ser banidos da realidade. E há mais: a teoria das cordas, embora ainda mal compreendida, evoluiu para uma outra teoria, a *teoria M*, da qual nós sabemos ainda menos, mas que parece estar nos levando a esta conclusão: o espaço e o tempo não existem realmente, mas são apenas aproximações de algo muito mais complexo.

Dependendo de sua personalidade, a esta altura você pode ter uma tendência de rir ou de gritar impropérios por causa dos acadêmicos desperdiçarem o dinheiro dos impostos ganho com suor. Como veremos, durante muitos anos a maioria dos próprios físicos tinha essas mesmas reações. Alguns ainda têm. Mas entre os que trabalham atualmente na teoria das partículas elementares, a teoria das cordas e a teoria M, embora ainda não sejam rigorosas, são teorias obrigatórias. E se elas, ou alguma teoria derivada delas, acabar sendo algum tipo de "teoria final", ou não, elas já mudaram a matemática e a física.

Com a chegada da teoria das cordas, a física retornou para sua parceira, a matemática, aquela disciplina abstrata que se ocupa, desde Hilbert, com regras e não com a realidade. A teoria das cordas e a teoria M são conduzidas, até aqui, não pela tradição da nova compreensão física ou de dados experimentais, que estão faltando, mas pelas descobertas de suas próprias estruturas matemáticas. Não é para comemorar a adivinhação de novas partículas que a tequila está sendo servida, é para aplaudir a descoberta de que a teoria descreve as que existem. Cientes de que tais descobertas são uma inversão do curso costumeiro da ciência, os físicos cunharam para si um novo termo científico – *posdição.* Numa estranha contorção do método científico, a própria teoria tem se tornado objeto de experimentos (mentais); os físicos experimentais são os físicos teóricos. Não foi por acaso que Edward Witten, hoje o principal proponente da teoria, não ganhou o prêmio Nobel, mas uma medalha Fields, uma premiação equivalente em matemática. Assim como a geometria e a matéria se refletem mutuamente, também agora os estudos das duas devem refletir. Witten vai mais além, dizendo que a teoria das cordas deveria ser um novo ramo da geometria.[1]

Essa revolução não difere das anteriores, reformando não somente a idéia de espaço, mas também a maneira pela qual a pesquisa do espaço é abordada. A história dessa revolução, todavia, difere das histórias das revoluções anteriores num aspecto importante: nós ainda estamos no meio dela, e ninguém realmente sabe no que resultará.

30. Dez Coisas Que Odeio na Sua Teoria

ra o ano de 1981. John Schwarz ouviu uma voz familiar vindo do fundo do corredor: “Ei, Schwarz, com quantas dimensões você está hoje?”. Era Feynman, ele mesmo ainda “não descoberto”, cultuado apenas no mundo rarefeito da física. Feynman pensava que a teoria das cordas era loucura. Schwarz sentia-se bem com aquilo. Já estava acostumado a não ser levado a sério.

Um dia, naquele ano, um aluno de pós-graduação apresentou Schwarz a um novo jovem membro da faculdade chamado Mlodinow. Depois que Schwarz saiu, o aluno balançou sua cabeça e disse: “Ele é um conferencista, não é um professor de verdade. Já está aqui há nove anos e ainda não conseguiu a estabilidade”. Um riso discreto. “Ele trabalha nessa teoria maluca de 26 dimensões.” Realmente, o aluno estava errado sobre a última parte. A teoria tinha começado com 26 dimensões, mas naquele tempo já estava reduzida a dez. Mesmo assim, parecia demais.

A teoria tinha estado infestada por outros “embaraços” através dos anos – um modo de os físicos dizerem que tinha levado a predições que não pareciam ter nada a ver com a realidade. Probabilidades negativas. Partículas que possuem massa imaginária e viajam mais rápido do que a luz. Atravessando isso tudo, Schwarz se prendeu à teoria, com um grande custo para sua carreira.

Existe um filme sobre um grupo de alunos do ensino médio que Alexei gosta de assistir, *Dez coisas que odeio em você*. No final do filme, a heroína fica em frente à sua turma e lê um poema sobre as dez coisas que ela odeia no seu namorado, mas é, na verdade, um poema sobre o quanto ela o ama. É fácil imaginar John Schwarz recitando aquele poema, amando a teoria, ficando com ela, apesar de – ou algumas vezes *por causa* – de suas queridas falhas.

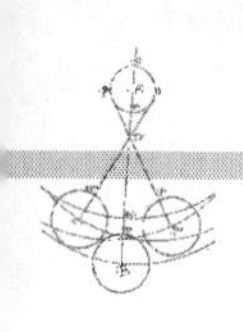

Schwarz viu algo na teoria das cordas que outros poucos viram, uma beleza matemática essencial que ele sentiu que não podia ter sido acidental. A teoria era difícil de ser desenvolvida, mas isso não o desanimou. Ele estava tentando resolver um problema que confundiu Einstein e todo o mundo depois de Einstein – reconciliar a teoria quântica com a relatividade. A solução não poderia ser fácil.

Diferentemente da teoria da relatividade, a primeira teoria quântica de amplo alcance demorou décadas para surgir, após a descoberta de Planck da quantização dos níveis de energia. Isso ocorreu nos anos 1925-27, devido aos esforços do austríaco Erwin Schrödinger e do alemão Werner Heisenberg. Cada um descobriu, independentemente – talvez "inventou" seja a melhor palavra –, teorias elegantes que explicavam como substituir as leis do movimento de Newton por outras equações que incorporavam os princípios quânticos que tinham sido inferidos nas décadas anteriores. As duas novas teorias foram apelidadas, respectivamente, de *mecânica ondulatória* e *mecânica matricial.* Como a relatividade especial, as conseqüências da teoria quântica eram diretamente evidentes somente numa realidade distante do dia-a-dia, neste caso, não o extremamente rápido, mas o extremamente pequeno. A princípio, não compreendia nem a relação entre as duas teorias e a relatividade, nem a relação entre as duas. Matematicamente elas pareciam tão diferentes quanto seus descobridores.

Imagine Heisenberg, um alemão típico, terno e gravata perfeitamente ajustados, a escrivaninha em perfeita ordem. Prestes a se tornar o que tem sido descrito de diferentes modos, variando de "*simplesmente* nacionalista" a "moderadamente pró-nazista", ele chefiaria os esforços germânicos para a construção da bomba atômica. Ridicularizado por outros após a guerra, Heisenberg usou a tática defensiva "sim, mas meu coração realmente não estava naquilo". Ele conjurou sua teoria baseando-se pesadamente nos dados experimentais e colaborando com o físico Max Born e o futuro membro das tropas de assalto, Pascual Jordan.[1] Juntos, eles criaram uma teoria que engloba as regras físicas *ad hoc* e os padrões que os físicos tinham observado durante duas décadas. Foi um processo que o físico Murrav Gell-Mann descreve assim:[2] "Eles juntaram os pedaços [a partir dos dados experimentais]. Eles tinham todas estas regras de soma. Um dia, quando Born estava de férias, eles as usaram para reinventar a multiplicação matricial. Eles não sabiam o que era aquilo. Quando Born voltou, deve ter dito: 'Mas,

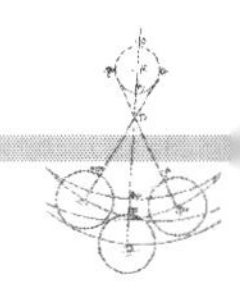

senhores, isto é a teoria matricial'". A física deles os tinha levado a uma estrutura matemática que funcionava.

Imagine agora Schrödinger deste modo – o don Juan da física. Uma vez ele escreveu: "Nunca aconteceu que uma mulher dormisse comigo e não quisesse viver comigo por toda a sua vida, por causa disso".[3] Este é um bom lugar para ressaltar que foi Heisenberg, e não Schrödinger, que descobriu o princípio da incerteza.

A abordagem de Schrödinger da teoria quântica se baseava mais em raciocínio matemático e menos em dados experimentais do que a abordagem de Heisenberg. Imagine Schrödinger com ares de seriedade, insinuando um sorriso, e um cabelo desarrumado relembrando Einstein. Ele rabisca pensativamente num caderno parecido com o que uma criança em idade escolar carregaria. Se ocorre um barulho, sem se preocupar com nenhum tipo de etiqueta, ele coloca uma bolinha [de algodão] em cada ouvido para evitar a distração. Mas silêncio não é tudo que ele precisa para alimentar sua criatividade. Sua mecânica ondulatória surgiria não durante uma longa estada num retiro monástico, mas durante aquilo que o matemático Hermann Weyl, de Princeton, chamou de "uma tardia explosão erótica na sua vida".[4]

Schrödinger escreveu sua equação de onda pela primeira vez durante um encontro amoroso com sua amante° numa estação de esqui em Arosa, enquanto sua esposa se encontrava em Zurique. Diz-se que a companhia dessa mulher misteriosa o manteve estimulado e loucamente produtivo durante um ano inteiro. Como a colaboração dela era de um tipo que geralmente não é creditada, os artigos de Schrödinger sobre o assunto não listavam co-autores. O nome desta colaboradora particular parece ter se perdido para sempre.

Embora Schrödinger tivesse as melhores condições de trabalho, logo o físico inglês Paul Dirac provou que a sua mecânica ondulatória e a mecânica matricial de Heisenberg eram equivalentes. A teoria única que elas representavam recebeu o nome neutro de *mecânica quântica*. Dirac também estendeu a mecânica quântica para incluir os princípios da relatividade especial (e compartilhou os prêmios Nobel dados para mecânica quântica em 1932 e 1933). Dirac não fez isso para a relatividade geral, e há uma boa razão para isso: não pode ser feito.

Einstein, um dos pais das duas teorias, percebeu claramente o conflito entre as duas. Embora a relatividade geral tenha revisado muito da visão de

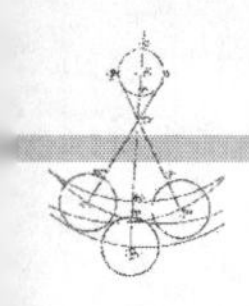

Newton sobre o universo, ela manteve um dos princípios "clássicos" de Newton: o determinismo. Dada a informação adequada sobre um sistema, seja ele o seu corpo ou o universo inteiro, o paradigma de Newton significava que você poderia, em princípio, calcular os eventos do futuro. De acordo com a mecânica quântica, isto não é verdade.

Isso era a coisa que Einstein odiava sobre mecânica quântica. Ele a odiava o bastante para condenar a teoria. Ele passou os últimos trinta anos de sua vida procurando uma maneira de generalizar sua teoria da relatividade geral para incluir todas as forças da natureza, e tinha esperança de explicar assim o choque entre a relatividade e a teoria quântica. Não teve êxito. Agora, uns trinta anos após a morte de Einstein, John Schwarz sentiu que tinha a resposta.

31. A Incerteza Necessária do Ser

fonte da indeterminação em mecânica quântica está no *princípio da incerteza*. De acordo com esse princípio, algumas das características dos sistemas que são grandezas quantitativas na descrição newtoniana de movimento não podem ser descritas com exatidão ilimitada.

Alexei ficou bastante excitado recentemente com uma velha piada que ele ouviu. Uma freira, um padre e um rabino estavam jogando golfe. Sempre que perdia uma tacada de buraco, o rabino tinha o hábito de gritar, "P. q. p., errei!". Lá pelo décimo sétimo buraco, o padre já estava um pouco chateado. O rabino prometeu que iria se controlar, mas ao perder sua próxima tacada de buraco, ele gritou novamente, "P. q. p., errei!". Ouvindo isso, o padre o advertiu: "Se blasfemar novamente, Deus certamente irá fulminá-lo com um raio". No décimo oitavo buraco, o rabino errou de novo, e novamente amaldiçoou. Nisso o céu ficou escuro, os ventos começaram a soprar e um raio desceu fulminante do céu. Quando a fumaça se dissipou, o padre horrorizado e o rabino chocado ficaram olhando estarrecidos os restos mortais da freira ainda em chamas, totalmente carbonizada. Logo em seguida, veio do céu uma voz trovejante: "P. q. p., errei!".

Alexei diz que a piada é engraçada porque ela rebaixa Deus – o jeito dele dizer que apresenta uma figura de uma divindade imperfeita cometendo falhas humanas. O conceito de um Deus imperfeito, ou uma Natureza imperfeita, é o que incomodou muitos físicos em relação à mecânica quântica. Deus não poderia especificar a posição exatamente?

Este limite ao determinismo da natureza inspirou a famosa citação de Einstein: "A teoria [da mecânica quântica] proporciona muito, mas ela não nos aproxima dos segredos do Velho Sábio. De qualquer forma, estou convencido de que Ele não joga dados".[1] Se a piada estivesse circulando no seu tempo – e ela é muito antiga – Einstein teria resmungado: "O Velho Sábio pode acertar um raio onde e quando quiser".

Com a possível exceção das relações de Schrödinger com o sexo oposto, há incerteza em tudo o que encontramos na vida. Assim, podemos nos perguntar: por que um princípio declarando este fato óbvio merece um nome assim tão imponente? A incerteza do princípio de Heisenberg é um tipo estranho de incerteza. É a diferença entre a teoria clássica e a quântica, entre as limitações das pessoas e, por que não, as limitações de Deus.

Faça um teste de verdadeiro ou falso com um jovem: num restaurante McDonald's um hambúrguer chamado de "quarter-pounder" pesa exatamente 113 gramas? Os cínicos entre os jovens podem responder "falso" usando o raciocínio pautado no fato de que uma companhia que vende 40 milhões de hambúrgueres por dia poderia economizar bastante carne tirando um centésimo de 0,4535923 kg de cada hambúrguer. Mas nós não estamos falando de erro *sistemático*: também é impossível que cada hambúrguer *quarter-pounder* pese exatamente 113 gramas. O importante aqui é que cada hambúrguer do McDonald's pesa uma quantidade levemente *diferente*.

A diferença não é apenas uma questão de ketchup no hambúrguer. Medindo com bastante precisão, você descobrirá que cada hambúrguer tem uma espessura diferente, um formato único, uma individualidade – na escala microscópica. Assim como as pessoas, dois hambúrgueres nunca são iguais. Com quantas casas decimais você tem que medir os hambúrgueres para distingui-los todos pelo peso? Uma vez que eles vendem mais de 1 bilhão de hambúrgueres por ano, o que é 10^9, são pelo menos 9 casas decimais. Nenhuma chance de que eles mudarão o nome do hambúrguer *quarter-pounder* para, digamos, 0,250000000 *pounder*.

Assim como cada hambúrguer é diferente, assim também cada medida. As suas ações realizando a medida, o estado mecânico e físico da escala, as correntes do ar ambiente, a atividade sísmica da Terra no local, a temperatura, a umidade, a pressão barométrica, inúmeros fatores diminutos, são cada um deles um pouco diferentes cada vez que você repete uma medição. Demarque de modo suficientemente preciso, e estes detalhes garantirão que medições repetidas nunca concordem.

Isso *não é* o princípio da incerteza.

Onde o princípio da incerteza quântica vai mais longe é nisto: decreta que certas características formam *pares complementares*, pares que possuem

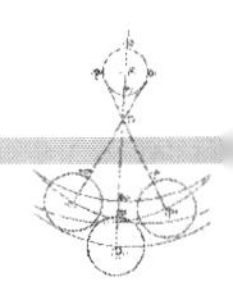

uma certa *limitação* – quanto mais exatamente você medir uma delas, menos exatamente você será capaz de medir a outra. De acordo com a teoria quântica, o valor dessas quantidades complementares além de sua precisão limitada é *indeterminado*, não simplesmente fora do alcance de nossos atuais instrumentos.

Ao longo dos anos, os físicos têm tentado argumentar que isso é uma limitação de nossa teoria e não da natureza. Eles sugeriram que há "variáveis ocultas" escondidas em algum lugar e que são determinadas, mas que nós não sabemos como medi-las. Na verdade, um tipo de medida que *podemos* fazer é um que exclui tais variáveis escondidas. Em 1964, o físico americano John Bell explicou como isso podia ser feito.[2] Em 1982, o experimento foi feito: mostrou que a proposta das variáveis ocultas não era correta. A limitação é realmente algo imposto pelas leis da física.

A matemática do princípio da incerteza afirma isto: o produto da incerteza dos dois membros complementares do par deve ser igual a um número chamado de *constante de Planck.*

A posição está presa em um dos pares complementares do princípio da incerteza. Seu parceiro, o momento, é a velocidade do objeto, exceto por um fator de massa. A certidão de casamento detalha uma limitação para os parceiros: os limites de erro de um deles deve aumentar de modo inversamente proporcional à medida que os erros do outro se estreitam. É uma limitação sem exceções, um casamento tipicamente católico, sem infidelidade nem divórcio. Multiplique os limites de erro da posição e do momento, e o número que resulta não pode ser menor do que o número do Herr [Sr.] Planck.

A constante de Planck é um número pequeníssimo demais. Se não fosse assim, teríamos percebido os efeitos quânticos muito antes (se em tal mundo tivéssemos de algum modo existido). Aqui, o adjetivo "pequeníssimo" significa exatamente "da ordem de um bilionésimo". A constante de Planck é aproximadamente um bilionésimo de bilionésimo de bilionésimo, ou 10^{-27}, de alguma coisa, neste caso, de uma unidade chamada *erg-segundo*. É claro que o valor da constante de Planck depende das unidades empregadas. Um erg-segundo é uma unidade cujo tamanho é a magnitude correspondente a grandezas que podemos encontrar no dia-a-dia. Imagine uma bola de pingue-pongue de 1 grama parada sobre uma mesa. Para a maioria das pessoas parado significa velocidade zero. Um físico experimental sabe que as medidas sem margens de erro têm pouco significado. Em vez de "a bola está

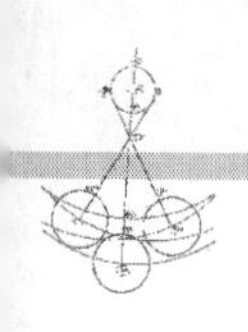

parada", os artigos escritos por uma física usariam uma linguagem mais parecida com: "a bola não está se movimentando a mais de um centímetro por segundo". Em física clássica, a questão estaria então resolvida. Em mecânica quântica, até esta precisão pouco impressionante impõe um preço: ela estabelece um limite para a precisão com a qual a posição da bola de pingue-pongue pode ser determinada.

O limite de erro de 1 cm/seg. conduz a uma precisão limite que, como a constante de Planck, é extremamente pequeníssima. Fazendo-se os cálculos, eles nos dizem que podemos apontar o lugar da bola dentro de uma margem de erro de 10^{-27} cm. Como o limite não é muito limitador, surge uma pergunta familiar: quem se importa com isso? Até o fim do século 19 ninguém se importava, ou, mais corretamente, ninguém tinha percebido. Mas agora vamos trocar coisas como bolas de pingue-pongue por coisas como elétrons. Essa é a troca que os físicos fizeram por volta do fim daquele século.

Lembra-se da frase "exceto um fator de massa" que estava montada na definição de momento? Pode não ter parecido muito naquela ocasião, mas é a razão pela qual os efeitos quânticos podem ser notados em átomos e não em bolas de pingue-pongue.

A massa da bola de pingue-pongue era de 1 grama. A massa do elétron é de aproximadamente 10^{-27} gramas. Diferentemente da bola de pingue-pongue, um erro de 1 cm/s na velocidade para o elétron traduz-se em margens de erro no momento de 10^{-27}gm-cm/s – devido ao fator da massa do elétron, a medida da velocidade que parecia descuidada traduz-se em uma medida de momento que é muito precisa. Isso não é um bom sinal da sua capacidade de medir a localização do elétron.

Se você determinar a velocidade de um elétron em mais ou menos 1 cm/s, como para a bola de pingue-pongue, a localização do elétron não poderá ser determinada exatamente, com precisão melhor do que mais ou menos 1 cm. Essa precisão limite não é extremamente pequena – é bastante perceptível. Poderia fazer do jogo de pingue-pongue um jogo bem impreciso, mas esta é exatamente a situação na escala atômica. Para os elétrons nos átomos, simplesmente determinar que eles estão em algum lugar dentro dos 10^{-8} cm daquilo que imaginamos como os limites atômicos nos impõe uma incerteza na velocidade de 10^{+8} cm/s, uma incerteza quase igual à própria velocidade.

A mecânica quântica, como foi elaborada por Heisenberg e Schrödinger, teve muito êxito em descrever os fenômenos da física atômica, e também

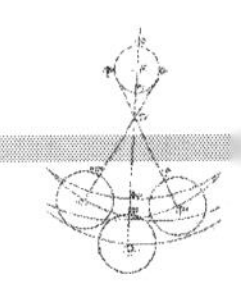

muito da física nuclear conhecida naquele tempo. Mas quando você aplica o princípio da incerteza à gravidade, conforme descrita na teoria de Einstein, você é levado a algumas conclusões bem bizarras sobre a geometria do espaço.

32. O Embate de Titãs

ma razão pela qual Einstein teve pouco apoio na sua busca da teoria do campo unificado foi porque o embate entre a relatividade geral e a mecânica quântica só aparece quando consideramos regiões do espaço tão pequenas que, mesmo hoje, não temos esperanças de observar diretamente. Mas Euclides afirmou que o espaço é feito de pontos e que a geometria deveria se aplicar a regiões tão pequenas quanto possamos imaginar. Se as teorias entram em conflito nessa área, deve haver algo errado com uma ou com as duas teorias – ou com Euclides.

O domínio no qual os problemas surgem é geralmente descrito como o ultramicroscópico. Para aqueles dentre nós que são quantitativos, isso significa 10^{-33} cm, chamado de *comprimento de Planck.* Para aqueles dentre nós que são visuais, isso significa que, se fôssemos expandir o comprimento de Planck até o diâmetro de uma célula do óvulo humano, uma bolinha de gude comum aumentaria até o tamanho do universo visível. O comprimento de Planck é realmente muito pequeno. No entanto, comparado a um ponto, o seu tamanho tem medidas generosas.

Uma noite, depois de trabalhar neste capítulo, o embate entre Einstein e Heisenberg foi representado num sonho. Tudo começou com Nicolai, no papel de Einstein, caminhando e me mostrando algumas teorias que tinha garatujado em crayon no seu caderno de atividades da pré-escola...

NICOLAI [COMO EINSTEIN]: Pai, eu descobri a relatividade geral! Quando a matéria está presente, o espaço é curvado, mas no espaço vazio, o campo gravitacional é zero, e o espaço é plano. De fato, em qualquer região que seja suficientemente pequena, o espaço é aproximadamente

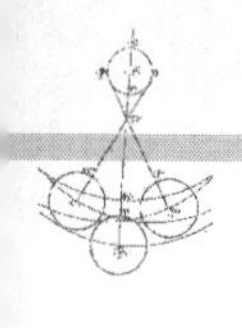

achatado. (Estou quase dizendo: "Que teoria bonita, posso pendurála na parede?", quando entra Alexei).

Alexei [como Heisenberg]: Eu sentirrrr muito. O campo gravitacional, como qualquer campo, está sujeito ao princípio da incerteza.

Nicolai [como Einstein]: E daí?

Alexei [como Heisenberg]: Assim, no espaço vazio, embora o campo possa ser zero em média, ele está realmente flutuando no espaço e tempo. E nas regiões *extremamente pequenas* as flutuações são extremamente grandes.

Nicolai [como Einstein, choroso]: Mas se o campo gravitacional estiver flutuando, a curvatura do espaço também estará, porque a minha equação mostra que a curvatura está relacionada com o valor do campo...

Alexei [como Heisenberg, zombando]: Ha, ha! Isso significa que o espaço em regiões extremamente pequenas não pode ser considerado plano... Na verdade, quando você observar mais próximo do que a escala do comprimento de Planck, formar-se-ão buracos negros virtuais extremamente pequenos... Isso não é muito bonito...

Nicolai [como Einstein]: Eu disse que quero que as regiões pequenas do espaço sejam extremamente planas!

Alexei [como Heisenberg]: Mas elas não são!

Nicolai [como Einstein]: Elas são planas, sim!

Alexei [como Heisenberg]: Não são!

Nicolai [como Einstein]: São!

Isso continuou no sonho até que acordei com o coração disparando. (Considerei isso como um sinal de que não deveria dormir até terminar o capítulo.)

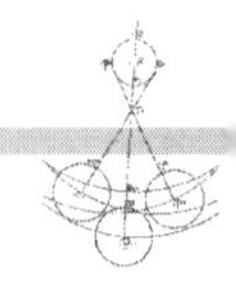

Aplicar tanto o princípio da incerteza quanto a relatividade geral a regiões extremamente pequenas do espaço leva a contradições básicas com a própria teoria da relatividade. Quem está certo, Heisenberg ou Einstein? Se Einstein estiver correto, então a teoria quântica está errada. Mas a teoria quântica não parece estar errada. A experiência e a teoria concordam melhor do que uma parte em um milhão. O físico Toichiro Kinoshita, da Universidade Cornell, um dos líderes em eletrodinâmica quântica, descreveu-a como "a melhor teoria testada na Terra, talvez até no universo, dependendo de quantos extraterrestres existam".[1]

Se a teoria quântica estiver correta, a relatividade deve estar errada. Ela também tem tido seus triunfos. Mas há uma diferença. Os triunfos da relatividade geral envolvem observações de fenômenos macroscópicos – a luz passando perto do Sol ou relógios voando em torno da Terra. A relatividade geral não foi testada na escala menor das partículas elementares. Suas massas são pequenas demais para que os efeitos da gravidade possam ser medidos. Por esta razão, os físicos preferem questionar a validade da relatividade, especificamente as suposições de Einstein do achatamento aproximado das regiões extremamente pequenas do espaço. Talvez a teoria de Einstein deva ser revisada, no que diz respeito ao domínio do ultramicroscópico.

Se Planck for verdadeiramente o vencedor no debate Planck *versus* Einstein, e se a métrica do ultramicroscópico flutuar de modo exagerado, então surge outra pergunta, muito mais profunda: qual é a estrutura do espaço na escala do ultramicroscópico? A chave para a resposta parece ser uma idéia que Feynman e outros aceitaram com a maior dificuldade, uma fonte de zombaria para Schwarz, mas, segundo ele, não uma falha, meramente uma característica de sua amada teoria. No domínio do ultramicroscópico parece haver outras dimensões, encurvadas sobre si mesmas, tão minúsculas que, como o quantum em 1899, elas permaneceram indetectáveis até agora. Elas são um ingrediente-chave para remediar a relatividade geral. Elas também foram uma idéia considerada e depois abandonada décadas atrás pelo próprio criador da relatividade.

33. Uma Mensagem num Cilindro Kaluza-Klein

o dia antes de Einstein morrer, ele pediu que lhe trouxessem seus últimos cálculos sobre a teoria do campo unificado. Ele tinha tentado durante trinta anos, e falhado, procurando alterar a sua teoria da relatividade geral para incluir nela uma descrição das forças eletromagnéticas. Uma das abordagens mais promissoras veio a Einstein num dia de 1919, perto do começo de sua busca, quando abria a sua correspondência. A idéia não veio de sua própria mente, mas numa carta de um matemático empobrecido chamado Theodor Kaluza.

O que Einstein leu foi uma proposta de como alguém poderia unir as forças elétricas com a gravidade. A teoria tinha uma pequena dificuldade. Einstein respondeu para Kaluza: "A idéia de obter [uma teoria unificada] por meio de um mundo cilíndrico de cinco dimensões nunca me ocorreu...".[1] Um cilindro de cinco dimensões? Por que aquela idéia viria à mente de alguém? Ninguém sabe como Kaluza conseguiu sua idéia, mas Einstein respondeu: "Gosto imensamente de sua idéia". Em retrospecto, Kaluza estava à frente de seu tempo, e era um pouco econômico quanto às dimensões.

Como vimos, a relatividade geral descrevia como a matéria afetava o espaço através da métrica, cujos componentes – os fatores g – nos informam como medir a distância entre os pontos próximos, com base nas diferenças de suas coordenadas. O número de fatores g depende do número de dimensões do espaço. Por exemplo, em três dimensões há 6. No espaço plano, a distância é igual a (diferença em $x)^2$ + (diferença em $y)^2$ + (diferença em $z)^2$, de modo que g_{xx}, g_{yy} e g_{zz} cada é igual a 1, e os fatores correspondentes a termos transversais, g_{xy}, g_{xz} e g_{yz} são todos iguais a zero – esses termos não estão presentes. No espaço tetradimensional não-euclidiano da relatividade

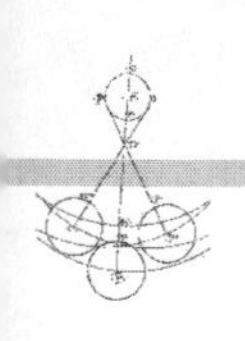

geral, há dez fatores *g* independentes (levando-se em conta as igualdades tais como $g_{xy} = g_{yx}$), todos descritos pelas equações de Einstein. Kaluza começou percebendo que se empregássemos cinco dimensões, haveria ainda outros fatores *g* correspondentes à dimensão adicional.

Então Kaluza fez esta pergunta: se estendermos formalmente as equações de campo de Einstein para cinco dimensões, quais equações obteremos para os fatores *g* adicionais? A resposta foi espantosa: nós obtemos as equações do campo de Maxwell do campo eletromagnético! A partir da quinta dimensão, o eletromagnetismo brota inesperada e subitamente da teoria da gravidade. Einstein escreveu: "A unidade formal de sua teoria é por demais surpreendente".[2]

É claro, interpretar a métrica da dimensão adicional como o campo eletromagnético físico exige algum trabalho teórico. E que dizer daquela pequena peculiaridade, a dimensão extra? Kaluza afirmou que a dimensão tinha comprimento finito e que, na verdade, era tão pequeníssima que nós não a perceberíamos mesmo se dançássemos dentro dela. Não somente isso, mas Kaluza afirmou que a nova dimensão tem uma nova topologia, a de um círculo em vez de uma linha, isto é, fecha-se de volta nela mesma, ou "encaracola-se" (e assim, diferentemente de uma reta finita, não tem extremidades). Imagine a Avenida Paulista, em São Paulo, sem largura, simplesmente uma linha. As ruas transversais, na nova dimensão de Kaluza, serão círculos brotando da Avenida Paulista. É claro que as ruas transversais surgem em intervalos de uma esquina, mas a dimensão adicional está presente em todos os pontos ao longo da avenida. Assim, adicionar a nova dimensão a uma reta não a transforma numa reta da qual brotam alguns círculos, ela a transforma num cilindro, como uma mangueira de jardim. Uma mangueira de jardim muito estreita.

A opinião de Kaluza era que a gravidade e o eletromagnetismo são, realmente, componentes da mesma coisa, que só parecem diferentes porque o que observamos é transformado numa média no movimento indetectável da quarta dimensão espacial extremamente pequena. Einstein teve dúvidas sobre a teoria de Kaluza, mas depois mudou de idéia novamente e ajudou Kaluza a publicá-la, em 1921.

Em 1926, Oskar Klein, um professor assistente na Universidade de Michigan, inventou independentemente a mesma teoria, com alguns aperfeiçoamentos. Um foi que ele percebeu que a teoria somente leva às equações corretas do movimento das partículas se uma partícula tiver certos

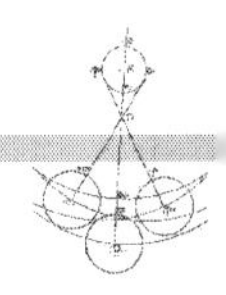

valores de momento na misteriosa quinta dimensão. Estes valores "permitidos" eram todos múltiplos de um certo momento mínimo. Se presumirmos, como fez Kaluza, que a quinta dimensão fecha-se sobre si mesma, poderíamos empregar a teoria quântica para calcular, a partir do momento mínimo, qual deve ser o "comprimento" da quinta dimensão curva. Se desse um tamanho observável, macroscópico, a teoria estaria em dificuldade, pois nunca observamos essa nova dimensão. Mas o resultado foi 10^{-30} cm. Nenhum problema. Ali ela estaria bem escondida.

A teoria de Kaluza-Klein foi uma dica a respeito de alguma coisa, uma conexão formal entre teorias, mas não uma estrutura que imediatamente desse algo novo. Nos anos seguintes os físicos buscaram novas predições que pudessem vir da teoria, mais ou menos do modo que Klein tinha raciocinado sobre o tamanho da nova dimensão. Desenvolveram novos argumentos que pareciam implicar que podiam usar a teoria para predizer a relação entre o raio da massa do elétron e a sua carga. Mas esta predição falhou. Entre essa dificuldade e a bizarra predição de uma quinta dimensão, os físicos perderam interesse. Einstein a considerou pela última vez em 1938.

Kaluza, que morreu um ano antes de Einstein, nunca avançou mais do que isso. Mas ele se beneficiou muito de sua novíssima teoria. Quando escreveu para Einstein, ele tinha 34 anos de idade e vinha sustentando sua família havia 10 anos como um *privat dozent* (algo como professor adjunto) em Königsberg. Seu salário é melhor descrito em termos da matemática que tanto amava: para cada semestre ele recebia 5 vezes x vezes y vezes marcos alemães (ou, para ser mais técnico, marcos ouro), onde x era o número de alunos em sua classe e y o número de horas que lecionava cada semana. Para uma classe de 10 alunos com 5 horas de aula por semana o total chega a 500 marcos por ano. Em 1926, Einstein descreveu esta situação como *schwierig*, sua maneira de dizer: "Somente um cachorro poderia viver daquele modo".[3] Com a ajuda de Einstein, Kaluza finalmente obteve o cargo de professor na Universidade de Kiel, em 1929. Ele se mudou para Göttingen em 1935, onde se tornou professor titular. Ficou lá até a sua morte, 19 anos mais tarde. Somente na década de 1970 foi que a possibilidade de novas dimensões pareceu séria novamente.

34. O Nascimento das Cordas

uem sabe quando a inspiração virá? Muito mais difícil saber aonde ela levará. A história da teoria das cordas começou no topo de uma montanha, 250 metros acima do nível do mar Mediterrâneo. A cidade é Erice, na Sicília – uma cidade calma, quente, de ruas estreitas e muita pedra antiga. Erice já era Erice quando Tales passeou pela Terra. Hoje a cidade é amplamente conhecida pelo seu Centro Ettore Majorana, um centro cultural e científico onde tem sido realizada a cada ano, há décadas, uma série de "escolas de verão", com uma duração aproximada de uma semana. As escolas do Ettore Majorana são encontros em que alunos de pós-graduação e jovens professores se reúnem com líderes exponenciais da área e assistem a palestras sobre os tópicos mais avançados e atualizados de suas áreas.

No verão de 1967, um tópico assim foi a abordagem da teoria de partículas elementares, conhecida como "teoria da matriz-S". Gabriele Veneziano, um aluno italiano de pós-graduação do Instituto Weizman, em Israel, estava sentado na audiência, ouvindo um herói intelectual, Murray Gell-Mann[1]. Logo depois Gell-Mann receberia o prêmio Nobel pela sua descoberta do conceito dos quarks, que então eram considerados os constituintes internos da família das partículas chamadas *hádrons* (que inclui o próton e o nêutron). Veneziano teve uma inspiração lá que, depois de alguns anos, lançaria a teoria das cordas. O tópico de Gell-Mann foi: as regularidades de uma estrutura matemática chamada de matriz-S.

Inventado por Heisenberg, a abordagem da matriz-S foi introduzida por John Wheeler em 1937 e defendida na década de 1960 por um físico da Universidade de Berkeley chamado Geoffrey Chew. A letra "S" representa, em inglês, *"scattering"* [espalhamento] porque este é o modo principal

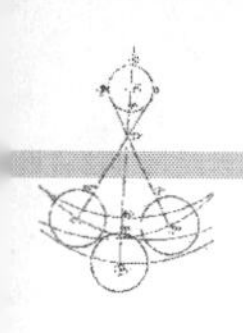

pelo qual os físicos estudam as partículas elementares: aceleram-nas a enormes energias, fazem com que elas colidam umas com as outras, e observam as sobras que voam de lá. É como estudar automóveis através de colisões entre carros.

Em colisões pequenas nós podemos separar alguma coisa chata como um pára-choque, mas a velocidades de carros de corrida, os parafusos e as porcas bem atarraxados dentro do assento do passageiro poderiam ser vistos voando por um experimentador. Todavia, há uma grande diferença. Na física experimental, esmagar um Chevrolet contra um Ford poderia resultar numa explosão de peças de um Jaguar. Diferentemente de carros, as partículas elementares podem se transformar umas nas outras.

Quando Wheeler desenvolveu a matriz-S, havia um corpo crescente de dados experimentais, mas nenhuma teoria quântica bem-sucedida sobre a criação e aniquilação de partículas, nem mesmo para a eletrodinâmica. A matriz-S era uma caixa preta que recebia dados de entrada [input] – as identidades das partículas que colidem, os momentos, etc. – e criava como saída [output] o mesmo tipo de dados, porém para as partículas emergentes.

Para *construir* a matriz-S – as partes internas da caixa preta – precisamos, em princípio, de uma teoria sobre as interações. Mas mesmo sem uma teoria, há certas coisas que podemos dizer sobre a matriz-S baseados somente nas simetrias da natureza e princípios gerais, tais como exigir consistência com a relatividade. O problema mais difícil da abordagem da matriz-S foi ver até onde podíamos ir baseados somente nesses princípios.

Nas décadas de 1950 e 1960, essa abordagem era um tipo de mania. Na sua palestra em Erice, Gell-Mann falou sobre algumas regularidades surpreendentes chamadas *dualidades* que eram observadas nas colisões de hádrons. Veneziano se perguntou se essas regularidades podiam ocorrer em circunstâncias mais gerais. Levou um ano e meio, mas Veneziano finalmente concluiu isto: todas as propriedades matemáticas da matriz-S que ele procurava eram possuídas por uma função matemática única e simples chamada de *função beta de Euler*.

A teoria de Veneziano, que recebeu o nome de modelo da ressonância dual, foi uma descoberta surpreendente. Por que deveria a matriz-S potencialmente complexa tomar esta forma tão simples e graciosa? Foi um dos primeiros milagres matemáticos que brotariam regularmente na teoria das cordas, o tipo de resultado maravilhoso que convenceria Schwarz de que ele não estava desperdiçando a sua vida perseguindo-a.

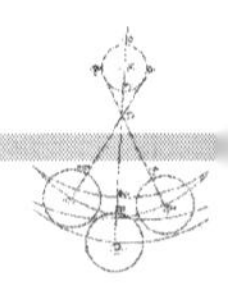

O resultado de Veneziano foi tão elegante que inspirou os físicos a formular a pergunta decididamente não-matriz-S: quais são os detalhes do processo de colisão que produzem essa matriz-S? O que há dentro da caixa preta? Se eles a decifrassem, estariam esclarecendo a estrutura interna dos hádrons que se chocam, e a força que os governa, chamada de força *forte*.

Em 1970, Yoichiro Nambu, da Universidade de Chicago, Holger Nielsen, do Instituto Niels Bohr, e Leonard Susskind, então na Universidade Yeshiva, em Israel, responderam à pergunta: deve-se modelar as partículas fundamentais não como pontos, mas como cordas vibrantes extremamente pequenas.

Nós *descobrimos* ou *inventamos* uma teoria? Seriam os físicos meninos com lanternas no parque, procurando rastros da verdade no crepúsculo, ou seriam meninos com blocos tentando construir altas estruturas antes que elas caiam? Ou de fato o processo pode ser os dois – a dualidade como a que Gell-Mann estava falando ou aquela entre partículas e ondas?

Há palavras menos gentis para *inventar* e *descobrir*. Como *forjar* e *encontrar por acaso*. A teoria das cordas original – chamada de *teoria das cordas bosônicas* – foi, certamente, forjada. Era artificial, tinhas muitas características irreais, e foi claramente montada simplesmente para reproduzir a idéia de Veneziano. Mas Nambu e outros também deram por acaso com algo. Eles tinham descoberto a teoria das cordas de um modo muito parecido com a descoberta de Planck da teoria quântica. Os dois tinham descoberto uma idéia – que os níveis de energia podem ser quantizados, ou que as partículas podem ser modeladas como cordas – cujo significado e domínio não eram compreendidos, e que exigiria anos para se tornar uma teoria significativa. Eles tinham se deparado com algo que poderia ser um novo princípio da natureza, ou simplesmente um truque matemático. Somente anos de esforços poderiam determinar qual deles. No caso da teoria quântica, levou 25 anos a partir de Planck até Heisenberg e Schrödinger. A teoria das cordas já ultrapassou essa marca.

35. Partículas, Schmartículas!

Uma década antes das cordas, Geoffrey Chew, um dos físicos mais promissores da década de 1960 e do final da década de 1950, levantou-se numa conferência e declarou que a teoria de campo não valia nada. Ele disse que não deveriam existir partículas elementares. Devemos pensar sobre as partículas como compostas umas das outras. Ele propôs que os físicos procurassem por uma teoria do tipo *uma-partícula-faz-todas-as-demais*, apelidada de democracia nuclear, bem no espírito da Guerra Fria. Além disso, Chew não acreditava na abordagem de desenvolver teorias diferentes baseadas e ajustadas às propriedades das várias forças diferentes. Ele acreditava que, se os físicos examinassem bem atentamente todas as matrizes-S possíveis, eles descobririam que somente uma seria consistente com os princípios físicos e matemáticos gerais. Isto é, ele acreditava que o universo é do jeito que é porque esta é a única maneira em que ele pode existir.[1]

Hoje nós sabemos que as condições impostas por Chew não eram suficientes para especificar completamente a física. Witten chamou a teoria da matriz-S de "uma abordagem, não uma teoria".[2] Gell-Mann disse que ela foi pretensiosa demais, um nome pomposo para uma abordagem que ele próprio apresentara primeiramente numa conferência em Rochester, em Nova York, em 1956.[3] No entanto, disse Gell-Mann, "a abordagem da matriz-S era a abordagem correta. Ela ainda é usada hoje para a teoria das cordas". Havia boas razões para Chew defender essas estéticas. Mesmo o modelo-padrão atual, apesar de todos os seus sucessos, não é bonito. Os problemas começaram em 1932, quando foram descobertas duas partículas novas e exóticas. Uma foi o pósitron, a antipartícula do elétron. A outra foi um novo membro do núcleo que é quase como um próton, mas não

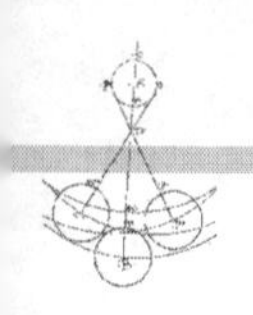

transporta nenhuma carga elétrica – o nêutron. Os físicos relutavam em aceitar a possibilidade de novas partículas. Foram inventadas outras explicações. Dirac, cuja teoria predisse o pósitron, foi forçado primeiramente a chamá-lo de um tipo de próton leve (o pósitron tem a mesma carga que um próton, mas menos de 1/1.000 de massa). Foram feitas tentativas para explicar o nêutron como um próton e um elétron se abraçando fortemente. Mas, como os pais de um filho adolescente, foi difícil para os físicos ficarem firmes na sua posição. Logo os físicos admitiram não somente as novas partículas, mas também o conceito da antimatéria e de duas novas forças, a força forte e a força fraca, importantes dentro do núcleo atômico.

Lá pelos idos de 1950, os aceleradores de partículas permitiram o estudo de dúzias de novas partículas – neutrinos, múons, píons... J. Robert Oppenheimer sugeriu que o prêmio Nobel em física fosse para o físico que *não* descobrisse uma nova partícula "elementar".[4] Enrico Fermi comentou: "Se eu pudesse me lembrar dos nomes de todas aquelas partículas, eu teria me tornado um botânico".[5]

Os físicos enfrentaram toda essa mudança desenvolvendo novas teorias chamadas de teorias quânticas de campo para descrever como as partículas surgem e desaparecem. A mecânica quântica tinha sido planejada para descrever situações nas quais as partículas interagem, não aquelas nas quais são criadas, destruídas ou transformadas uma na outra. Numa teoria quântica de campo, há somente um modo pelo qual qualquer coisa no universo interage: trocando partículas conhecidas como partículas mensageiras. O que a física tinha chamado de "força" durante séculos é, de acordo com a teoria de campo, apenas uma descrição de alto nível da troca de partículas entre outras partículas.

Pense em dois jogadores de basquete correndo pela quadra, passando a bola um para o outro. Eles são as partículas em questão. A interação deles, que os aproxima ou afasta, é transportada pela bola, que é a partícula mensageira. Para o eletromagnetismo, a partícula mensageira é o fóton. Na eletrodinâmica quântica, as partículas carregadas como o elétron e o próton sentem a força eletromagnética através da troca de fótons. Partículas sem carga, como o neutrino, não trocam fótons.

A primeira teoria quântica de campo que teve êxito foi a do campo eletromagnético, desenvolvida na década de 1940 por Feynman, Julian Schwinger e Sin-Itiro Tomonaga. Na década de 1970, foi criada uma nova teoria unindo a teoria do campo eletromagnético com uma da força fraca.

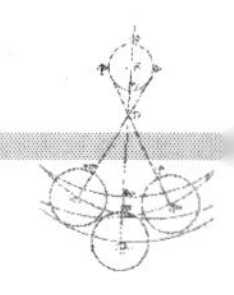

Logo, em analogia à eletrodinâmica quântica, foi inventada uma teoria para a força forte, com suas partículas mensageiras, os *glúons*. Coletivamente, a teoria de campo dessas três forças é o que compõe o modelo-padrão.

Os físicos tinham feito um trabalho admirável – se você for um botânico. A classificação das partículas elementares no modelo-padrão, embora seja um triunfo em poder de predição, não é bonita. Por exemplo, as partículas elementares da matéria – opostas às partículas mensageiras – surgem em famílias. Cada família contém quatro partículas – uma partícula tipo elétron, uma partícula tipo neutrino e dois quarks. Uma dessas famílias contém o elétron e o seu neutrino, e dois quarks que constituem os prótons e nêutrons familiares. As partículas correspondentes nas outras duas famílias diferem somente em suas massas – com cada família "exótica" contendo partículas sucessivamente mais pesadas. O modelo-padrão reflete esta estrutura, mas a incorpora no modelo sem explicação. Por que há três famílias, e por que quatro membros em cada? Por que as massas são o que são? O modelo-padrão não fornece nenhuma compreensão sobre essas questões.

A intensidade de cada força também é introduzida na teoria sem explicação, codificada em números chamados de *constantes de acoplamento.* A reação de uma partícula a uma força é caracterizada por uma quantidade chamada *carga* – uma generalização da carga elétrica. Tipicamente, uma dada partícula transporta mais do que um tipo de carga – isto é, sente mais do que um tipo de força. Essas cargas também são dados inexplicados introduzidos na teoria.

Se Fermi tinha dificuldades em lembrar os nomes das partículas elementares, o modelo-padrão somente piorou as coisas. Para lembrar suas equações, ele teria que recordar os valores de 19 parâmetros não deduzidos. Não são números bonitos que teriam deixado Pitágoras orgulhoso, mas números difíceis com nomes como o ângulo de Cabibbo, e valores como 1,166.391 x 10^{-5} (a constante de acoplamento de Fermi em GeV^{-2}).[6] O livro de Gênesis diz: "Haja luz, e houve luz". De acordo com a física moderna, Deus também ajustou cuidadosamente a constante de estrutura fina em exatamente 1/137,035.997.650 (pondo ou tirando algumas partes por bilhão).

Sem nos aventurarmos na filosofia da ciência, há algo na expressão "teoria fundamental" que parece implicar que não deveria haver uma dúzia de pesquisadores gastando suas vidas medindo seus 19 parâmetros fundamentais com sete casas decimais de exatidão. Você sente vontade de dar um

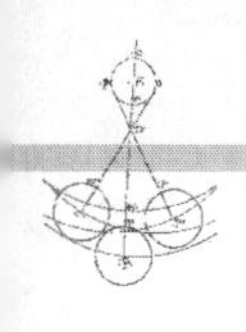

tapinha no ombro dos teóricos e perguntar-lhes: "Já ouviu falar sobre um cara chamado Ptolomeu?" Com um número suficiente de círculos sobre círculos, um cientista inteligente pode explicar qualquer dado.

Os físicos da teoria das cordas se rebelam contra a idéia de que este modelo seja fundamental. Eles esperam que algum dia serão capazes de deduzi-la de sua teoria. Como os teóricos da matriz-S, mas diferentemente dos teóricos de campo, eles têm o objetivo de não ter que especificar parâmetros de entrada [inputs] – nem mesmo os estruturais, como o número de dimensões do espaço. Como Chew, seu objetivo é descobrir uma teoria completamente definida por princípios gerais. Esperam que, a partir dela, eles possam entender as origens e intensidades de todas as forças, os tipos e as propriedades das partículas, a estrutura do próprio espaço. E na teoria deles, como no sonho de Chew, uma só partícula resolve. A diferença é que, na teoria deles, a partícula é uma corda.

Essa corda é feita de nada, pois definir uma composição material implica uma estrutura ainda mais fina, que eles não possuem. No entanto, todas as coisas são feitas delas. Com um comprimento de 10^{-33} cm, elas estão protegidas de nossa observação direta por um fator de 10^{16}. No mapa visual, elas podem ser dispostas verticalmente, horizontalmente e diagonalmente. Mas mesmo em nosso exame mais microscópico, a tecnologia moderna é reprovada no teste. "Para baixo? Para cima? De lado?... Desculpe-me, doutor, mas tudo o que vejo é um punhado de pontos."

Não deveria ser uma surpresa que as cordas estão escondidas devido aos seus tamanhos diminutos – afinal de contas, elas foram teorizadas, não foram observadas. Mas o nível de sua ocultação somente pode ser chamado de exagero. Foi estimado, de vários modos, que o acelerador de partículas necessário para detectar experimentalmente de forma direta uma partícula dessas teria um tamanho aproximado entre o de nossa galáxia e todo o universo. Um historiador, descobrindo uma cópia envelhecida deste livro no ano 3.000, poderá rir baixinho de nossa estimativa, pois naquela ocasião nós já podemos ter aprendido a vê-las, misturando-se vermute e vodca (na proporção certa). Por enquanto, a observação direta está fora de cogitação.

Em mecânica quântica, as ondas e as partículas são aspectos duais do mesmo fenômeno. Na teoria quântica do campo, as partículas da matéria e da energia são todas consideradas excitações de vários campos quânticos. Isso também é verdade na teoria das cordas, mas na teoria das cordas há

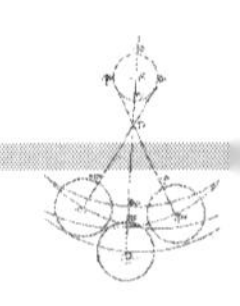

somente um campo. Todas as partículas surgem como excitações vibratórias de apenas um tipo de objeto elementar: a corda.

Imagine uma corda de violão que foi afinada esticando-a com tensão adequada. As notas musicais da corda são chamadas de *modos de excitação* comparados à corda parada. Em acústica, elas são conhecidas como harmônicos superiores. Em teoria das cordas, elas se apresentam como partículas diferentes.

Os pitagóricos foram os primeiros que estudaram as propriedades matemáticas e estéticas dos sons musicais. Descobriram que, quando tangemos uma corda ela vibra com uma altura de som, ou freqüência, que varia inversamente com o comprimento da corda. Esta freqüência fundamental vem do modo de vibração em que o deslocamento máximo da corda ocorre bem no seu centro.[7] Mas a corda pode vibrar de tal modo que o seu ponto central nunca se move, e os deslocamentos máximos ocorrem no ponto médio entre o ponto central e cada extremidade. Este seria o modo fundamental de vibração se segurarmos a corda presa no seu ponto central. É uma vibração com duas ondas equivalentes dentro do comprimento da corda, isto é, com a metade do comprimento da onda e o dobro da freqüência do modo fundamental de vibração. Em termos musicais, é chamada de segundo harmônico, e é uma oitava mais ascendente.

Uma dedilhada na corda também produzirá vibração com a forma de três ondas completas, quatro ondas, e assim por diante (mas nunca um número fracionário de ondas, pois isso violaria a condição de que as extremidades das cordas são fixas). Estes são os harmônicos superiores. Por exemplo, uma nota de violino ou de piano geralmente é acompanhada por uma amplitude relativa mais forte dos primeiros seis sons harmônicos do que nos outros instrumentos. Por outro lado, o som de um órgão de fole é geralmente pobre nos sons harmônicos superiores, comparativamente. Os harmônicos superiores fornecem variedade aos instrumentos musicais e às famílias das partículas elementares.

As cordas da teoria das cordas não estão presas como as cordas de um violão. Elas podem ser abertas ou fechadas. Podem se dividir e juntar novamente ou fundir-se nas suas extremidades formando um laço, ou unir-se e dividir novamente formando dois laços. Quando a corda se divide ou se junta, as suas propriedades mudam – de longe é como se fosse um novo tipo de partícula. A troca das partículas mensageiras é realmente a divisão e a junção de cordas flutuando no espaço-tempo.

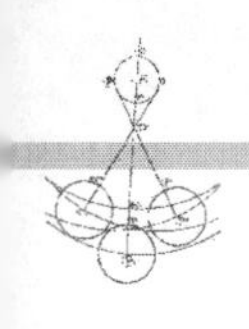

É como se as partículas diferentes que observamos fossem caixas de música, e as suas propriedades as notas que as ouvimos tocar. Divididas em categorias pela sua música, parece haver muitas classes diferentes de caixas musicais. De acordo com a teoria das cordas, as caixas musicais são todas fisicamente idênticas, não diferindo em sua constituição, mas no modo pelo qual as cordas vibram dentro delas.

A energia da vibração, por exemplo, depende do seu comprimento de onda e da amplitude. Quanto mais cristas e vales dentro de seu comprimento, e quanto maior o tamanho deles, mais energética é a vibração. Como sabemos pela relatividade que a massa e a energia são equivalentes, provavelmente não surpreende que, vistas de fora da caixa preta, as cordas que vibram mais energicamente são percebidas por nós como tendo maior massa.

Isso também é verdade em relação a outras propriedades além de massa, tais como os vários tipos de cargas. E por que não? Sob o ponto de vista da teoria de campo, a massa de uma partícula é apenas um tipo de carga – a sua carga com respeito à força gravitacional. De acordo com a teoria das cordas, todas as partículas da natureza, incluindo as partículas mensageiras, com todo o seu espectro variado de propriedades, são simplesmente padrões diferentes de vibração da corda.

Há uma grande variedade e complexidade de partículas no universo. Haverá riqueza bastante numa corda vibrante que englobe toda a sua diversidade? Não no mundo de Euclides.

Mas os modos de vibração de uma corda, e portanto as predições sobre quais partículas existem, e suas propriedades, dependem muito do número de dimensões nos quais a corda vibra, e da topologia das dimensões. Esta é a fonte da conexão profunda entre as propriedades do espaço e as propriedades da própria matéria; de acordo com a teoria das cordas, a estrutura do espaço determina as propriedades físicas das partículas elementares e das forças da natureza. Na teoria das cordas, três dimensões apenas não são suficientes. São a geometria e a topologia exatas das dimensões adicionais que determinam a teoria das partículas elementares e as forças que a teoria das cordas prediz.

Uma corda em uma dimensão só pode vibrar de um jeito – ela pode esticar-se e comprimir-se. Esse tipo de vibração é chamado de vibração longitudinal. Em duas dimensões, uma corda ainda pode vibrar deste modo, mas abre-se a possibilidade de um tipo completamente novo de vibração –

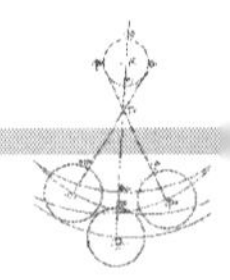

a vibração transversal, na qual o seu movimento é numa direção perpendicular ao seu comprimento. Estas são, essencialmente, as vibrações que acabamos de discutir. Num espaço tridimensional, a direção da vibração transversal pode girar ou espiralar – imagine uma *mola mania*. Em dimensões maiores, a complexidade aumenta.

A topologia também afeta a vibração. A topologia é um assunto difícil de se definir, mas, aproximadamente, lida com as propriedades das superfícies e espaços que estão relacionadas às suas formas, mas não às suas métricas (relações de distâncias) ou curvaturas. Um segmento de reta é topologicamente diferente de um círculo porque tem duas extremidades, enquanto um círculo não tem nenhuma. No entanto, a diferença entre um círculo e uma elipse não interessa ao topologista – é somente uma questão de curvatura. Uma maneira de pensar essas distinções é esta: duas formas quaisquer que possam ser transformadas uma na outra, esticando-se sem partir, têm as mesmas propriedades que interessam ao topologista.

Como a topologia do espaço afeta a corda? Suponhamos que a teoria das cordas tivesse exigido somente duas dimensões extras. Como as dimensões adicionais na teoria das cordas são presumidamente pequenas, imagine um espaço bidimensional "pequeno" – um quadrado ou um retângulo – como o plano, mas finito. Esse espaço tem um tipo de topologia. Agora imagine enrolando-o em forma cilíndrica. Embora intuitivamente possa parecer geometricamente curvo, um cilindro é considerado tão achatado como um espaço plano. Isso significa que tem curvatura zero: qualquer figura que desenharmos no plano pode ser enrolada no cilindro sem distorção das medidas de distância entre dois pontos quaisquer. Mas o cilindro difere do plano na sua conectividade, ou topologia. Por exemplo, num plano, qualquer círculo ou outra curva fechada simples pode ser diminuído até se tornar um ponto sem sair do plano. Num cilindro, há curvas para as quais isto não pode ser feito – por exemplo, qualquer curva que dê a volta em torno do eixo do cilindro. O movimento vibratório desse tipo de corda num espaço cilíndrico, sendo restrito, é diferente daquele num plano. Assim, na teoria das cordas, tal universo resultaria em diferentes tipos de partículas e forças. O cilindro está intimamente relacionado a um outro formato, o toróide, ou donut. Para obter um toróide a partir do cilindro é só conectar as suas extremidades. Mas topologias muito mais complexas são possíveis: por exemplo, em vez de um donut com um buraco, nós podemos ter donuts com múltiplos buracos. Cada um deles produz espectros

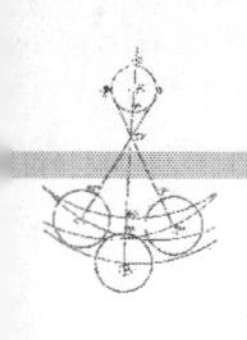

vibratórios ainda diferentes. Quanto mais dimensões adicionarmos, mais complexos serão os espaços possíveis, especialmente se permitirmos espaços que não sejam planos. E em todos esses espaços diferentes, os modos possíveis de vibração são diferentes. Essa riqueza dos tipos de vibração é que permite à teoria das cordas dar conta da variedade das partículas elementares e das forças – pelo menos em teoria.

Neste ponto teria sido bom ser capaz de dizer que, devido às várias exigências de consistência, há somente um tipo de espaço possível para as dimensões adicionais da teoria das cordas, e que as propriedades das partículas elementares que correspondem às vibrações das cordas naquele espaço são exatamente aquelas que observamos na natureza. Pode sonhar. Mas há algumas boas notícias. Por um lado, não é qualquer número de dimensões adicionais que vai funcionar. Parece que devem haver seis (uma questão importante que mais tarde abordaremos), e que elas devem ter certas propriedades, tais como serem curvas como a dimensão extra na teoria de Kaluza. Em 1985, os físicos descobriram a classe de espaços que tem exatamente as propriedades adequadas. Eles são chamados de espaços de Calabi-Yau (ou formas de Calabi-Yau; afinal de contas, elas são espaços finitos).[8] Como se pode adivinhar, os espaços Calabi-Yau de seis dimensões são mais complicados do que, por exemplo, um donut de chocolate. Mas eles têm uma coisa em comum – um buraco. Na verdade, eles podem ter número variado de buracos, e até os buracos são objetos multidimensionais complicados, mas isso são detalhes técnicos.[9] O importante é isto: há uma família de vibrações de cordas associadas com cada buraco. Assim, a teoria das cordas prediz que as partículas elementares vêm em famílias. É um exemplo de uma das "deduções" surpreendentes de fatos observados experimentalmente que no modelo-padrão teve de ser incorporado "manualmente", sem explicação teórica. Essas são as boas notícias.

A má notícia é que há dezenas de milhares de tipos de espaços Calabi-Yau conhecidos. A maioria contém mais do que três buracos, embora haja somente três famílias de partículas elementares. E para tentar fazer os cálculos necessários para deduzir as propriedades das partículas que o modelo-padrão apenas divulgou por exemplo, sua massa e carga os físicos precisam saber qual dos muitos espaços possíveis empregar. Até agora, ninguém foi capaz de descobrir o espaço Calabi-Yau que reproduz a descrição exata do mundo físico como o conhecemos, isto é, o modelo-padrão, ou um princípio físico fundamental que justificaria escolher um espaço em vez do outro.

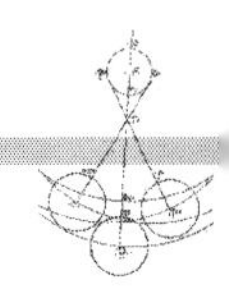

Alguns cientistas são céticos de que a abordagem será frutífera algum dia. Mas os críticos são muito menos numerosos e mais silenciosos do que eram no começo, quando, por muitos anos, trabalhar em teoria das cordas era o beijo da morte profissional.

36. O Problema com as Cordas

uando Nambu e outros propuseram a teoria das cordas, ela tinha algumas peculiaridades. Por um lado, sua teoria não era consistente com a relatividade a não ser que um certo fator hostil pudesse ser feito igual a zero: [1 – (D-2)/24]. Qualquer aluno do ensino médio pode nos dar a resposta do problema: D = 26. Mas isso é somente o começo do problema, pois D nesta equação representa o número de dimensões do espaço. Logo em seguida o interesse pelo trabalho de Kaluza seria reavivado, só que agora as suas cinco dimensões pareceriam ser nem numerosas demais nem estranhas demais, e sim insuficientemente estranhas.

A teoria tinha outros problemas. Como mencionado acima, quando as probabilidades da ocorrência de certos processos foram calculadas de acordo com as regras da mecânica quântica, a matemática deu números negativos. A teoria também previa a existência de certas partículas chamadas *táquions* cuja massa não era um número real, e que viajavam mais rápido do que a luz. (A teoria de Einstein, estritamente falando, não proíbe isto; proíbe somente as partículas de se moverem *na* velocidade da luz.) E previa outras certas partículas adicionais, nunca observadas.

Se o programa local de previsão do tempo indicasse uma probabilidade negativa de 50% de tempestades com trovões, com a chuva caindo para cima e sapos caindo do céu, provavelmente não teríamos muita fé no modelo computacional deles. Os físicos também ficaram céticos. Mas suponhamos que a previsão do tempo tenha também previsto a temperatura e tenha acertado. A concordância entre o comportamento das cordas bosônicas e o dos hádrons era intrigante demais para ser ignorada.

Se tudo isso parecia embaraçoso, os físicos logo perceberam que a teoria tinha outra falha, e para a teoria, esta era uma falha *realmente* embaraçosa.

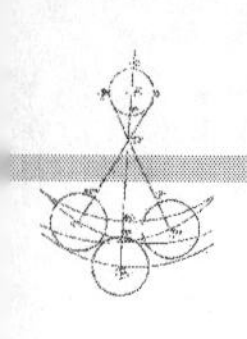

Na mecânica quântica, todas as partículas pertencem a um dos dois tipos: *bósons* e *férmions*. No nível técnico, a diferença entre bósons e férmions é um tipo de simetria interna conhecida como spin. Mas no nível prático, a diferença é esta: dois férmions nunca podem ocupar o mesmo estado quântico. Isso é uma boa propriedade se estivermos, por exemplo, construindo os átomos da matéria. Significa que os elétrons no átomo não se acumulam todos no estado de energia mais baixo. Se o fizessem, os elétrons de todos os elementos teriam uma tendência a permanecer no seu estado de energia mais baixo. Em vez disso, os átomos da tabela periódica são construídos preenchendo-se, um por um, os estados elétricos externos, dotando os elementos de suas diferenças físicas e químicas. Os bósons não têm tal restrição. Assim, a matéria é feita de férmions. As partículas mensageiras, envolvidas na transmissão de forças, são os bósons. Mas na teoria bosônica das cordas, *todas* as partículas são – adivinhe o quê? – bósons.

Este é o problema da teoria das cordas que Schwarz atacou primeiro. Ganhou com a atenção de seu orientador e a oportunidade de permanecer numa universidade de renome onde o seu trabalho, se não foi acreditado, seria pelo menos ouvido.

Em 1971, Pierre Ramond, da Universidade da Flórida, deduziu uma teoria das cordas para os férmions ao descobrir uma forma preliminar de uma nova simetria chamada supersimetria, que conecta bósons e férmions. Depois, com André Neveu, Schwarz desenvolveu uma teoria conhecida como teoria das cordas girantes, que incluía tanto as partículas fermiônicas quanto as bosônicas, eliminava os táquions e reduzia o número de dimensões exigidas de 26 para 10. O trabalho deles constitui-se uma importante virada na teoria das cordas e na carreira de Schwarz.

Gell-Mann, que naquela ocasião estava trabalhando no CERN (o Laboratório Europeu de Física de Partículas), em Genebra, disse: "Assim que o artigo de Schwarz foi publicado, eu o contratei".[1] Eles nem se conheciam. No outono seguinte, Schwarz se mudou para o Caltech vindo de Princeton, onde o cargo de docência permanente acabara de lhe ser negado. Enquanto Feynman colocava a teoria das cordas no mesmo nível de outras curas milagrosas que tinham vindo e ido ao longo dos anos, Gell-Mann partilhava a crença de Schwarz na teoria. Ele disse: "Tinha que ser boa para alguma coisa. Eu não sabia para quê, mas para alguma coisa". Em 1974, Gell-Mann também trouxe outro teórico em cordas, Joël Scherk, para uma visita ao Caltech. Logo em seguida, Schwarz e Scherk fizeram uma descoberta surpreendente.

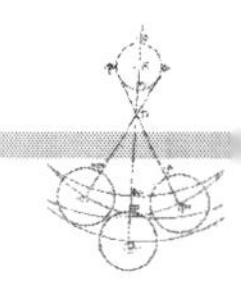

A teoria das cordas continha uma partícula que tinha as propriedades do glúon, o mensageiro da força forte. Mas um de seus embaraços era uma partícula extra – uma partícula do tipo mensageiro que não parecia ter qualquer relevância. Até o trabalho de Schwarz e Scherk, presumia-se que o comprimento da corda era em torno de 10^{-13} cm, aproximadamente o diâmetro do hádron. Mas eles descobriram que, se presumirmos que fosse muito menor, 10^{-33} cm, o comprimento de Planck, a partícula mensageira extra preenchia exatamente as propriedades do gráviton, a partícula mensageira hipotética da força gravitacional. A teoria das cordas não era apenas uma teoria de hádrons – incluía a gravidade e, talvez, até a força eletrofraca!

Espere um momento: não aprendemos que misturar a gravidade com a mecânica quântica leva ao caos e à contradição? Na teoria de Schwarz e Scherk, como as cordas não eram pontos sem dimensões, mas objetos com um comprimento finito, os problemas do domínio ultramicroscópico não surgiram. Eles descobriram o que pensaram ser uma teoria quântica de campo consistente, da qual podiam deduzir as equações de Einstein, mas que, na escala ultramicroscópica, comportava-se de forma diferente, exatamente do modo exigido para evitar as contradições entre a relatividade geral e a mecânica quântica. Ao publicar sobre a relatividade, Einstein esperava ser atacado. Schwarz e Scherk esperavam uma torrente de entusiasmo.

Schwarz e Scherk viajaram pelo mundo dando palestras. As pessoas aplaudiam educadamente, depois ignoravam o trabalho deles. Se eram pressionadas, diziam que acreditavam na teoria. Em defesa dessas "pessoas", a matemática era (e ainda é) extraordinariamente difícil e complexa. "As pessoas não queriam gastar tempo tentando entendê-la, e sem o *imprimatur* de um nome acadêmico importante e famoso, elas não se esforçariam", disse Schwarz.[2]

Gell-Mann teria sido qualificado como esse nome acadêmico importante e famoso, mas ele próprio pesquisara pouco na área. Os poucos artigos que Gell-Mann escreveu com Schwarz, desdenha Schwarz, "estavam entre os nossos mais fáceis de serem esquecidos".[3] Não havia um cargo de professor para John Schwarz no Caltech, apenas uma série de prorrogações de sua posição como pesquisador. Disse Gell-Mann: "Eu não conseguia um emprego acadêmico regular para o John. As pessoas eram céticas".[4] Em 1976, Scherk e outros demonstraram como incorporar a supersimetria na teoria das cordas, criando finalmente a teoria chamada de supercordas. Parecia ser outra barreira ultrapassada, mas ninguém parecia se importar. Os físicos estavam mais interessados numa teoria competidora chamada supergravidade, e na teoria quântica de campos mais tradicional, sem gravidade, o modelo-padrão. Unindo a força eletromagnética com as forças nucleares fraca e forte, o modelo-padrão estava conseguindo uma vitória atrás da outra, incluindo a criação experimental, em 1983, dos bósons W e Z, as partículas mensageiras da força fraca.

A teoria das cordas encontrava-se num longo período de esterilidade. Ninguém sabia como fazer qualquer cálculo prático usando a teoria. As dimensões adicionais e os outros problemas permaneciam. Enquanto isso, Joël Scherk teve um esgotamento nervoso. Ele podia ser encontrado rastejando pelas ruas de Paris. Mandou estranhos telegramas desconexos para físicos como Feynman. Ele ainda conseguia trabalhar, pelo menos parte do tempo, deixando surpresos seus médicos – e seus colegas. Logo em seguida divorciou da esposa, que se mudou para a Inglaterra com seus filhos. Em 1979, Scherk suicidou-se, uma grande perda para o pequeno grupo de teóricos das cordas. No começo da década de 1980, foram descobertos novos problemas com a teoria das cordas. Para a maioria das pessoas, Schwarz parecia estar preso num beco sem saída, nada à sua frente além de uma parede intransponível.

Alguns físicos salientaram que ele estava imitando o esforço "perdido" do homem que tinha sido seu orientador no doutoramento, Geoffrey Chew. Com um objetivo similar ao de Schwarz, Chew havia gasto 25 anos trabalhando na teoria da matriz-S. Os primeiros anos ele passou em boa companhia; nos últimos 15 anos trabalhou virtualmente sozinho, sendo objeto de ocasionais zombarias como Schwarz. Por fim, Chew desistiu de seu sonho. Em retrospecto, os esforços de Chew não foram em vão, como disse Schwarz: "Não está claro que sem ele haveria teoria das cordas. Ela se originou da abordagem da matriz-S".[5]

No Caltech, enquanto isso, Gell-Mann permaneceu um poderoso incentivador. "Fiquei feliz e orgulhoso por tê-los [Schwarz e Scherk] no Caltech", disse Gell-Mann.[6] "Realmente foi muito confortador. Eu tinha um sentimento profundo. Assim, mantive no Caltech uma reserva natural para espécies ameaçadas de extinção. Eu já tinha trabalhado bastante em favor da conservação da natureza no Terceiro Mundo. Eu estava fazendo isso no Caltech." Em 1984, Schwarz rompeu uma nova barreira, dessa vez trabalhando com Michael Greene (que naquela ocasião trabalhava no Queen Mary College, de Londres). Eles descobriram que, na teoria das cordas,

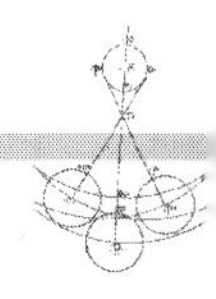

certos termos indesejáveis que podiam levar a anomalias cancelavam-se milagrosamente. O resultado foi apresentado numa reunião de trabalho em Aspen, no Colorado, naquele verão, dramatizado sob a forma de uma peça, no Hotel Jerome. A peça terminou com Schwarz sendo carregado do palco por homens com aventais brancos enquanto gritava que tinha descoberto a teoria de tudo. O humor sarcástico da peça refletia as suas expectativas – que esse resultado também seria posto de lado e ignorado.

Mas dessa vez, antes que Schwarz e Green pudessem acabar de escrever suas conclusões, um cara chamado Edward Witten telefonou. Ele ficou sabendo sobre a palestra deles através de outros físicos que participaram da reunião de trabalho. Schwarz ficou feliz ao saber que havia algum interesse novo no seu trabalho. Mas Witten não era apenas um pesquisador conquistado. Ele era o físico e matemático mais influente do mundo. Dentro de alguns meses, Witten (então trabalhando na Universidade de Princeton, atualmente atuando no Caltech com Schwarz) e seus colaboradores tinham obtido diversos novos resultados importantes, tais como a identificação dos espaços Calabi-Yau como candidatos para as dimensões curvas. Tudo isso foi necessário para convencer centenas de físicos a começarem a trabalhar na teoria das cordas. Schwarz tinha finalmente conseguido o *imprimatur* de que tanto precisava.

Schwarz subitamente despertou interesse de outras universidades de renome, ansiosas em atrair para o seu corpo docente o recente grande cientista. Gell-Mann estava determinado a conseguir finalmente um cargo de docente permanente para ele. Mesmo então, conseguir isso não era fácil. Um administrador comentou: "Não sabemos se este homem inventou o pão de forma fatiado, mas mesmo se ele o fez, as pessoas dirão que ele descobriu isso no Caltech, por isso não temos de mantê-lo aqui".[7] Mas, depois de quase 13 anos, Schwarz obteve o cargo de docência definitiva. Foi alguns anos mais rápido do que Kaluza.

Hoje, o artigo de Schwarz com Greene é definido como "a primeira revolução das supercordas". Witten disse: "Sem John Schwarz, a teoria das cordas, muito provavelmente, teria se tornado extinta, talvez para ser redescoberta somente algum tempo depois, no século 21".[8] Mas o bastão tinha sido passado. Uma década mais tarde, Witten dominaria e, eventualmente, elaboraria a sua própria revolução em teoria das cordas.

37. A Teoria Anteriormente Conhecida como Teoria das Cordas

o início da década de 1990, a teoria das cordas tinha caído em popularidade. Alguns anos antes, o jornal *Los Angeles Times* tinha chegado a apoiar a posição de um crítico da teoria que perguntou se os teóricos das cordas deveriam "ser pagos pelas universidades e terem a permissão de corromper jovens estudantes fáceis de impressionar".[1] (Felizmente, nos dias de hoje, o jornal *Los Angeles Times* tem ficado mais perto de sua especialidade local como, por exemplo, o que está rolando entre Warren Beatty e Annette Bening.) Houve boas razões para que a empolgação diminuísse. O teórico das cordas Andrew Strominger lamentou: "Há alguns problemas grandes".[2] Parte disso foi a falta de novas e surpreendentes predições extraídas da teoria. Mas também havia um novo incômodo – um embaraço tão ruim quanto os antigos. Parecia haver cinco tipos diferentes de teorias das cordas. Não cinco espaços de Calabi-Yau diferentes como candidatos – se houvesse somente cinco *deles* isso seria uma boa notícia –, mas cinco estruturas fundamentalmente diferentes para a teoria. Parafraseando Strominger, é antiestético ter cinco teorias únicas da natureza diferentes.[3] O período de seca duraria dez anos. Foi outro longo deserto que Schwarz teria de cruzar. Mas dessa vez ele tinha bastante companhia na sua busca pela Terra Prometida, e um profeta a guiá-lo.

Cada geração de físicos tem suas figuras dominantes. Nas décadas antes da teoria das cordas eram Gell-Mann e Feynman. Para as últimas décadas tem sido Edward Witten. Brian Green, da Universidade Columbia, disse: "Tudo em que já trabalhei, se for rastrear suas raízes intelectuais, descubro que elas acabam aos pés de Witten".[4] Ouvi falar de Witten pela primeira vez

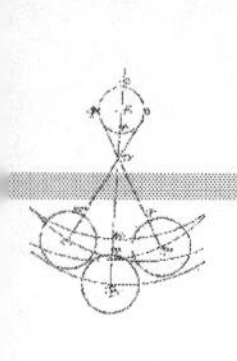

no final da década de 1970, como aluno de física na Universidade Brandeis, onde ele me precedera por alguns anos. Alguns professores comentaram que eu era inteligente, "mas não era um Ed Witten". Fiquei imaginando se aqueles professores diriam a suas esposas: "Você é boa de cama, mas a minha antiga namorada era realmente *boa demais, mas boa demais mesmo na cama*". Quando reconsiderei os comentários, decidi que podia imaginar aqueles professores dizendo isso. Mas ainda assim, eu queria saber: quem era esse gênio?

Para meu desgosto, descobri que ele tinha se formado em *história*, um daqueles campos não-científicos que nós, alunos de física, pensávamos que tivesse a profundidade intelectual do ensino médio, só que com mais leitura como tarefa para casa. Pior ainda, ele não tinha feito nenhum curso em física. Aparentemente, a física na qual ele tão irremediavelmente me suplantou era apenas um hobby para este Einstein.

Fiquei feliz em descobrir que Witten trabalhou na campanha de McGovern para presidente dos Estados Unidos em 1972, significando que, enquanto ele possa ter sido louvavelmente anti-Nixon, podia ser irremediavelmente desafiado na área de "usar bem o seu tempo". E, se ele era tão genial, como é que George McGovern não venceu as eleições? Mas McGovern *venceu* em Massachussetts – único Estado em que ele ganhou. Poderia ter sido devido ao trabalho de Witten? Alguns anos atrás fiquei sabendo que não foi. McGovern, já aposentado, foi procurado por um repórter ansioso em saber a opinião dele sobre "o homem mais inteligente do mundo", e respondeu que não se lembrava de Witten. Depois ele concordou com a avaliação, de qualquer modo, dizendo: "Bem, ele foi bastante inteligente para apoiar McGovern em 1972, e eu julgo todas as pessoas por esse critério".[5]

Depois da Universidade Brandeis, Witten terminou sendo um aluno de pós-graduação em física na Universidade de Princeton. Não tendo jamais feito um curso de física, não tinha qualificação para entrar na universidade, mas ocorre que eles tinham um programa especial de admissão de garotos destinados a serem a pessoa mais inteligente do mundo. Quando finalmente conheci Witten, eu mesmo era aluno de pós-graduação na Universidade de Berkeley, na Califórnia, onde, antes de me aceitarem, sem dúvida examinaram minhas notas e outras qualificações que consegui em cursos de física *reais* numa verdadeira operação pente-fino.

Witten era um cara alto, magro e desajeitado, com cabelos negros e óculos com armação de plástico. Ele estava sério o tempo todo, mas era

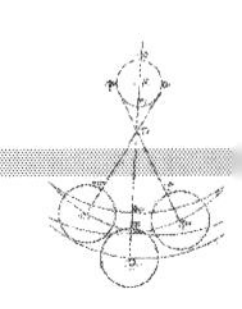

muito legal, e falava tão baixinho que tínhamos de colocar as mãos por trás das orelhas para sabermos o que ele estava falando. (Geralmente valeu a pena fazer isso.) Naquele dia ele parou no meio de sua fala, aparentemente para refletir alguns pensamentos profundos. Mas ficou silencioso por um tão longo tempo que as pessoas começaram a aplaudir, como os ignorantes num concerto de Beethoven que se enganam no fim de um movimento pensando ser o final da obra. Witten nos disse, então, soando um pouco aborrecido, que a sua sinfonia não tinha acabado.

Atualmente Witten é freqüentemente comparado a Einstein. Pode haver muitas razões para isso, mas a mais importante é, provavelmente, que os que fazem a comparação não ouviram sobre muitos outros físicos. Essa é realmente a maldição do status legendário de Einstein – ele se tornou um clichê, todo mundo é conhecido como o Einstein disso ou o Einstein daquilo. É isso que você ganha ao se tornar o Cadillac dos físicos. Há semelhanças superficiais entre Einstein e Witten. Os dois são judeus, passaram anos no Instituto de Estudos Avançados, na Universidade de Princeton e mostraram grande interesse por Israel e uma atração pelos movimentos pela paz. Aos 14 anos de idade, as cartas de Witten para o editor opondo-se à guerra do Vietnã foram publicadas no jornal local, o *Baltimore Sun*,[6] e ele tem se envolvido com grupos pela paz em Israel.[7]

Mas se tivermos que fazer uma comparação, na sua obra Witten é muito mais parecido com Gauss do que com Einstein. Como Gauss, ele não dependeu de nenhum velho amigo para explicar-lhe geometria moderna – o próprio Witten tem estado reinventando-a. E como Gauss, a sua obra está tendo um grande impacto sobre a direção da matemática moderna, algo que a obra de Einstein nunca fez. Além disso, tem o outro lado da moeda – a abordagem de Witten (e de todo o mundo) da teoria das cordas, e agora da teoria M, é conduzida por percepções da matemática e não por princípios físicos, como no caso da teoria de Einstein. Isso não por escolha, talvez, mas por acidente histórico: afinal de contas, a teoria foi descoberta inesperadamente. O novo princípio da física que está no seu núcleo, um tipo de "pensamento mais feliz" para Witten, ainda está por ser descoberto, se é que existe na verdade.

Em março de 1995, Edward Witten falou numa conferência sobre teoria das cordas na Universidade do Sudoeste da Califórnia. Fazia onze anos desde a revolução das supercordas de Schwarz e, para muitas pessoas, a teoria das cordas parecia estar se desdobrando vagarosamente. A palestra de

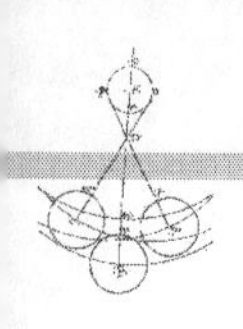

Witten mudou tudo. O que ele explicou foi outro milagre matemático: todas as cinco teorias de cordas diferentes, afirmou ele, são simplesmente diferentes formas aproximadas da *mesma* teoria mais ampla, agora chamada de teoria M. Os físicos na audiência ficaram desconcertados. Nathan Seiberg, da Universidade Rutgers, que iria falar em seguida, ficou tão assombrado pela palestra de Witten que comentou: "Acho que devo me tornar motorista de caminhão".[8]

A grande quebra de barreiras de Witten é agora conhecida como a segunda revolução das supercordas. De acordo com a teoria M, as cordas não são realmente a partícula fundamental, mas apenas exemplos de objetos mais gerais, chamados de *branas*, abreviatura de membranas.[9] As branas são versões de dimensão superior das cordas, que é um objeto unidimensional. Uma bolha de sabão, por exemplo, seria uma bi brana. De acordo com a teoria M, as leis da física dependem das vibrações mais complexas dessas entidades mais complexas ainda. E existe, na teoria M, uma dimensão curva adicional – totalizando onze dimensões, não dez. Mas o seu aspecto mais estranho é este: na teoria M, o espaço e o tempo, em algum sentido fundamental, não existem.

A teoria M parece ter a propriedade de que aquilo que percebemos como posição e tempo, isto é, as coordenadas de uma corda ou uma brana, são realmente estruturas matemáticas conhecidas como matrizes. Somente num sentido aproximado, quando as cordas estão distantes (mas ainda próximas, considerando-se a escala do dia-a-dia), as matrizes parecem coordenadas – porque todos os elementos diagonais da matriz tornam-se idênticos e os elementos fora da diagonal tendem a ser zero. É a mudança mais profunda no conceito de espaço desde Euclides.

Witten costumava dizer que o M na teoria M significava "mistério, ou mágica, ou matriz, minhas três palavras preferidas".[10] Recentemente ele adicionou a palavra *murky* (que em inglês significa tenebroso), uma palavra que, presumivelmente, não é uma de suas preferidas.[11] A teoria M é ainda mais difícil de entender do que a teoria das cordas. Ninguém sabe quais equações surgirão dela, e muito menos como chegar às suas soluções. Na verdade, não se conhece muito sobre ela, exceto que parece existir – uma teoria grandiosa em relação à qual os cinco tipos de teorias das cordas são simplesmente tipos diferentes de aproximações. Mesmo assim, as idéias da teoria M têm levado a uma indicação ainda mais surpreendente de que há algo nesta idéia de cordas: uma predição que tem a ver com a física dos buracos negros.[12]

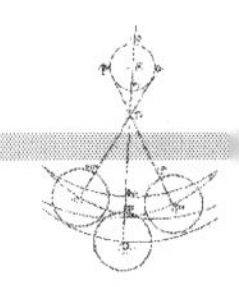

Os buracos negros são um dos fenômenos preditos pela relatividade geral. A característica que os define é que são negros (que para um físico significa que não escapa luz nem radiação deles). Em 1974, Stephen Hawking disse: "Aaaggghhh – resposta errada"! Se considerarmos as leis da mecânica quântica, somos forçados a concluir que os buracos negros não são negros realmente. Isso porque, devido ao princípio da incerteza, o espaço vazio não é realmente vazio; está cheio de pares de partículas e antipartículas que existem durante o momento extremamente breve antes de se aniquilarem mutuamente. De acordo com os cálculos muito complicados de Hawking, quando isso acontece no espaço externo bem perto do buraco negro, o buraco negro pode sugar um membro do par, lançando o outro membro para o espaço, onde pode ser observado como radiação. Portanto, os buracos negros brilham. Isso também significa que eles têm uma temperatura diferente de zero, assim como o brilho das brasas indicam presença de uma certa quantidade de calor. Infelizmente, a temperatura de um buraco negro típico seria menos de um milionésimo de grau, pequena demais para ser observada pelos astrônomos. Mas para os físicos, a conclusão de que os buracos negros têm uma temperatura de fato levou a uma conclusão realmente surpreendente. Se os buracos negros têm temperatura, eles podem ter algo chamado de entropia, e na verdade, a quantidade de entropia que eles teriam seria enorme – escrita como um número, ocuparia mais do que uma linha de texto neste livro.

A entropia é uma medida da desordem de um sistema. Se conhecemos a estrutura interna de um sistema, podemos calcular a sua entropia contando os números possíveis de estados que possam existir nele: quanto mais estados, maior a entropia. Por exemplo, se o quarto de Alexei estiver bagunçado, ele tem muitos estados que lhe são acessíveis – os hamsters [ratinhos cobaias] podem estar lá, a pilha de roupas sujas ali, os antigos gibis em algum outro lugar, ou todos os itens poderiam estar arrumados de novo, formando um "estado" diferente. Quanto mais lixo no seu quarto, mais estados possíveis (contrariamente à crença popular, uma condição de alta entropia não tem nada a ver com qualquer arranjo particular arrumado ou bagunçado, mas apenas com o número total acessível ao sistema). Mas se o quarto estivesse vazio, teria somente um estado que lhe seria acessível – não haveria nada para ser rearranjado – e a sua entropia seria zero. Antes de Hawking, os buracos negros, pensados como não dispondo de estrutura interna, eram considerados como algo parecido a um quarto vazio. Mas

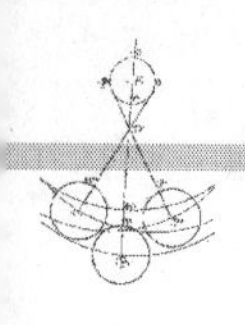

agora, parece que eles são parecidos com o quarto verdadeiro de Alexei. Se Hawking tivesse me perguntado, eu poderia ter confirmado isso: eu sempre disse a Alexei que o quarto dele parecia um buraco negro.

Os físicos ficaram intrigados por duas décadas com o resultado de Hawking. Combinar as teorias distintas da relatividade e a teoria quântica é um negócio muito complicado. Onde estão todos os estados do buraco negro a que se refere esta entropia? Ninguém sabia. Então, em 1996, Andrew Strominger e Cumrun Vafa publicaram um cálculo espetacular: empregando as idéias da teoria M, eles mostraram que podemos criar certos tipos de buracos negros (teóricos) a partir das branas; para esses buracos negros, os estados são estados brana – e você pode contá-los. A entropia que eles calcularam desta maneira concordou com a entropia que Hawking tinha predito empregando o seu método completamente diferente.

Foi uma evidência surpreendente de que a teoria M está fazendo algo certo, mas ainda assim, foi realmente outra posição. O que a teoria precisa – aqueles experimentalistas irritantes insistem em lembrar-nos – é alguma confirmação do mundo da realidade. A esperança de obter evidência experimental a favor da teoria M reside atualmente em duas áreas. Uma é a possível descoberta das partículas supersimétricas, na próxima década. Isso poderia acontecer no novo LHC – Large Hadron Collider [Grande Anel de Colisão de Hádrons] no CERN em Genebra, na Suíça.[13] O outro teste seria uma busca de desvios na lei da gravidade.[14] De acordo com Newton, e nesta escala, também de acordo com Einstein, dois objetos de laboratório deveriam atrair-se com uma força inversamente proporcional ao quadrado de sua separação – diminua a distância entre eles para a metade, e sua atração fica quatro vezes mais forte. Mas, dependendo da natureza das dimensões adicionais, é possível na teoria M que à medida que os objetos fiquem extremamente próximos, a atração entre eles aumente muito mais rapidamente. E embora os físicos tenham pesquisado o comportamento de outras forças até uma escala de quase 10^{-17} cm, até agora eles têm estudado o comportamento da gravidade somente para distâncias maiores do que cerca de 1 cm. Pesquisadores na Universidade Stanford e na Universidade do Colorado, em Boulder, estão atualmente conduzindo experiências empregando tecnologia "desk-top" para testar a gravidade em distâncias muito menores.

Schwarz não está preocupado. Ele disse: "Creio que descobrimos a única estrutura matemática que combina consistentemente a mecânica quântica e a relatividade geral. Portanto, ela deve estar correta. Por esta razão, ainda

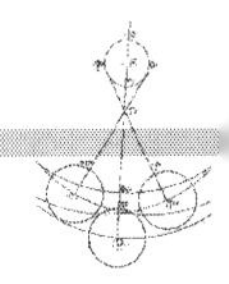

que eu espere que a supersimetria seja encontrada, não abandonaria esta teoria se a supersimetria não estiver presente".[15]

A natureza evolui com uma ordem oculta. A matemática a revela. A teoria M será a bela teoria dos livros-texto dos cursos de física nas faculdades de amanhã, ou apenas uma nota de rodapé na palestra sobre história da ciência intitulada "Becos sem saídas"? Ainda não foi revelado se Schwarz é Oresme e Witten é Descartes, ou se juntos eles desempenham o papel de Lorentz, construindo uma teoria mecânica sem esperanças sobre o éter inexistente. Como um jovem cientista, Schwarz sabia apenas que a sua teoria era bonita demais para não servir para nada. Atualmente, toda uma geração de pesquisadores olha para a natureza e vê suas cordas. Seria difícil ver o mundo novamente do modo antigo.

Epílogo

Quando crianças nós brincávamos com quebra-cabeças; como seres humanos adultos nós vivemos num deles. Como é que as peças se encaixam? É um quebra-cabeça não somente para o indivíduo, mas para o organismo chamado humanidade. Há, realmente, leis da natureza? Como é que chegamos a conhecê-las? A lei natural é uma miscelânea de estatutos locais, ou há uma unidade no universo? Para o cérebro humano, aquela humilde massa cinzenta que ainda tropeça muito freqüentemente em assuntos "simples" como o amor e a paz, ou como cozinhar um bom risoto, a imensidão e a complexidade do Cosmos deveriam ser obscuras, além da imaginação e impossível de ser concebidas. Mesmo assim, por mais de cem gerações nós estivemos montando o quebra-cabeça.

Como seres humanos, naturalmente buscamos ordem e razão nas obras do mundo ao nosso redor. Herdamos nossas ferramentas dos antigos geômetras gregos, que não somente nos deram o raciocínio exato da matemática, mas também nos ensinaram a procurar pela estética na natureza. Eles se satisfizeram com a redondeza do Sol, da Terra e das órbitas dos planetas, pois para eles o círculo e a esfera eram as formas mais perfeitas. Depois da Idade das Trevas, com o renascimento dos *Elementos* de Euclides e o nascimento do método experimental, descobrimos que a ordem se estende além do "o quê" da natureza até o "por quê" da lei natural. Os experimentos no século 17 mostraram que todos os corpos caem com a mesma rapidez, não importando do que são feitos, seus tamanhos ou pesos, nem se foi Galileu que os soltou ou se foi seu colega experimentador Robert Hooker. Desde então a observação tem confirmado que as mesmas leis que governam a atração da Terra sobre a maçã de Newton também se aplicam à Lua, ou ao movimento de planetas distantes em torno de suas próprias estrelas.

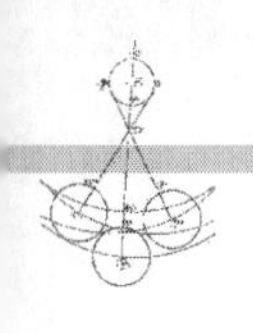

E essas leis parecem ter sobrevivido, inalteradas, desde o começo do tempo. Que poder impõe ao universo que todas as coisas sigam certas regras especiais? E por que as leis não mudam com o passar do tempo, ou de lugar para lugar, através de bilhões de anos e por trilhões de quilômetros? Não é difícil compreender por que algumas pessoas sempre acharam a resposta em Deus. Mas o caminho da ciência é aquele estabelecido pelos geômetras gregos, e a matemática era a sua ferramenta. Desde os gregos, a matemática tem estado no coração da ciência, e a geometria no coração da matemática.

Através da janela de Euclides nós descobrimos muitos presentes, mas ele não poderia ter imaginado aonde eles nos levariam. Conhecer as estrelas, imaginar o átomo e começar a entender como essas peças do quebra-cabeça se encaixam no plano cósmico é um prazer especial para nossa espécie, talvez o mais elevado. Hoje, nosso conhecimento sobre o universo abrange distâncias tão vastas que nunca as viajaremos, e distâncias tão minúsculas que jamais as veremos. Contemplamos tempos que nenhum relógio pode medir, dimensões que nenhum instrumento pode detectar, e forças que nenhuma pessoa pode sentir. Descobrimos que na variedade e até mesmo no caos aparente há simplicidade e ordem. A estética da natureza vai além da graciosidade da gazela e da elegância da rosa, até a galáxia mais distante e dentro da menor de todas as fissuras da existência. Se as atuais teorias se mostrarem válidas, estamos nos aproximando da grande revelação do espaço, de uma compreensão da interação entre matéria e energia, espaço e tempo, do infinitesimal e do infinito.

É a nossa compreensão da lei física uma verdade ou será meramente uma das muitas possibilidades de sistemas descritivos? Será uma reflexão do universo, ou o nosso ponto de vista inato como uma espécie animal? É um milagre que as regularidades da lei física existam e outro milagre é que nós podemos discerni-las, mas o maior de todos seria se a nossa teoria representasse a verdade absoluta, em forma e em conteúdo. Mas a geometria e a história nos conduziram numa direção particular. O postulado das paralelas não pode ser demonstrado dentro do sistema de Euclides. Assim, o espaço curvo, ainda que esperando na fila por 2000 anos, era inevitável. A relatividade e a mecânica quântica eram duas teorias completamente independentes e filosoficamente contraditórias, mas na teoria das cordas parece existir uma terceira teoria, extremamente diferente, da qual as duas podem ser deduzidas. Se a mistura de Hawking da teoria quântica com a relatividade proporcionou a predição da entropia do bu-

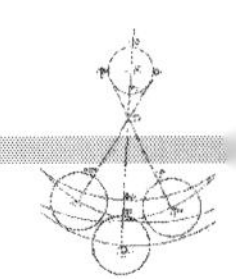

raco negro, e se o cálculo independente de Strominger, empregando a teoria das cordas, concordar, essa conexão não implica alguma verdade muito mais profunda?

A nossa busca por verdades mais profundas continua. Nós devemos ser gratos a Euclides e aos gênios que o seguiram, Descartes, Gauss, Einstein e – talvez, o tempo dirá – Witten; e a todos sobre cujos ombros eles subiram. Eles experimentaram a alegria da descoberta. Para o resto de nós, eles permitiram uma alegria igual, a alegria da compreensão.

Notas

2. A Geometria dos Impostos

1 Yeats se referiu à indiferença babilônica ao conhecimento no seu poema "A aurora", que começa assim:

> Eu queria ser ignorante como a Aurora
> Que olhou com desprezo
> Aquela velha rainha medindo uma cidade
> Com o alfinete de um broche,
> Ou para os homens mirrados que viram
> De sua Babilônia pedante
> Os planetas descuidados nos seus cursos,
> As estrelas sumirem onde a Lua surge,
> *E tomaram suas tabuinhas e somaram...*

2 Michael R. Williams, *A History of Computing Technology* (Englewoods Cliffs, NJ: Prentice-Hall, 1985), p. 39-40.
3 Para uma boa discussão sobre a origem da contagem e da aritmética, ver Williams, cap. 1.
4 *Ibid.*, p. 3
5 R. G. W. Anderson, *The British Museum* (London: British Museum Press, 1997), p. 16.
6 Pierre Montet, *Eternal Egypt*, trad. Doreen Weightman (New York: New American Library, 1964), p. 1-8.
7 Alfred Hooper, *Makers of Mathematics* (New York: Random House, 1948), p. 32.
8 Georges Jean, *Writing: The Story of Alphabets and Scripts*, trad. Jenny Oates (New York: Harry N. Abrams, 1992), p. 27.
9 Heródoto escreveu que o problema da cobrança de impostos estimulou o desenvolvimento da geometria egípcia. Ver W. K. C. Guthrie, *A History of Greek Philosophy* (Cambridge, UK: University Press, 1971), p. 34-35, e Herbert Turnbull, *The Great Mathematicians* (New York: New York University Press, 1961), p. 1.
10 Rosalie David, *Handbook to Life in Ancient Egypt* (New York: Facts on File, 1998), p. 96.
11 Este e outros fatos maravilhosos podem ser encontrados na contribuição de Alexei a estas notas: James Putnam e Jeremy Pemberton, *Amazing Facts About Ancient Egypt* (London and New York: Thames & Hudson, 1995), p. 46.
12 Para uma boa discussão sobre a matemática dos babilônios e sumérios, ver Edna E. Kramer, *The Nature and Growth of Modern Mathematics* (Princeton, NJ: Princeton University Press, 1981), p. 2-12.
13 Para uma comparação entre a matemática egípcia e a babilônica, ver Morris Kline, *Mathematical Thought from Ancient to Modern Times* (New York: Oxford University Press, 1972), p. 11-22.

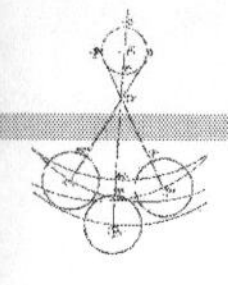

Ver também H. L. Resnikoff e R. O. Wells, Jr., *Mathematics in Civilization* (New York: Dover Publications, 1973), p. 68-89.

14 Resnikoff e Wells, p. 69.

15 Kline, p. 11.

16 Citado em *The First Mathematicians*, disponível na Internet (março de 2000) em http://www.members.aol.com/bbyars1/first.html; um problema retórico semelhante, mas muito mais complexo, pode ser encontrado em Kline, p. 9.

17 Kline, p. 259.

3. Entre os Sete Sábios

1 Uma discussão sobre a vida e a obra de Tales de Mileto pode ser encontrada em Sir Thomas Heath, *A History of Greek Mathematics* (New York: Dover Publications, 1981), p. 118-149; Jonathan Barnes, *The Presocratic Philosophers* (London: Routledge & Keagan Paul, 1982), p. 1-16; George Johnston Allman, *Greek Geometry from Thales to Euclid* (Dublin, 1889), p. 7-17; G. S. Kirk e J. E. Raven, *The Presocratic Philosophers* (Cambridge, UK: University Press, 1957), p. 74-98; Hooper, p. 27-38; e Guthrie, p. 39-71.

2 Reay Tannahill, *Sex in History* (Scarborough House, 1992), p. 98-99.

3 Richard Hibler, *Life and Learning in Ancient Athens* (Lanham, MD: University Press of America, 1988), p. 21.

4 Hooper, p. 37.

5 Erwin Schrödinger, *Nature and the Greeks* (Cambridge: Cambridge University Press, 1996), p. 81.

6 Hooper, p. 33.

7 Ver Guthrie, p. 55-80, e Peter Gorman, *Pythagoras, a Life* (London: Routledge & Keagan Paul, 1979), p. 32.

8 Para saber mais sobre a vida em Mileto, ver Adelaide Dunham, *The History of Miletus* (London: University of London Press), 1915.

9 Gorman, p. 40

4. A Sociedade Secreta

1 A biografia de Pitágoras mais profunda, com fontes, é a de Gorman; ver também Leslie Ralph, *Pythagoras* (London: Krikos, 1961).

2 Ver Donald Johnson e Blake Edgar, *From Lucy to Language* (New York: Simon & Schuster, 1996), p. 106-107.

3 Jane Muir, *Of Men and Numbers* (New York: Dodd, Mead & Co., 1961), p. 6.

4 Gorman, p. 108.

5 *Ibid.*, p. 19.

6 *Ibid.*, p. 110.

7 *Ibid.*, p. 111.

8 *Ibid.*

9 *Ibid.*, p. 123.

10 Para os que gostam de matemática, eis aqui a demonstração. Seja c o comprimento da diagonal, e comece supondo que c pode ser expresso como uma fração, digamos m/n, expresso nos termos mais baixos (isto é, de modo que m e n não tenham divisor comum, e em particular que eles não sejam ambos números pares). A demonstração continua em três passos. Primeiro, note que $c^2 = 2$ significa que $m^2 = 2n^2$. Em outras palavras, que m^2 é um número par. Como os quadrados de

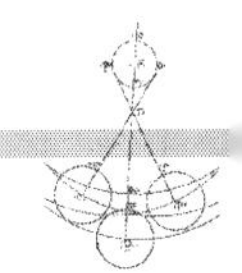

números ímpares são ímpares, isto significa que o próprio *m* deve ser um número par. Em seguida, como *m* e *n* não podem ser ambos pares, *n* deve ser ímpar. Finalmente, devemos considerar a equação $m^2 = 2n^2$ de uma outra perspectiva. Como *m* é par, podemos escrever *m* como $2q$ para algum número inteiro *q*. Se substituirmos o *m* em $m^2 = 2n^2$ por $2q$, obtemos $4q^2 = 2n^2$, que é o mesmo que $2q^2 = n^2$. Isto significa que m^2 e, portanto, *n* deve ser par. Acabamos de mostrar que se *c* pode ser escrito como $c= (m/n)$, então *n* é ímpar, e *n* é par. Isto é uma contradição, portanto, a suposição original de que *c* pode ser escrito como $c = (m/n)$ deve ser falsa. Este tipo de demonstração, em que assumimos a negação do que queremos provar, e depois mostramos que a negação leva a uma contradição, é chamada de *reductio ad absurdum*. É umas das invenções pitagóricas que permanece muito útil em matemática até hoje.

11 Muir, p. 12-13.

12 Kramer, p. 577.

13 Gorman, p. 192-93.

5. O MANIFESTO DE EUCLIDES

1 Spinoza, um importante filósofo do século 17, escreveu sua obra principal, *Ética,* no estilo de *Os elementos* de Euclides, começando com definições e axiomas, a partir dos quais ele alegava ter demonstrado teoremas rigorosos. O livro *Ética* está disponível na Internet, em inglês, no site da Middle Tennessee State University: Baruch Spinoza, *Ethics*, traduzido por R. H. M. Elwes (1883), MTSU Philosophy WebWorks Hypertext Edition (1977), http://www.frank.mtsu.edu/~rbombard/RB/spinoza/ethica-front.html. Ver também Bertrand Russell, *A History of Western Philosophy* (New York: Simon & Schuster, 1945), p. 572. Abraham Lincoln, enquanto era ainda um obscuro advogado, estudou *Os elementos* de Euclides para melhorar suas habilidades lógicas – ver Hooper, p. 44. Kant acreditava que a geometria euclidiana está estruturada no cérebro humano – ver Russell, p. 714.

2 Heath, p. 354-55.

3 Kline, p. 89-99, 157-58.

4 Heath, p. 356-70; ver também Hooper, p. 44-48. Em 1926, Heath fez uma adição pessoal à história do livro *Os elementos*, ao publicar sua própria edição, reimpressa por Dover: Sir Thomas Heath, *The Thirteen Books of Euclid's Elements* (New York: Dover Publications, 1956).

5 Kline, p. 1205.

6 O dilema no programa da televisão americana *Let's Make a Deal* [Vamos negociar?] é geralmente chamado de problema de Monty Hall, em homenagem ao apresentador do show, Monty Hall. A melhor maneira para entender a resolução é desenhar um diagrama tipo árvore ilustrando as sucessivas escolhas possíveis. Esse método é usado para ilustrar o teorema de Bayes em John Freund, *Mathematical Statistics* (Englewood Cliffs, NJ: Prentice-Hall, 1971), p. 57-63.

7 Martin Gardner, *Entertaining Mathematical Puzzles* (New York: Dover Publications, 1961), p. 43.

8 Sobre a história do problema do periélio, ver John Earman, Michael Janssen e John D. Norton, editores, *The Attraction of Gravitation: New Studies in the History of General Relativity* (Boston: The Center for Einstein Studies, 1993), p. 129-49. Há também uma discussão boa, mas breve, em Abraham Pais, *Subtle is the Lord* (Oxford: Oxford University Press, 1982), p. 22, 253-55; a citação de Leverrier é dada na p. 254; sobre o "feito científico excelente" de Einstein, p. 22. Há também uma boa discussão sobre a geometria da situação em Resnikoff e Wells, p. 334-36.

9 *Os elementos* de Euclides, com alguns comentários, pode ser encontrado em Heath, p. 354-421. Três discussões boas e mais modernas aparecem em Kline, *Mathematical Thought*, p. 56-88; Jeremy Gray, *Ideas of Space* (Oxford: Claredon Press, 1989), p. 26-41; e Marvin Greenberg, *Euclidean and Non-Euclidean Geometries* (San Francisco: W. H. Freeman & Co., 1974), p. 1-113.

10 Kline, p. 59.

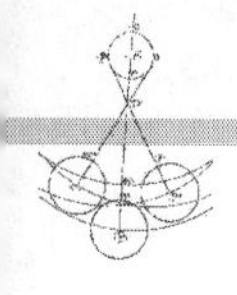

6. Uma bela mulher, uma Biblioteca e o Fim da Civilização

1 H. G. Wells, *The Outline of History* (New York: Garden City Books, 1949), p. 345-75. Para uma cronologia, ver Jerome Burne, ed., *Chronicle of the World* (London: Longman Chronicle, 1989), p. 144-47.
2 Russell, p. 220.
3 Os atenienses emprestaram a Ptolomeu III manuscritos valiosos de Eurípedes, Ésquilo e Sófocles. Embora ficasse com eles, Ptolomeu III foi suficientemente generoso em devolver cópias que mandou fazer. Os gregos não devem ter ficado totalmente surpresos. Eles haviam pedido a Ptolomeu III uma fortuna dada como garantia (e ficaram com ela). Ver Will Durant, *The Life of Greece* (New York: Simon & Schuster, 1966), p. 601.
4 A geometria do seu cálculo é explicada em Morris Kline, *Mathematics and the Physical World* (New York: Dover Publications, 1981), p. 6-7.
5 Há diversas versões da história. Em algumas, Eratóstenes nota a falta de sombras olhando para dentro de um poço, e delimita a distância até Siena empregando os relatórios dos viajantes. A versão citada neste livro pode ser encontrada em Carl Sagan, *Cosmos* (New York: Ballantine Books, 1981), p. 6-7.
6 Kline, *Mathematical Thought*, p. 106.
7 Morris Kline, *Mathematics in Western Culture* (London: Oxford University Press, 1953), p. 66.
8 Kline, *Mathematical Thought*, p. 158-59.
9 Para um sumário da obra de Ptolomeu, ver John Noble Wilford, *The Mapmakers* (New York: Vintage Books, 1981), p. 25-33.
10 Kline, *Mathematics in Western Culture*, p. 86.
11 Kline, *Mathematical Thought*, p. 201.
12 Kline, *Mathematics in Western Culture*, p. 89.
13 Para a história de Hipácia, ver Maria Dzielska, *Hypatia of Alexandria*, trad. por F. Lyra (Cambridge, MA: Harvard University Press, 1995). Ver também Kramer, p. 61-65, e Russell, p. 367-69.
14 Edward Gibbon, *The Decline and Fall of the Roman Empire* (London: 1898), p. 109-110.
15 Dzielska, p. 84.
16 *Ibid.*, p. 90.
17 *Ibid.*, p. 93-94.
18 Resnikoff and Wells, p. 4-13.
19 David Lindberg, ed., *Science in the Middle Ages* (Chicago: University Press of Chicago, 1978), p. 149.

7. A Revolução do Lugar

1 William Gondin, *Advanced Algebra and Calculus Made Simple* (New York: Doubleday & Co., 1959), p. 11.

8. A Origem da Latitude e da Longitude

1 Dois relatos excelentes sobre a história da elaboração de mapas são Wilford; e Norman Thrower, *Maps and Civilization* (Chicago: University of Chicago Press, 1996).
2 Resnikoff e Wells, p. 86-89.

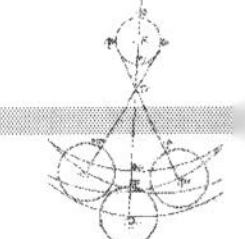

3 Dava Sobel, *Longitude* (New York: Penguin Books, 1995), p. 59.
4 Wilford, p. 220-21.

9. A herança dos Romanos Decadentes

1 Morris Bishop, *The Middle Ages* (Boston: Houghton Mifflin, 1987, p. 22-30.
2 Jean, p. 86-87.
3 Jean Gimpel, *The Medieval Machine* (New York: Penguin Books, 1976), p. 182.
4 Bishop, p. 194-95.
5 Robert S. Gottfried, *The Black Death* (New York: The Free Press, 1983), p. 24-29.
6 *Ibid.*, p. 53.
7 Para uma descrição da universidade e da vida universitária medievais, ver Bishop, p. 240-44, e Mildred Prica Bjerken, *Medieval Paris* (Metuchen, NJ: Scarecrow Press, 1973), p. 59-73.
8 Bishop, p. 145-46.
9 *Ibid.*, p. 70-71.
10 Gimpel, p. 147-70; Bishop, p. 133-34.
11 Wilford, p. 41-48; Thrower, p. 40-45.
12 Russell, p. 463-75. Sobre Abelardo, ver também Jacques LeGoff, *Intellectuals in the Middle Ages*, trad. por Teresa Lavender Fagan (Oxford: Blackwell, 1993), p. 35-41.
13 Jeannine Quillet, *Autour de Nicole Oresme* (Paris: Librairie Philosophique J. Vrin, 1990), p. 10-15.

10. O Discreto Charme do Gráfico

1 Reay Tannahill, *Food in History* (New York: Stein & Day, 1973), p. 281.
2 Para os que têm inclinação pela matemática, uma referência clássica excelente para o nível universitário é M. J. Lighthill, *Introduction to Fourier Analysis and Generalised Functions* (Cambridge, UK: University Press, 1958).
3 Sobre a obra de Oresme relativa ao gráfico, ver Lindberg, p. 237-41; Marshall Clagett, *Studies in Medieval Physics and Mathematics* (London: Variorum Reprints, 1979), p. 286-95; Stephano Caroti, ed., *Studies in Medieval Philosophy* (Leo S. Olschki, 1989), p. 230-34.
4 David C. Lindberg, *The Beginnings of Western Science* (Chicago: University of Chicago Press, 1992), p. 290-301.
5 Clagett, p. 291-93.
6 Lindberg, *The Beginnings of Western Science*, p. 258-61.
7 *Ibid.*, p. 260-61.
8 Charles Gillespie, ed., *The Dictionary of Scientific Biography* (New York: Charles Scribner's Sons, 1970-1990).

11. Uma História de um Soldado

1 A melhor biografia de Descartes é Jack Vrooman, *René Descartes* (New York: G. P. Putnam's Sons, 1970). Para relatos sobre sua vida entrelaçados com sua matemática, ver Muir, p. 47-76; Stuart Hollingdale, *Makers of Mathematics* (New York: Penguin Books, 1989), p. 124-136; Kramer, p. 134-66; e Brian Morgan, *Men and Discoveries in Mathematics* (London: John Murray, 1972), p. 91-104.

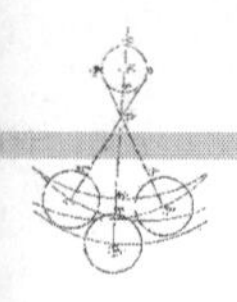

2 Várias referências diferem neste ponto. Parece haver um empate.
3 Muir, p. 50.
4 George Molland, *Mathematics and the Medieval Ancestry of Physics* (Aldershot, Hampshire, U.K., and Brookfield, VT: 1995), p. 40.
5 Kline, *Mathematical Thought*, p. 308.
6 Molland, p. 40.
7 Para um tratamento da obra de Ptolomeu, ver Wilford, p. 25-34. Algumas décadas antes que Descartes nascesse, em 1569, a elaboração de mapas teve a sua própria revolução quando Gerhard Kremer, mais conhecido por seu nome latinizado, Gerardus Mercator, publicou um novo tipo de mapa-múndi. Com seu mapa, Mercator solucionou o problema de projetar a esfera da Terra num mapa plano, e ele o fez de um modo particularmente útil para os navegantes. Embora o mapa de Mercator alongasse e diminuísse as distâncias, os ângulos entre as curvas do seu mapa permaneciam corretas. Isto é, no seu mapa plano eles eram iguais aos da Terra curva. Isto foi significativo porque a direção mais fácil para um timoneiro de navio seguir era a direção na qual mantivesse um ângulo fixo com o norte mostrado pela agulha da bússola. Matematicamente, o mapa foi significativo porque representava uma manipulação, ou transformação, das coordenadas. O próprio Mercator não utilizou essa matemática – ele obteve o seu mapa empiricamente. A geometria cartesiana permite que a análise seja desenvolvida matematicamente, resultando numa compreensão muito maior sobre a elaboração de mapas. Descartes sabia sobre o mapa de Mercator, mas não sabemos se, ou o quanto, Descartes foi influenciado pelos avanços na ciência da cartografia, porque ele se esquecia de colocar citações em quaisquer de suas publicações. Para uma discussão sobre a matemática por trás da obra de Mercator, ver Resnikoff e Wells, p. 155-68.
8 Descartes não herdou simplesmente toda a álgebra de que precisou para sua obra. Ele mesmo inventou muito dela. Primeiro, inventou a notação moderna de empregar as últimas letras do alfabeto para representar as variáveis desconhecidas, e as primeiras letras para representar as constantes. Antes de Descartes, a linguagem da álgebra era bastante estranha. Por exemplo, aquilo que Descartes escreveu como $2x^2 + x^3$ teria sido escrito em letras "2Q mais C", onde Q significava o quadrado (*carré* em francês) e o C significava o cubo. A notação de Descartes é superior por tornar explícitas tanto a quantidade desconhecida que estamos elevando ao quadrado e ao cubo (x) quanto a natureza das potências de x (2 e 3) que são calculadas. Empregando esta notação mais elegante, Descartes podia adicionar ou subtrair equações, ou realizar qualquer operação aritmética com elas. Ele era capaz de classificar as expressões algébricas de acordo com o tipo de curva que representavam. Por exemplo, ele reconheceria ambas as equações $3x + 6y - 4 = 0$, e $4x + 7y + 1 = 0$, como representando retas, que ele estudara no caso mais geral de $ax + by + c = 0$. Desta maneira, ele transformou a álgebra, do estudo de uma miscelânea de equações individuais para o estudo de classes inteiras de equações – ver Vrooman, p. 117-118. Para uma história mais geral do simbolismo algébrico, ver Kline, *Mathematical Thought*, p. 259-263, e Resnikoff e Wells, p. 203-06.
9 Tirado de uma tabela publicada no jornal *The New York Times*, 11 de janeiro de 1981, e reproduzida no livro de Tufte.
10 Agora podemos entender melhor a definição de Descartes de um círculo. Se o círculo tem seu centro na origem das coordenadas, e se as coordenadas de um ponto em sua circunferência forem x e y, então exigir que x e y satisfaçam a equação $x^2 + y^2 = r^2$ significa simplesmente que nós impomos que todos os pontos em toda a extensão da circunferência estejam a uma distância r a partir do centro, a definição simples intuitiva que conhecemos dos nossos dias de escola.
11 Embora tenhamos discutido o plano, um espaço bidimensional, as coordenadas de Descartes são facilmente estendidas a três ou mais dimensões. Por exemplo, a equação de uma esfera é $x^2 + y^2 + z^2 = r^2$: a única mudança é a adição de uma nova coordenada, z. Desta maneira, as teorias físicas podem, na verdade, ser escritas para um número arbitrário de dimensões espaciais. Ocorre, por exemplo, que a mecânica quântica comum assume uma forma especialmente simples com um número infinito de dimensões espaciais, e esta propriedade foi usada para obter soluções aproximadas de equações que, de outra forma, são difíceis de ser resolvidas. Os que possuem

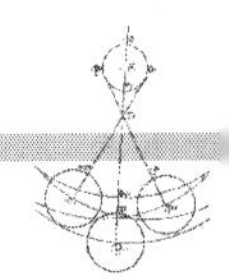

inclinação matemática podem ler mais sobre o assunto em L. D. Mlodinow e N. Papanicolaou, "SO(2,1) Algebra and Large N Expansions in Quantum Mechanics", in *Annals of Physics*, vol. 128, nº 2 (September, 1980), p. 314-34.

12 Vrooman, p. 120.
13 *Ibid.*, p. 115.
14 *Ibid.*, p. 84-85.
15 *Ibid.*, p. 89.
16 *Ibid.*, p. 152-55, 157-62.
17 *Ibid.*, p. 136-49.

12. Congelado pela Rainha da Neve

1 Para um relato sobre Descartes e Cristina, ver Vrooman, p. 215-55.
2 Para a história das viagens das diferentes partes do corpo de Descartes após a sua morte, ver *ibid.*, p. 252-54.

13. A Revolução do Espaço Curvo

1 Heath, p. 364-65.

14. O Problema de Ptolomeu

1 Para os argumentos de Ptolomeu e Proclus, ver Kline, *Mathematical Thought*, p. 863-65.
2 A civilização islâmica contribuiu imensamente para o desenvolvimento da matemática na Idade Média, não somente pela preservação das obras gregas, mas pelo desenvolvimento da álgebra. Um bom relato sobre o assunto é J. L. Berggren, *Episodes of the Mathematics of Medieval Islam* (New York: Springer-Verlag, 1986); um breve relato sobre a vida de Thabit ibn Qurrah pode ser encontrado nas páginas 2-4. Sua tentativa de demonstrar o postulado das paralelas é descrita em Gray, p. 43-44. Tentativas por matemáticos islâmicos posteriores também são descritas no livro de Gray.
3 Para detalhes, ver Gray, p. 57-58.

15. Um Herói Napoleônico

1 Para um relato detalhado sobre a vida de Gauss, ver G. Waldo Dunnington, *Carl Friedrich Gauss: Titan of Science* (New York: Hafner Publishing Co., 1955).
2 Muir, p. 179.
3 *Ibid.*, p. 181.
4 *Ibid.*, p. 182.
5 *Ibid.*, p. 179.
6 *Ibid.*, p. 161.
7 Hollingdale, p. 317.

8 *Ibid.*, p. 65.
9 Muir, p. 179.

16. A QUEDA DO QUINTO POSTULADO

1 Dunnington, p. 24.
2 *Ibid.*, p. 181.
3 Russell, p. 548. Para maiores detalhes, ver http://www.turnbull.dcs.st-and.ac.uk/history/Mathematicians/Wallis.html (do *site* do St. Andrews College, abril de 1999).
4 Kline, *Mathematical Thought*, p. 871.
5 Russell, *Introduction to Mathematical Philosophy* (New York: Dover Publications, 1993), p. 144-45.
6 Dunnington, p. 215.
7 Ver Greenberg, p. 146. Para duas boas análises sobre o ponto de vista de Kant a respeito do espaço e do tempo, ver Russell, *Introduction to Mathematical Thought*, p. 712-18, e Max Jammer, *Concepts of Space* (New York: Dover Publications, 1993), p. 131-39.
8 Kant, *Crítica da Razão Pura* (1781), vol. IV.
9 O autor teve muitas discussões pessoais com Feymann sobre essa questão no Califórnia Institute of Technology, em Pasadena, no período de 1980-82.
10 Dunnington, p. 183. Para mais detalhes sobre a vida e a obra de Bolyai, ver Gillespie, *Dictionary of Scientific Biography*, p. 268-71. Para a de Lobachevsky, ver Muir, p. 184-201; E. T. Bell, *Men of Mathematics* (New York: Simon & Schuster, 1965), p. 294-306; e Heinz Junge, ed., *Biographien bedeuntender Mathematiker* (Berlin: Volk und Wissen Volkseigener Verlag, 1975), p. 353-66.
11 "Nicolai Ivanovitch Lobachevski", por Tom Lehrer. Quando da impressão deste livro, o texto estava disponível na Internet em http://www.keaveny.demon.co.uk/lehrer/lyrics/maths.htm
12 Estranhamente, escritos encontrados após a morte de Bolyai revelaram que ele era um euclidiano não confesso: mesmo depois de sua descoberta do espaço não-euclidiano, ele continuou tentando demonstrar a forma euclidiana do postulado das paralelas, o que teria desacreditado sua própria obra.
13 Dunnington, p. 228.

17. PERDIDOS NO ESPAÇO HIPERBÓLICO

1 Citações de Henri Poincaré em http://www.groups.dcs.st-and.ac.uk/history/Mathematicians/Quotations/Poincare.html (do site do St. Andrews College, junho de 1999).
2 Para uma discussão matemática detalhada do modelo de Poincaré, ver Greenberg, p. 190-214.
3 Para ser matematicamente correto, devemos notar que há um outro tipo de curva chamada de reta no modelo de Poincaré. É um diâmetro, isto é, qualquer segmento de reta que passe pelo ponto central do crepe e tenha extremidades na sua borda. Isso não é realmente diferente de outros tipos de retas de Poincaré: um diâmetro é perpendicular ao limite do crepe, e pode ser considerado como um arco de círculo – um círculo infinitamente grande.
4 No começo do século XVIII, Gerolamo Saccheri, um padre jesuíta e professor na Universidade de Pavia, estudou as obras de Nassir-Eddin (discípulo de Thabit) e de Wallis. Inspirado por eles, ele teve a intenção que os outros tiveram de defender Euclides de seus erros. Sabemos que este foi o seu motivo, porque no ano de sua morte, 1733, Saccheri publicou um livro chamado *Euclides ab Omnio Naevo Vindicatus* [Euclides defendido de todos os seus erros]. Como os que

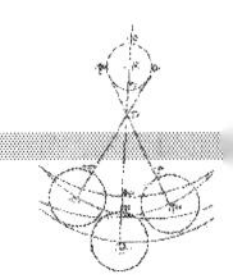

o precederam, Saccheri estava errado. Mas ele demonstrou corretamente uma coisa: que a forma do postulado das paralelas que conduz ao espaço elíptico também leva a contradições lógicas com outros axiomas de Euclides.

18. ALGUNS INSETOS CHAMADOS DE RAÇA HUMANA

1 Sobre a história do trabalho de Gauss em geodésia, ver Dunnington, p. 118-38.
2 Entrevista com Steven Mlodinow, 9 de outubro de 1999.

19. UMA HISTÓRIA DE DOIS ALIENÍGENAS

1 Um excelente relato sobre a obra e o legado de Riemann, com algum conteúdo biográfico, pode ser encontrado em Michael Monastyrsky, *Riemann, Topology, and Physics*, traduzido por Roger Cooke, James King e Victoria King (Boston: Birkhauser, 1999). Um resumo da vida de Riemann também pode ser encontrado em Bell, p. 484-509.
2 Adrien-Marie Legendre, 2 volumes, 1830 (Paris: A. Blanchard, 1955). Sobre a história da leitura rápida que Riemann fez destes livros, ver Bell, p. 487.
3 Bell, p. 495.
4 Citado em Kline, *Mathematical Thought*, p. 1006.

20. UMA PLÁSTICA FACIAL APÓS 2000 ANOS

1 David Hilbert, *Grundlagen der Geometrie* (Berlin: B. G. Teubner, 1930). Esta citação é discutida em Kline, *Mathematical Thought*, p. 1010-15, e Greenberg, p. 58-59. Greenberg também tem uma boa discussão sobre termos indefinidos nas páginas 9-12.
2 Gray, p. 155.
3 Kline, *Mathematical Thought*, p. 1010.
4 Para uma apresentação mais aprofundada dos axiomas de Hilbert, ver Greenberg, p. 58-84.
5 Kline, *Mathematical Thought*, p. 1010-15.
6 Para uma excelente explicação, ver Ernest Nagel e James R. Newman, *Gödel's Proof* (New York: New York University Press, 1958), e o clássico mais abrangente inspirado nele, Douglas Hofstadter, *Göedel, Escher, Bach: An Eternal Golden Braid* (New York: Vintage Books, 1979).

21. REVOLUÇÃO À VELOCIDADE DA LUZ

1 Monastyrsky, p. 34.
2 *Ibid.*, p. 36.
3 Por exemplo: J. J. O'Connor e E. F. Robertson, *William Kingdom Clifford*, http://www-groups.dcs.st-and.ac.uk/history/Mathematicians/Clifford.html (do site do St. Andrews College, junho de 1999).

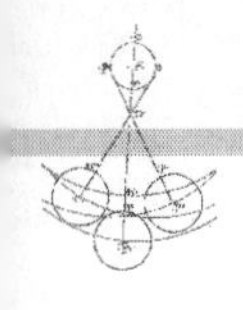

22. O OUTRO ALBERT DA RELATIVIDADE

1 Para a história da vida de Michelson, ver Dorothy Michelson Livingston, *The Master of Light: A Biography of Albert A. Michelson* (New York: Scribner, 1973).

2 Ver Harvey B. Lemon, "Albert Abraham Michelson: The Man and The Man of Science", *American Physics Teacher* (hoje *American Journal of Physics*), vol. 4, número 2 (fevereiro de 1936).

3 Brooks D. Simpson, *Ulysses S. Grant: Triumph Over Adversity 1822-1865* (New York: Houghton Mifflin, 2000), p. 9.

4 *New York Times*, 10 de maio de 1931, p. 3, citado por Daniel Kevles, *The Physicists* (Cambridge, MA; Harvard University Press, 1995), p. 28.

5 Adolph Ganot, *Eléments de Physique*, aproximadamente 1860, citado por Loyd S. Swenson, Jr., *The Ethereal Ether* (Austin, TX: University of Texas Press, 1972), p. 37.

6 G. L. De Haas-Lorentz, ed., *H. A. Lorentz* (Amsterdam: North-Holland Publishing Co., 1957), p. 48-49.

7 Para uma discussão sobre o éter de Aristóteles, ver Henning Genz, *Nothingness: The Science of Empty Space* (Reading, MA: Perseus Books, 1999), p. 72-80.

8 Pais, p. 127.

9 A passagem diz assim: "Não sabemos o que é este meio, e parece que estamos destinados a permanecer ignorantes, pois não podemos perceber o próprio meio, mas somente os objetos que se tornam visíveis por sua influência... Por enquanto, isso não tem conseqüência nenhuma para nós... desde que conheçamos as leis dos fenômenos; e estas leis realmente já foram desenvolvidas quase tão perfeitamente quanto as da gravidade". – E. S. Fischer, *Elements of Natural Philosophy* (Boston, 1827), p. 226. A edição em inglês foi traduzida do alemão para o francês por M. Biot, o famoso estudioso da termodinâmica, e depois do francês para o inglês.

10 Ele estava reagindo, na verdade, à descoberta da luz polarizada feita pelo físico francês Etienne-Louis Malus, em 1808. De acordo com Fresnel, a polarização era possível porque a luz pode vibrar em qualquer uma das duas direções perpendiculares à sua trajetória. Filtrar uma ou a outra delas é que leva à polarização. As ondas que vibram somente na direção de seu movimento não podem ter esta propriedade.

23. DE QUE É FEITO O ESPAÇO

1 Duas biografias de Maxwell, escritas com cerca de cem anos de diferença, são de Louis Campbell e William Garnet, *The Life of James Clerk Maxwell* (London, 1882; New York: Johnson Reprint Co., 1969), e Martin Goldman, *The Demon in the Aether* (Edinburgh: Paul Harris Publishing, 1983).

2 Para os que possuem inclinação matemática, as equações de Maxwell no espaço livre são: —∑**E** = 4pr; —∑**B** = 0; —¥**B**–∂**E**/∂t = 4pj; —¥**E** + ∂**B**/∂t = 0, onde r e j são as fontes e **E** e **B** são os campos.

3 Haas-Lorentz, ed., p. 55.

4 *Ibid.*, p. 55

5 James Clerk Maxwell, "Ether", *Encyclopaedia Britannica*, 9ª. ed., Vol. VIII (1893), p. 572, citado por Swenson, p. 57.

6 Swenson, p. 60.

7 *Ibid.*, p. 60-62.

8 Numa palestra dada na Academia de Música na Filadélfia, no dia 24 de setembro de 1884. Uma transcrição da palestra apareceu como: Sir William Thomson [Lorde Kelvin], "The Wave Theory of Light", em Charles W. Elliot, ed., *The Harvard Classics*, Vol. 30, *Scientific Papers*, p. 268. É citado por Swenson, p. 77.

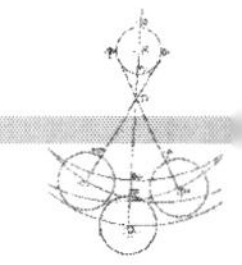

9 Swenson, p. 88.
10 *Ibid.*, p. 73.
11 Mais tarde Michelson repetiria seu experimento diversas vezes durante a carreira, como outros fizeram, mais notavelmente Dayton Clarence Miller, seu sucessor quando ele deixou a faculdade de Case. Michelson nunca chegou a aceitar que o éter não existia. Ainda em 1919, Einstein esperava conseguir o apoio de Michelson para a sua teoria. O mais próximo que ele chegou foi um parágrafo dúbio num livro que Michelson publicou em 1927, alguns anos antes de sua morte. Ver Denis Brian, *Einstein, A Life* (New York: John Wiley & Sons, 1996), p. 104, 126-27, 211-13, e Pais, p. 111-15.
12 G. F. FitzGerald, *Science*, vol. 13 (1889), p. 390, citado por Pais, p. 122.
13 Kenneth F. Schaffner, *Nineteenth-Century Aether Theories* (Oxford: Pergamon Press, 1972), p. 99-117.
14 Os comentários de Poincaré foram publicados num livro, *La Science et l'Hypothese*, e examinados atentamente por Einstein e alguns de seus amigos em Berna. O livro foi reimpresso como: Henri Poincaré, *Science and Hypothesis* (New York: Dover Publications, 1952).

24. Trainee Especialista-técnico de 3ª. Classe

1 Há muitas biografias de Albert Einstein. Duas que achei especialmente úteis são a escrita por Brian; e Ronald Clark, *Einstein: The Life and Times* (London: Hodder & Stoughton, 1973; New York: Avon Books, 1984). Além dessas, Pais tem uma excelente biografia científica que tem a vantagem de uma perspectiva pessoal.
2 Literalmente, *batendo um chainik* significa "bater uma chaleira": a expressão pode ser traduzida aproximadamente como "falar até a orelha esquentar".
3 Citado por Hollingdale, p. 373.
4 "Eine neue Bestimmung der Moleküldimensionen", *Annalen der Physik*, vol. 19 (1906), p. 289.
5 Pais, p. 89-90.

25. Uma abordagem Relativamente Euclidiana

1 *Annalen der Physik*, vol. 17 (1905), p. 891. Uma tradução em inglês apareceu em A. Somerfeld, *The Principle of Relativity* (New York: Dover Publications, 1961), p. 37.
2 Hollingdale, p. 370.
3 Albert Einstein, *Relativity*, traduzido para o inglês por Robert Lawson (New York: Crown Publishers, 1961).
4 Em relatividade, o tempo é considerado uma dimensão, mas num espaço-tempo plano ou quase plano, o intervalo, que é a versão relativística da distância, é definido em termos das diferenças de tempo *menos* as diferenças espaciais. Isso significa, por exemplo, que o caminho mais curto entre dois eventos com a diferença temporal zero é o caminho (uma reta através do espaço) com o maior intervalo (isto é, menos negativo).
5 Ver Brian, p. 69.
6 *Ibid.*, p. 69-70.
7 Citado em Pais, p. 152. Infelizmente, alguns meses depois, Minkowski morreu subitamente de apendicite.
8 Pais, p. 151.
9 *Ibid.*, p. 166-7.
10 *Ibid.*, p. 167-71.

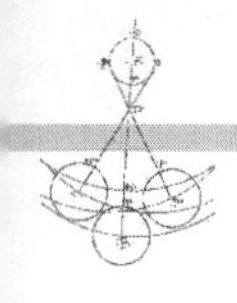

26. A MAÇÃ DE EINSTEIN

1 Pais, p. 179.
2 *Ibid.*, p. 178.
3 Para esta formulação do princípio da equivalência, ver Charles Misner, Kip Thorne e John Wheeler, *Gravitation* (San Francisco: W. H. Freeman & Co., 1973), p. 189.
4 *Ibid.*, p. 131.
5 O efeito foi observado em 1960 por R. V. Pound e G. A. Rebka, Jr., *Physical Review Letters*, vol. 4 (1960), p. 337.
6 http://stripe.colorado.edu/~judy/einstein/science.html (junho de 1999).
7 Pais, p. 213.

27. DA INSPIRAÇÃO À PERSPIRAÇÃO

1 Pais, p. 212.
2 *Ibid.*, p. 213.
3 *Ibid.*, p. 216
4 *Ibid.*, p. 239.
5 Cinco dias antes, em 20 de novembro, Hilbert tinha apresentado uma dedução das mesmas equações à Academia Real de Ciências em Göttingen. A sua dedução era independente da de Einstein, e era superior em alguns aspectos, mas isso foi apenas o último passo na teoria, que Hilbert reconheceu como criação de Einstein. Einstein e Hilbert se admiravam mutuamente e nunca brigaram sobre a questão de prioridade. Como Hilbert disse, "Einstein é quem fez o trabalho, e não os matemáticos". Ver Jagdish Mehra, *Einstein, Hilbert, and the Theory of Gravitation* (Boston: D. Reidel Publishing Co., 1974), p. 25.
6 Pais, p. 239.
7 Na verdade, exceto quando se empregam coordenadas retangulares no espaço-tempo plano, esta definição somente se aplica a regiões infinitesimais, e depois as distâncias devem ser adicionadas empregando-se o cálculo. Matematicamente se escreve: $ds^2 = g_{11}dx_1^2 + g_{12}dx_1dx_2 + \ldots + g_{34}dx_3dx_4 + g_{44}dx_4^2$.
8 Os dez componentes são: $g_{11}, g_{12}, g_{13}, g_{14}, g_{22}, g_{23}, g_{24}, g_{33}, g_{34}$ e g_{44}, onde eliminamos a redundância empregando-se $g_{ij} = g_{ji}$.
9 Ver Richard Feynman, Robert Leighton e Matthew Sands, *The Feynman Lectures on Physics*, Vol. II (Reading, MA: Addison-Wesley, 1964), cap. 42, p. 6-7.
10 Marcia Bartusiak, "Catch a Gravity Wave", in *Astronomy*, outubro de 2000.

28. OS TRIUNFOS DO CABELO AZUL

1 Alguns cientistas pensam agora que Eddington alterou alguns de seus resultados. Ver, por exemplo, James Glanz, "New Tactics in Physics: Hidding the Answer", in *New York Times*, 8 de agosto de 2000, p. F1.
2 Pais, p. 304.
3 Para uma descrição da expedição de Eddington e a reação a ela, ver Clark, p. 99-102.
4 Brian, p. 102-3.
5 *Ibid.*, p. 246.
6 Ver "The Reaction to Relativity Theory in Germany III: 'A Hundred Authors Against Einstein'", em John Earman, Michel Janssen e John Norton, editores, *The Attraction of Gravitation* (Boston: Center for Einstein Studies, 1993), p. 248-73.

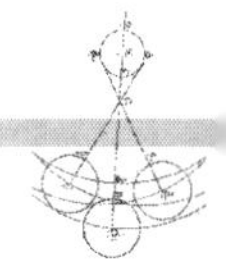

7 Brian, p. 284.
8 *Ibid.*, p. 233.
9 *Ibid.*, 433.
10 Pais, p. 462.
11 *Ibid.*, p. 426.
12 In http://stripe.colorado.edu/~judy/einstein/himself.html (abril de 1999).

29. A ESTRANHA REVOLUÇÃO

1 Ivars Peerson, "Knot Physics", in *Science News*, vol. 135, nº 11, 18 de março de 1989, p. 174.

30. DEZ COISAS QUE ODEIO NA SUA TEORIA

1 Engelbert L. Schucking, "Jordan, Pauli, Politics, Brecht, and a Variable Gravitational Constant", in *Physics Today* (outubro de 1999), p. 26-31.
2 Entrevista com Murray Gell-Mann, em 23 de maio de 2000.
3 Walter Moore, *A Life of Erwin Schroedinger* (Cambridge, UK: Cambridge University Press, 1994), p. 195.
4 *Ibid.*, p. 138.

31. A INCERTEZA NECESSÁRIA DO SER

1 A citação de Einstein é de uma carta enviada para Max Born, de 4 de dezembro de 1926, *Einstein Archive* 8-180; citada por Alice Calaprice, ed., *The Quotable Einstein* (Princeton, NJ: Princeton University Press, 1996).
2 Bell publicou sua proposta numa publicação científica de curta existência chamada *Physics*. A verificação experimental usualmente citada é de A. Aspect, P. Grangier e G. Roger, *Physical Review Letters*, vol. 49 (1982). Um aprimoramento posterior pode ser encontrado em Gregor Weihs et al., *Physical Review Letters*, vol. 81 (1998).

32. O EMBATE DE TITÃS

1 Toichiro Kinoshita, "The Fine Structure Constant", *Reports on Progress in Physics*, vol. 59 (1996), p. 1459.

33. UMA MENSAGEM NUM CILINDRO KALUZA-KLEIN

1 Pais, p. 330.
2 *Ibid.*
3 *Dictionary of Scientific Biography*, p. 211-12.

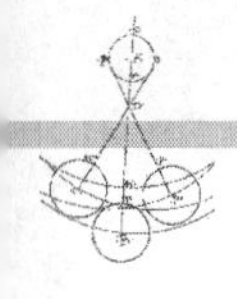

34. O NASCIMENTO DAS CORDAS

1 Entrevista com Gabriele Veneziano, em 10 de abril de 2000.

35. PARTÍCULAS, SCHMARTÍCULAS!

1 George Johnson, *Strange Beauty* (New York: Alfred A. Knopf, 1999), p. 195-96.
2 Entrevista com Ed Witten, em 15 de maio de 2000.
3 Entrevista com Murray Gell-Mann, em 23 de maio de 2000.
4 Citado em Michio Kaku, *Introduction to Superstrings and M-Theory* (New York: Springer-Verlag, 1999), p. 8.
5 Citado em Nigel Calder, *The Key to the Universe* (New York: Penguin Books, 1977), p. 69.
6 As constantes foram tiradas de P. J. Mohr e B. N. Taylor, "CODATA Recommended Values of the Fundamental Constants: 1998", *Reviews of Modern Physics*, vol. 72 (2000).
7 Para uma boa explicação sobre a música das cordas, ver Kline, *Mathematics and the Physical World*, p. 308-12; e para detalhes mais profundos, Juan Roederer, *Introduction to the Physics and Psychophysics of Music*, 2ª. ed. (New York: Spinger-Verlag, 1979), p. 98-119.
8 P. Candelas et al., *Nuclear Physics*, B258 (1985), p. 46.
9 Quando os físicos dizem "ter buracos", querem dizer tecnicamente que possuem o valor apropriado de uma quantidade matemática chamada de característica (ou número) de Euler, que pode ser calculada para cada espaço Calabi-Yau. A característica de Euler é um conceito topológico que é facilmente visualizado em duas ou três dimensões, mas pode também ser aplicado a dimensões superiores. Em três dimensões, um objeto sólido tem uma característica de Euler igual a dois se for um cubo, uma esfera ou um prato de sopa, enquanto objetos com buracos ou asas, como uma rosca, uma xícara de café ou uma caneca de cerveja têm uma característica de Euler igual a zero.

36. O PROBLEMA COM AS CORDAS

1 As citações deste parágrafo são de uma entrevista com Murray Gell-Mann, em 23 de maio de 2000.
2 Entrevista com John Schwarz, em 30 de março de 2000.
3 *Ibid.*
4 Entrevista com Murray Gell-Mann, em 23 de maio de 2000.
5 Entrevista com John Schwarz, em 13 de julho de 2000.
6 Entrevista com Murray Gell-Mann, em 23 de maio de 2000.
7 *Ibid.*
8 Entrevista com Ed Witten, em 15 de maio de 2000.

37. A TEORIA ANTERIORMENTE CONHECIDA COMO TEORIA DAS CORDAS

1 Citado em K. C. Cole, "How Faith in the Fringe Paid Off for One Scientist", *Los Angeles Times*, 17 de novembro de 1999, p. A1.

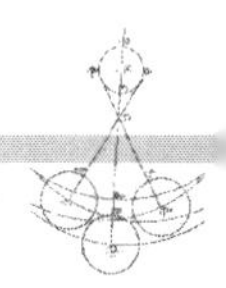

2 Faye Flam, "The Quest for a Theory of Everything Hits Some Snags", *Science*, 6 de junho de 1992, p. 1518.
3 Citado em Madhursee Mukerjee, "Explaining Everything", *Scientific American* (janeiro de 1996).
4 Entrevista com Brian Greene, em 22 de agosto de 2000.
5 Alice Steinbach, "Physicist Edward Witten, on The Trail of Universal Truth", *Baltimore Sun*, 12 de fevereiro de 1995, p. 1K.
6 Jack Claff, "Portrait: Is This the Cleverest Man in the World?", *The Guardian* (London), 19 de março de 1997, p. T6.
7 Judy Siegel-Itzkovitch, "The Martian", *Jerusalem Post*, 23 de março de 1990.
8 Mukerjee, "Explaining Everything".
9 Daí o título deste capítulo, tirado do título de palestras dadas pelo pioneiro da teoria M, Michael Duff, da Texas A & M University.
10 Douglas M. Birch, "Universe's Blueprint Doesn't Come Easily", *Baltimore Sun*, 9 de janeiro de 1998, p. 2A.
11 J. Madeline Nash, "Unfinished Symphony", *Time*, 3 de dezembro de 1999, p. 83.
12 Para uma boa discussão sobre buracos negros na teoria M, ver Brian Greene, *O Universo Elegante* (São Paulo: Companhia das Letras, 2001), capítulo 13.
13 "Discovering New Dimensions at LHC", *CERN Courier* (março de 2000). Disponível na *web* em http://www.cerncourier.com.
14 P. Weiss, "Hunting for Higher Dimensions", *Science News*, vol. 157, nº 8, 19 de fevereiro de 2000. Disponível na *web* em http://www.sciencenews.org
15 John Schwarz, "Beyond Gauge Theories", artigo não publicado, pré-publicação (hep-th/9807195), 1 de setembro de 1998, p. 2. De uma palestra dada em WIEN 98, em Santa Fe, New Mexico, em junho de 1998.

NOTAS DO EDITOR E DO TRADUTOR ATÉ O CAPÍTULO 10

a N. do E.: Aparentemente, William Butler Yeats (1865-1939) não estava descrevendo os babilônios como indiferentes, mas sim que ele gostaria de ser como a Aurora, que 'vê' de forma indiferente os babilônios se esforçando por calcular os movimentos dos astros.

b N. do E.: O mês de junho indica a época do ano assim por nós denominada [origem romana], mas que pode ter tido diferentes nomes para os egípcios.

c N. do T.: Também conhecidas como "seqüências numéricas pitagóricas" onde $3^2 + 4^2 = 5^2$.

d N. do T.: Horace Greeley (1811-1872), jornalista e político americano, desafiou os jovens americanos a vencer na vida indo para a Califórnia durante a corrida do ouro: "Go west, young man!" [Vá para o oeste, rapaz!].

e N. do T.: A "square deal" é um negócio honesto e justo.

f N. do T.: Esta cidade fica no sul da Itália.

g N. do E.: Uma opinião controversa do autor sobre assunto extremamente complexo e delicado.

h N. do E.: Muitos outros matemáticos do final do século 19 e início do século 20 também não aceitaram alguns dos trabalhos de Cantor. Ele teve diversas crises de depressão, por vários motivos, durante praticamente metade de sua vida (especialmente entre 1884 e 1917), sendo internado várias vezes em sanatórios para doentes mentais. Na última dessas internações, morreu por um ataque de coração.

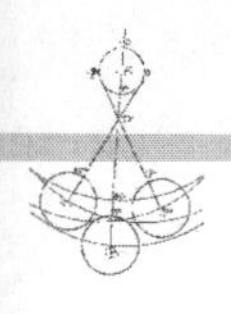

[i] N. do T.: *O Falcão Maltês* [The Maltese Falcon] é um romance sobre uma estatueta de falcão com uma história de poderes de possessão espiritual, que sumia por muito tempo e depois reaparecia.

[j] N. do E.: Não sabemos se a obra de Euclides foi escrita em pergaminho; como o original foi escrito no Egito, é mais provável que tenha sido escrita em papiro.

[k] N. do E.: Antes de Euclides, Aristóteles propôs método semelhante, mas Euclides, quem diria, levou a fama.

[l] N. do T.: *Let's Make a Deal* [Vamos negociar?] um programa de televisão nos Estados Unidos [1960-1970]. Foi copiado no Brasil em programas populares de auditório na televisão.

[m] N. do T: Donut é um doce, feito com farinha de trigo cozida, leite e ovos, frito em óleo quente, e passado em açúcar ou canela, simples ou recheado, muito apreciado pelos americanos. É parecido ao nosso 'sonho'.

[n] N. do E.: Se apenas existissem o Sol e um planeta, a teoria newtoniana preveria que o planeta sempre retornaria ao mesmo ponto. No entanto, como o sistema solar tem muitos planetas, que exercem forças uns sobre os outros, a teoria newtoniana prevê que eles não voltam exatamente ao mesmo ponto, a cada volta.

[o] N. do E.: O periélio de Mercúrio muda de posição quase 10 minutos de arco (mais exatamente, 575 segundos de arco) por século. A teoria newtoniana prevê que o efeito de todos os planetas conhecidos deveria produzir uma precessão do periélio de Mercúrio de 432 segundos de arco por século. Assim, há uma diferença de 43 segundos de arco por século entre as medidas e a teoria newtoniana. As medidas de Leverrier indicavam uma discrepância de 38 segundos. Para explicar essa diferença, o próprio Leverrier propôs que poderia existir um planeta desconhecido, entre Mercúrio e o Sol, que denominou de Vulcano. Esse planeta nunca foi encontrado, por isso surgiram depois várias outras explicações.

[p] N. do E.: A obra de Euclides tem 23 definições no primeiro livro. Outras definições, num total de 115, foram introduzidas nos demais livros.

[q] N. do E.: Antes de Eratóstenes, Aristóteles estimou a circunferência da Terra em 400 mil estádios, e Arquimedes estimou em 300 mil estádios. Um estádio corresponde aproximadamente a 150 metros. Não sabemos como obtiveram esses valores. O valor obtido por Eratóstenes é menor: 250 mil estádios, e somente no seu caso sabemos como foi feita a medida. A data da medida é desconhecida.

[r] N. do T.: O *Almagesto* também é conhecido como *Composição matemática*. É uma palavra árabe que significa "O Grandioso".

[s] N. do T.: A *Starship Enterprise* é a espaçonave do famoso seriado de televisão "Guerra nas Estrelas".

[t] N. do T.: *Guerra dos Mundos,* um programa de rádio feito em 1938 por Orson Welles (1915-1985), ator, diretor e produtor americano. Muitos ouvintes ficaram assustados pensando que os eventos narrados eram reais.

[u] N. do T.: Esta epidemia de peste bubônica e pneumônica matou aproximadamente 25 milhões de pessoas.

[v] N. do T.: *Animal House* foi um filme americano sobre um grupo de universitários mal-educados e violentos, membros de uma sociedade de estudantes.

[w] N. do T.: Abelardo casou secretamente com Heloísa; o tio dela, o cônego Fulbert, mandou castrar Abelardo.

[x] N. do E.: Jean Buridian baseou-se em Aristóteles.

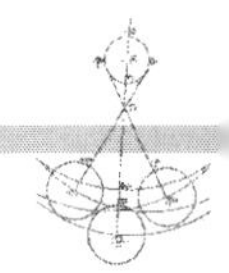

NOTAS ENTRE OS CAPÍTULOS 11 E 20

[a] N. do T.: Papos, matemático de Alexandria (começo do séc. IV), autor da obra *Coleção matemática.*

[b] N. do T.: O autor faz aqui um jogo de palavras contrastando estes dois setores de Nova York. O lado leste é uma das partes mais pobres de Nova York. Seus moradores são, na sua maioria, estrangeiros.

[c] N. do T.: O autor exemplificou temperaturas na escala de Fahrenheit com números inteiros. Convertendo-as para a escala Celsius obteremos temperaturas fracionadas. Para a conversão de Fahrenheit em Celsius: F-32/1,8. Ex.: 40-32 = 8/1,8 = 4,44.

[d] N. do T.: O axioma elaborado por John Playfair (1748-1819), matemático, geólogo e filósofo escocês.

[e] N. do T.: John Wallis, matemático britânico (Ashford, 1616 – Oxford, 1703), foi um dos precursores da geometria infinitesimal.

[f] N. do T.: Henri de Toulouse Lautrec (1864-1901), pintor e desenhista francês. Seus quadros retrataram cenas das salas de espetáculos populares e outros locais de diversão.

[g] "Koriatike salata". Uma salada grega, à base de queijo de cabra, alface, azeitonas, pepino e tomate.

[h] N. do T.: Feynman abreviou "bullshit", conversa fiada, sem sentido e que não é verdadeira.

[i] N. do T.: William Blake (1757–1827), poeta inglês, escreveu: "Ver o universo em um grão de areia / E o céu em uma flor inculta / Segurar o infinito na palma de sua mão / E a eternidade em uma hora...". Esses são os versos iniciais do poema "Auguries of innocence", de 1803.

[j] N. do T.: *Margarita* é uma bebida mexicana tradicional feita com tequila, soda limonada ou limão, e licor de laranja. É servida geralmente com sal ao redor do topo da taça.

[k] N. do T.: Foram mantidas as milhas em função do exemplo e cálculo do Autor.

[l] N. do T.: Em 1955, Rosa Parks, uma mulher negra americana, corajosamente negou ceder seu assento no ônibus para um branco. Iniciava-se assim o movimento dos direitos civis dos negros nos Estados Unidos.

NOTAS DO CAPÍTULO 21 AO 30

[a] N. do T.: O New Deal (1933-8) tentou salvar a economia dos Estados Unidos durante a Grande Depressão (1929-1932) mediante certa intervenção do Estado nos campos econômico e social.

[b] N. do T.: O autor alude aqui ao melhor filme de western italiano intitulado: "O Bom, o Mau e o Feio".

[c] N. do T.: Quando as ondas somam o fato é chamado de "interferência construtiva"; quando se cancelam é denominado "interferência destrutiva".

[d] N. do T.: O *mola mania* é um brinquedo interessante — uma mola longa de metal ou plástico, com 10 cm de largura, que oscila no seu eixo, isto é, envia ondas de compressão por toda a extensão do eixo da espiral.

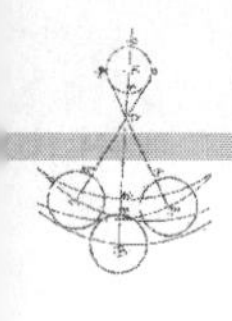

[e] N. do T.: Método de preparação para o parto desenvolvido inicialmente pelo doutor Fernand Lamaze, durante a década de 1950, e muito popular nos Estados Unidos.

[f] N. do T.: A velocidade do som foi considerada aqui a 18ºC. Com o ar a 0ºC, a velocidade cai para 331 m/s. Mais veloz nos líquidos e sólidos: na água é quatro vezes mais veloz do que no ar.

[g] N. do T.: O interferômetro mede o comprimento das ondas de luz, determina os índices de refração e analisa pequenas partes de um espectro por meio do fenômeno da interferência da luz.

[h] N. do T.: O iídiche é uma língua baseada no alto-alemão do século 14, com elementos hebraicos e eslavos, falada por alguns judeus.

[i] N. do T.: Perrin também determinou o número de Avogadro (N= $6{,}02252 \times 10^{23}$ partículas por mole).

[j] N. do T.: *Schlump* é uma palavra iídiche que significa "uma pessoa que não é dinâmica; sem sucesso".

[k] N. do T.: *Schmavity*, segundo o autor, uma palavra criada por ele com elementos de iídiche e inglês, seria um contraste à força gravitacional.

[l] N. do T.: No dia 11 de setembro de 2001, 18 terroristas árabes da Al-Qaeda, de Osama Bin-Laden, jogaram dois aviões comerciais contra as duas torres, que desabaram em menos de uma hora.

[m] N. do T.: O desempenho de Heisenberg no projeto nazista da bomba atômica é controverso. Cartas para Niels Bohr não demonstram desconhecimento teórico. "Teria atrasado" o projeto voluntariamente?

[n] N. do T.: *Pretzel* é um biscoito salgado crocante, de farinha de trigo, em forma de nó. Ficou muito conhecido no Brasil depois que George W. Bush, filho, presidente dos Estados Unidos, engasgou-se com um e desmaiou em 13.01.2002.

[o] N. do T.: A misteriosa amante de Schrödinger é conhecida como "a dama de Arosa".

Agradecimentos

uito obrigado... a Alexei e Nicolai por terem sacrificado seu tempo com o pai durante todos os dias que gastei para completar este livro (embora eu saiba que a perda foi mais minha do que deles); a Heather, por estar com eles todas as vezes em que eu não estava; a Susan Ginsberg, por ter sido a melhor agente na cidade, mas, acima de tudo, por ter acreditado em mim; ao meu editor, Stephen Morrow, por ter reconhecido e ajudado a focalizar a visão, baseado apenas na mais frágil das propostas, e por ter apostado que (eventualmente) eu seria capaz de produzir; a Steve Arcella, pelo seu maravilhoso e atencioso trabalho criando as ilustrações; a Mark Hillery, Fred Rose, Matt Costello e Marilyn Burns, pelo tempo, pelas críticas, sugestões e amizade, não necessariamente nessa ordem; a Brian Greene, Stanley Deser, Jerome Gauntlett, Bill Holly, Thordur Jonsson, Randy Rogel, Stephen Schnetzer, John Schwarz, Erhard Seiler, Alan Waldman e Edward Witten, por terem lido o manuscrito todo, ou parte dele; a Lauren Thomas, por ajudar-me a traduzir um pouco de francês bastante arcaico, e a Enézio E. de Almeida Filho, pela tradução deste livro para o português no Brasil; a Geoffrey Chew, Stanley Deser, Jerome Gauntlett, Murray Gell-Mann, Brian Greene, John Schwarz, Helen Tuck, Gabriele Veneziano e Edward Witten, por concordarem em ser entrevistados; e a Minetta Tavern, que me forneceu um local aprazível de encontro e trabalho. Finalmente, quero agradecer a duas outras instituições: a Biblioteca Pública de Nova York, por ter disponíveis até os mais obscuros livros, apesar de sua falta de recursos; e a Dover Publications, por reimprimir, e assim salvar, senão da obscuridade, pelo menos do desaparecimento, muitos antigos e maravilhosos livros sobre física, matemática e história da ciência.

Índice Remissivo

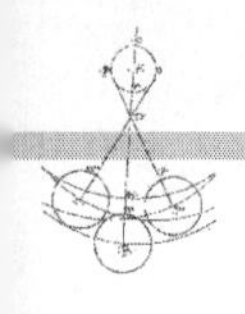

D

E

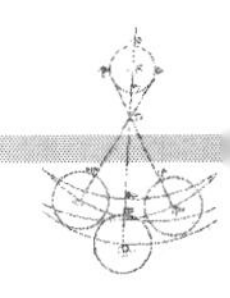

F

G

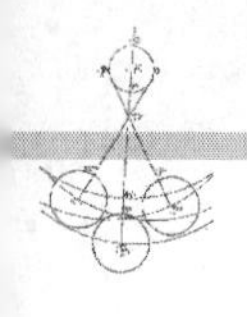

H

I

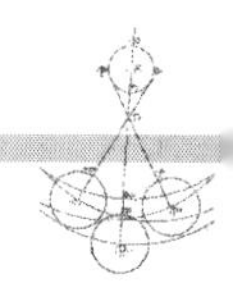

J

K

L

M

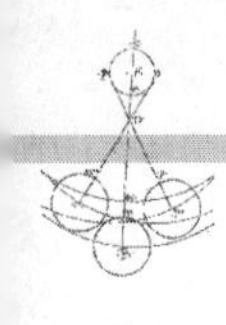

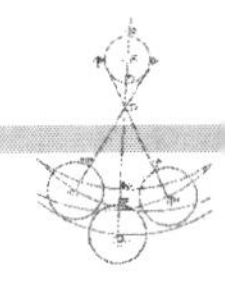

R

S

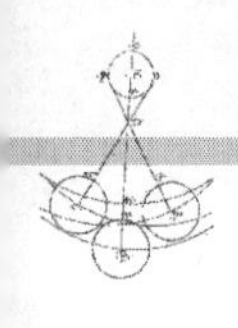

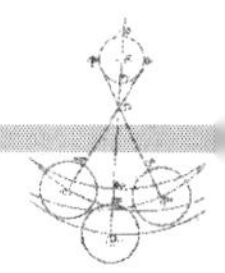

Y